Материалы IV международной научно-практической конференции

Фундаментальные и прикладные науки сегодня

20-21 октября 2014 г.

North Charleston, USA

Том 3

УДК 4+37+51+53+54+55+57+91+61+159.9+316+62+101+330

ББК 72

ISBN: 978-1503001749

В сборнике собраны материалы докладов IV международной научно-практической конференции " Фундаментальные и прикладные науки сегодня ".

Все статьи представлены в авторской редакции.

© Авторы научных статей, н.-и. ц. «Академический»

Содержание
Архитектура

Колясников В.А., Мацкова М.В.
ОБЩЕСТВЕННЫЕ ПРОСТРАНСТВА В ГЕНЕРАЛЬНЫХ ПЛАНАХ ГОРОДОВ РОССИИ 1

Биологические науки

Николаева Н.Ю.
ВОДНО-ФИЗИЧЕСКИЕ СВОЙСТВА ГОРНО-ЛЕСНЫХ ЧЕРНОЗЕМОВИДНЫХ ПОЧВ 9

Гиренко Л.А.
ВЛИЯНИЕ ЗАНЯТИЙ ЛЫЖНЫМИ ГОНКАМИ НА ФИЗИЧЕСКОЕ РАЗВИТИЕ И ПОКАЗАТЕЛИ ДЫХАТЕЛЬНОЙ СИСТЕМЫ ШКОЛЬНИЦ 12

Orlov V.I., Marutkina E.A., Sukhov A.G.
INTRACELLULAR RESEARCH OF INTERACTION OF DIFFERENT LOCI OF PACEMAKER ACTIVITY IN HELIX'S NEURONS 18

Геолого-минералогические науки

Коломиец В.Л., Будаев Р.Ц.
ОСОБЕННОСТИ ФОРМИРОВАНИЯ НИЗКИХ ПЕСЧАНЫХ ТЕРРАС БАРГУЗИНСКОЙ ВПАДИНЫ (БАЙКАЛЬСКАЯ РИФТОВАЯ ЗОНА) 23

Искусствоведение

Бурова А.С.
РАЗВИТИЕ КИТАЙСКОГО НАРОДНОГО ИСКУССТВА В XXI ВЕКЕ НА ПРИМЕРЕ ЛУБОЧНЫХ КАРТИН НЯНЬХУА 27

Лукинов О.В.
МОДЕЛИ ИНТЕРАКТИВНЫХ ИЗДАНИЙ. ЛАБИРИНТЫ ВОЗМОЖНОСТЕЙ 32

Исторические науки

Конев А.Ю.
ОБРАЗЫ СИБИРИ И ЕЁ НАРОДОВ В ТРУДАХ С. У. РЕМЕЗОВА. (КОНЕЦ XVII - НАЧАЛО XVIII В.) 38

Николаев Н.А., Гоголев А.И.
ИСТОРИЯ ФОРМИРОВАНИЯ И ОФОРМЛЕНИЯ СИСТЕМЫ МЕЖГОСУДАРСТВЕННЫХ ОТНОШЕНИЙ В ДРЕВНИХ ГОСУДАРСТВАХ ЦЕНТРАЛЬНОЙ И ВОСТОЧНОЙ АЗИИ В ПЕРИОД VII В. ДО Н.Э. - I В. ДО Н.Э 45

Культурология

Стасевич В.Н., Ильина Н.В.
СОЦИАЛЬНАЯ ПРИРОДА ВКУСА 50

Содержание

Konev A.Yu., Konev Yu.M.
SPACES AND THE PEOPLES OF SIBERIA IN S. U. REMEZOV'S WORKS 55

Медицинские науки

Ивахненко И.В., Куличенко Л.Л., Сущук Е.А., Краюшкин С.И.
АНАЛИЗ ФАРМАКОТЕРАПИИ КАРДИОРЕСПИРАТОРНЫХ ЗАБОЛЕВАНИЙ В АМБУЛАТОРНЫХ УСЛОВИЯХ 59

Плотникова Н.А., Замышляев П. С., Кемайкин С.П., Чаиркина Н.В.
ПАТОЛОГИЧЕСКАЯ АНАТОМИЯ ГИДРОЦЕФАЛИИ. АНАЛИЗ ВСТРЕЧАЕМОСТИ И РАСПРОСТРАНЕННОСТИ ГИДРОЦЕФАЛЬНОГО СИНДРОМА 62

Вязьмин А.Я., Клюшников О.В., Подкорытов Ю.М., Мокренко Е.В.
ЛЕЧЕНИЕ ЗАБОЛЕВАНИЙ ВНЧС С ПОМОЩЬЮ МЕТОДИКИ ЧЭНС 70

Бердешева Г.А., Молдашев Ж.А., Койшыгулова Г.У., Тулебаев Д.К., Сраж Б.Б.
НЕКОТОРЫЕ ПРЕДЛОЖЕНИЯ ПО УМЕНЬШЕНИЮ ОТРИЦАТЕЛЬНОГО ВЛИЯНИЯ ОКРУЖАЮЩЕЙ СРЕДЫ НА ЗДОРОВЬЕ НАСЕЛЕНИЯ 74

Buryanov O.A., Tsygankov M.A.
CONSERVATIVE AND SURGICAL TREATMENT OF METACARPAL BONES FRACTURES 76

Педагогические науки

Шалгин А.Н.
МОДЕЛИРОВАНИЕ ИНДИВИДУАЛЬНЫХ ДОСТИЖЕНИЙ ОДАРЕННЫХ ДЕТЕЙ ДЛЯ УЧАСТИЯ НА ВСЕРОССИЙСКИХ ОЛИМПИАДАХ ШКОЛЬНИКОВ ПО ФИЗИЧЕСКОЙ КУЛЬТУРЕ 80

Психологические науки

Коряковцева О.А., Бугайчук Т.В.
ГРАЖДАНСКАЯ ИДЕНТИЧНОСТЬ СТУДЕНТОВ ГЛАЗАМИ ПРЕПОДАВАТЕЛЕЙ ВУЗА 83

Сельскохозяйственные науки

Цугкиева В.Б., Тохтиева Л.Х., Кияшкина Л.А.
СПОСОБЫ ПОВЫШЕНИЯ ПОСЕВНЫХ КАЧЕСТВ СЕМЯН ОЗИМОЙ ПШЕНИЦЫ 86

Корхова М.М., Коваленко О.А.
СОРТ, КАК СРЕДСТВО ПОВЫШЕНИЯ УРОЖАЙНОСТИ ЗЕРНА ПШЕНИЦЫ ОЗИМОЙ 92

Шерудило Е.Г., Матвеева Е.М., Лаврова В.В.
СОВРЕМЕННАЯ ТЕХНОЛОГИЯ ПОВЫШЕНИЯ ПРОДУКТИВНОСТИ И ЗАЩИТЫ РАСТЕНИЙ 94

Доценко С.М., Воякин С.Н., Широков В.А., Макаров В.А.
КОНЦЕПТУАЛЬНЫЕ АСПЕКТЫ РАЗРАБОТКИ СИСТЕМЫ ПРОИЗВОДСТВА ГРАНУЛИРОВАННОЙ КОРМОВОЙ ДОБАВКИ ДЛЯ СЕЛЬСКОХОЗЯЙСТВЕННЫХ ЖИВОТНЫХ И ПТИЦЫ 97

Содержание

Социологические науки

Клещева Е.Ф., Черепанова М.И.
СОЦИАЛЬНОЕ РЕГУЛИРОВАНИЕ УСЛОВИЙ ЖИЗНЕДЕЯТЕЛЬНОСТИ ЛЮДЕЙ ТРЕТЬЕГО ВОЗРАСТА В НОВОЙ ГЕРОНТОЛОГИЧЕСКОЙ РЕАЛЬНОСТИ (НА ПРИМЕРЕ АЛТАЙСКОГО КРАЯ) 100

Технические науки

Миргородский Л.С., Миргородский С.И.
ПЕРСПЕКТИВА ИСПОЛЬЗОВАНИЯ ПОРШНЕВЫХ КОМПРЕССОРОВ В ТЕПЛОВЫХ НАСОСАХ МАЛОЙ МОЩНОСТИ С ЭКОЛОГИЧЕСКИ БЕЗОПАСНЫМИ ХЛАДАГЕНТАМИ 104

Крючкова Л.Г., Доценко С.М.
ТЕХНОЛОГИЧЕСКИЕ И ТЕОРЕТИЧЕСКИЕ ОСНОВЫ ПОВЫШЕНИЯ ЭФФЕКТИВНОСТИ РАБОТЫ ЛИНИИ ПРИГОТОВЛЕНИЯ И РАЗДАЧИ КОРМОВЫХ СМЕСЕЙ СВИНЬЯМ 107

Чукарин А.Н., Кадубовская Г.В.
ВИБРОАКУСТИЧЕСКИЕ ХАРАКТЕРИСТИКИ ВЫСОКОСКОРОСТНЫХ ТОКАРНЫХ СТАНКОВ 111

Морозова А.И., Ишков А.М.
ВЛИЯНИЕ ЭРГОНОМИЧЕСКИХ МЕРОПРИЯТИЙ НА НАДЕЖНОСТЬ ТЕХНИКИ В УСЛОВИЯХ ЭКСПЛУАТАЦИИ 114

Грибова В.В., Клещев А.С., Романов В.А.
КОНЦЕПЦИЯ БАНКА ЗНАНИЙ ПО ЭКСПРЕСС-ДИАГНОСТИКЕ СОСТОЯНИЯ СЕЛЬСКОХОЗЯЙСТВЕННЫХ КУЛЬТУР 120

Мелихова Е.В.
ЭЛЕМЕНТЫ ТЕХНИКИ ПОЛИВА ПРИ КАПЕЛЬНОМ ОРОШЕНИИ 127

Крукович М.Г., Бадерко Е.А.
РАСЧЕТ ЭВТЕКТИЧЕСКИХ ТЕМПЕРАТУР И КОНЦЕНТРАЦИЙ МНОГОКОМПОНЕНТНЫХ СИСТЕМ И ПОСТРОЕНИЕ СХЕМ ДИАГРАММ СОСТОЯНИЯ 132

Магомедов Г.О., Магомедов М.Г., Журавлев А.А., Плотникова И.В., Шевякова Т.А., Чернышева Ю.А., Мазина Е.А.
АНАЛИЗ РАВНОМЕРНОСТИ РАСПРЕДЕЛЕНИЯ РЕЦЕПТУРНЫХ КОМПОНЕНТОВ ПРИ ЗАМЕСЕ БИСКВИТНОГО ТЕСТА 143

Normov D.A., Shevchenko A.A., Chesnyuk E.E., Pozhidaev D.V.
AIR OZONATION IN CATTLE BREEDING 146

Курочкин Е.Ю., Баталова Д.А.
О КОНСТРУКТИВНЫХ ОСОБЕННОСТЯХ ОЧИСТКИ ХОЗЯЙСТВЕННО-БЫТОВЫХ СТОКОВ ПРИ МАЛЫХ РАСХОДАХ 152

Михайленко А.Ю.
АДАПТИВНАЯ СИСТЕМА ПРОГНОЗИРУЮЩЕГО УПРАВЛЕНИЯ КОНУСНОЙ ДРОБИЛКОЙ 157

Содержание

Linnik E.V., Popovska K.O.
OPTIMIZATION OF THE TOTAL WEIGHTED HOLDING TIME IN A P2P NETWORK 160

Физико-математические науки

Пуолокайнен Т.М.
ПОКРЫТИЕ ВЫПУКЛЫХ МНОГОГРАННИКОВ ИХ ОБРАЗАМИ ПРИ ГОМОТЕТИИ 164

Stebenkov A.M., Stebenkova N.A.
COMPARATIVE ANALYSIS OF THE SPECTRUM OF ONE-ELECTRON STATES IN TETRAHEDRAL CRYSTALS 174

Филологические науки

Шкурская Е.А.
КОНТАКТНО-ТИПОЛОГИЧЕСКАЯ ПРЕЕМСТВЕННОСТЬ ПСИХОЛОГИЧЕСКОЙ ПРОЗЫ Э.А. ПО И А.С. ГРИНА 182

Абашкина Т.Л.
ПРЕЦЕДЕНТНОЕ ИМЯ КАК КОНЦЕПТ 186

Начкебия Я.В., Гришечко О.С.
WORLD MODELLING THROUGH TEXT INTERPRETATION 191

Гришечко О.С., Штунда К.В.
РОЛЬ СЛОВООБРАЗОВАТЕЛЬНЫХ МОДЕЛЕЙ В ФОРМИРОВАНИИ НЕОЛОГИЗМОВ В СФЕРЕ ДЕЛОВОГО ОБЩЕНИЯ СОВРЕМЕННОГО АНГЛИЙСКОГО ЯЗЫКА XXI ВЕКА 197

Городилова Л.М.
СОСТАВНЫЕ ТОПОНИМЫ В ДЕЛОВОЙ ПИСЬМЕННОСТИ ПРИЕНИСЕЙСКОЙ СИБИРИ XVII – НАЧАЛА XVIII ВВ. 200

Савицкий В.М.
К ВОПРОСУ ОБ ИДЕНТИФИКАЦИИ ЛИНГВОКУЛЬТУРНОГО КОНЦЕПТА 205

Философские науки

Lyashov V.V.
SUBJECT OF LOGIC, EXPLICATION AND TRUTH 212

Жидкова О.О., Покровский А.Н., Старикова Г.Г.
НАЦИОНАЛЬНЫЕ ТИПЫ НАУКИ – ИЛЛЮЗИЯ ИЛИ РЕАЛЬНОСТЬ 220

Химические науки

Иванова Н.С., Пак Т.С.
СТРУКТУРНЫЕ ИССЛЕДОВАНИЯ СОРБЕНТА НА ОСНОВЕ НАТУРАЛЬНОГО ШЁЛКА 223

Содержание

Курбатова С.В., Глотова К.М., Суслова Е.В.
ТЕРМОДИНАМИКА СОРБЦИИ ПРОИЗВОДНЫХ ХИНОЛИНА 226

Экономические науки

Емельянова Е.И.
СОВЕРШЕНСТВОВАНИЕ ТЕХНОЛОГИЙ УПРАВЛЕНИЯ ОРГАНИЗАЦИОННОЙ КУЛЬТУРОЙ 229

Медведев А.В.
МОДЕЛИРОВАНИЕ ВОСПРОИЗВОДСТВА МИНЕРАЛЬНО-СЫРЬЕВОЙ БАЗЫ РФ 232

Еникеева А.В.
ПРОБЛЕМНЫЕ АСПЕКТЫ СТРАТЕГИЧЕСКОГО АНАЛИЗА КАК ИНСТРУМЕНТАРИЯ ПЕРСПЕКТИВНОГО ПЛАНИРОВАНИЯ 235

Антонов А.П.
ЭФФЕКТИВНОЕ ПЛАНИРОВАНИЕ ИНВЕСТИЦИОННЫХ ПРОЕКТОВ КАК ФАКТОР УСТОЙЧИВОГО РАЗВИТИЯ НАЦИОНАЛЬНОЙ ЭКОНОМИКИ 238

Bagdasaryan K.A.
REGION'S INVESTMENT ATTRACTIVENESS AS A RESULT OF SECTOR'S COMPETITIVENESS 243

Мешков А.А.
КОНЦЕПЦИИ ОЦЕНКИ МАРКЕТИНГОВЫХ АКТИВОВ 248

Чувахина Л.Г.
ПРОТИВОРЕЧИВОСТЬ КОНЦЕПТУАЛЬНЫХ ПОДХОДОВ К ТРАНСФОРМАЦИИ МИРОВОЙ ВАЛЮТНОЙ СИСТЕМЫ 251

Фадейчева Г.В.
ИНСТИТУЦИОНАЛЬНЫЕ АСПЕКТЫ ИССЛЕДОВАНИЯ КАТЕГОРИИ "ОБЩЕСТВЕННЫЕ ПОТРЕБНОСТИ" 255

Куличкина И.И., Петрова Н.И.
ЭЛЕМЕНТЫ ИНДИКАТИВНОГО ПЛАНИРОВАНИЯ В РЕСПУБЛИКЕ САХА (ЯКУТИЯ) 264

Коростиева Н.Г.
ПОКАЗАТЕЛИ УСТОЙЧИВОСТИ ПРЕДПРИЯТИЯ КАК ИСТОЧНИК ИНФОРМАЦИИ ВЕРОЯТНОСТИ КРЕДИТНОГО РИСКА 271

Перепёлкина В.А.
РЫНОК ТРУДА РОССИИ: ОСОБЕННОСТИ СОВРЕМЕННОГО РАЗВИТИЯ 275

Сетракова Е.В.
БИЗНЕС И ОБРАЗОВАНИЕ – ВЗАИМОДЕЙСТВИЕ ЧЕРЕЗ СОЦИАЛЬНОЕ ПАРТНЁРСТВО 279

Макина С.А.
ЗНАЧЕНИЕ УЧЕТНОЙ ИНФОРМАЦИИ ДЛЯ РЕАЛИЗАЦИИ ПРИНЦИПА СПРАВЕДЛИВОСТИ НАЛОГООБЛОЖЕНИЯ 283

Содержание

Биба В.В., Миняйленко И.В.
ОЦЕНКА СИЛЬНЫХ И СЛАБЫХ СТОРОН ДЛЯ ФОРМИРОВАНИЯ ПРОСТРАНСТВЕННОГО РАЗВИТИЯ ПОЛТАВСКОГО РЕГИОНА 288

Завгородний А.А.
ВЛИЯНИЕ ИЗМЕНЕНИЯ СТРУКТУРЫ МИРОВЫХ ВАЛЮТНЫХ РЕЗЕРВОВ НА РЕФОРМИРОВАНИЯ МИРОВОЙ ФИНАНСОВОЙ СИСТЕМЫ 291

Юридические науки

Васютина А.В.
ПРАВОВЫЕ ПРОБЛЕМЫ ОСНОВАНИЙ И УСЛОВИЙ ВОЗМЕЩЕНИЯ УБЫТКОВ 294

Кучугурный Д.А.
К ВОПРОСУ О КЛАССИФИКАЦИИ МЕЖДУНАРОДНОГО ТЕРРОРИЗМА 298

Чувахин П.И.
ПРАВОВЫЕ ОСОБЕННОСТИ СОЗДАНИЯ И ФУНКЦИОНИРОВАНИЯ АЗИАТСКОГО БАНКА РАЗВИТИЯ 301

Stukalova D.D.
AUTONOMY AND INDEPENDENCE JUDISIAL POWER AS A GUARANTOR OF A FAIR AND OBJECTIVE CONSIDERATION OF CRIMINAL CASES 305

Архитектура

Колясников В.А.
доктор архитектуры, профессор Уральской государственной архитектурно-художественной академии
Мацкова М.В.
аспирант Уральской государственной архитектурно-художественной академии
эл. почта: mgroup-1@yandex.ru

ОБЩЕСТВЕННЫЕ ПРОСТРАНСТВА В ГЕНЕРАЛЬНЫХ ПЛАНАХ ГОРОДОВ РОССИИ

На протяжении XX века ведущие мастера отечественного градостроительства разрабатывали и совершенствовали профессиональный язык проектирования общественных пространств, позволяющий раскрыть их функциональное и смысловое содержание через форму архитектурно-планировочной структуры, определить принципы (правила) функциональной и композиционной организации такой формы с учетом удовлетворения утилитарных и эстетических потребностей людей, создания благоприятных условий восприятия пространств. В разные годы вклад в создание профессионального языка проектирования общественных пространств городов внесли такие известные в нашей стране архитекторы-градостроители, как В. Н. Семенов [9], А. В. Бунин [2], Т. Ф. Саваренская [8], А. В. Иконников [5], З. Н. Яргина [12], Я. В. Косицкий [12], И. М. Смоляр [10], А. Э. Гутнов [3], И. Г. Лежава [7] и другие.

Многие принципы градостроительной организации общественных пространств успешно реализованы в проектах новых и реконструкции существующих городов. Вершиной мастерства проектирования в XX веке общественных пространств и населенных мест в целом можно считать генеральные планы Москвы, Свердловска, Челябинска и других городов, которые были разработаны в конце 1960 – начале 1970-х гг. с учетом преемственного развития их архитектурно-планировочной структуры.

Проблемы проектирования общественных пространств в генеральных планах и формирования этих пространств в натуре обострились в постсоветский период, особенно в последние десятилетия. В проектировании наметилась тенденция снижения качества градостроительных решений по формированию общественных пространств как целостных систем. В управленческой, законодательной, инвестиционно-строительной деятельности в области градостроительства дали о себе знать негативные стороны рыночной экономики, не заинтересованной в развитии общественных пространств и социальной инфраструктуры как в объектах, которые не приносят бизнесу прибыль. Более того, развернулось активное строительство торговых центров, офисов и жилых комплексов на территориях, зарезервированных в генеральных планах советского периода для строительства транспортных коммуникаций и развязок, создания площадей перед крупными общественными зданиями, у проходных промышленных предприятий и входов в рекреационно-ландшафтные комплексы. Стали исчезать территории, предназначенные для развития непрерывных систем озеленения, общественных центров микрорайонов, детских садов, школ и т.д. Все это ведет, а в крупнейших городах уже привело, к серьезным транспортным, экологическим и социальным проблемам.

Ситуация осложняется из-за противоречий в государственной градостроительной политике. Градостроительный кодекс РФ заменил понятие градостроительной деятельности как пространственной организации среды жизнедеятельности на понятие градостроительной деятельности как территориального планирования, зонирования, планировки территории и архитектурно-строительного проектирования. Кодекс свел объект градостроительной деятельности к территории. Вместе с тем, в Концепции долгосрочного социально-экономического развития РФ на период до 2020 года поставлена задача перехода России на новую модель **пространственной организации** социально-ориентированной экономики. В соответствии с Концепцией разработаны стратегии развития регионов, в частности, Стратегия Уральского федерального округа, предусматривающая реализацию более 50 приоритетных проектов модернизации и пространственной организации индустриального комплекса Урала.

Пути решения проблем формирования общественных пространств населенных мест, пространственной организации расселения и городов России, в целом, сегодня активно разрабатываются и в сфере градостроительной науки, и в области градостроительного проектирования. Ученые РААСН ведут исследования по направлениям, связанным с созданием научных основ новой Генеральной схемы **пространственного развития** России, нового Градостроительного кодекса РФ, актуализации Национальной Градостроительной доктрины с учетом **пространственного развития** инновационного потенциала страны, **пространственной** организации расселения и городов, создания **пространственных условий** реализации человеческого капитала. В русле данных направлений осуществляются научно-исследовательские работы в вузах страны, реализующих магистерские программы подготовки градостроительных кадров: МАРХИ (государственная академия), УралГАХА и др.

В проектировании общественных пространств на уровне разработки генеральных планов поселений, муниципальных районов и городских округов в настоящее время выделяются несколько подходов: нормативный, нормативно-творческий, стратегический, инновационный, инновационно-стратегический.

Основой **нормативного подхода** является выполнение только законодательных и нормативных требований к составу и содержанию градостроительной документации без каких-либо особых творческих разработок и дополнительных материалов.

С принятием в 2011 году ФЗ № 41 в Градостроительном кодексе появились требования по учету в генеральных планах стратегий и программ социально-экономического развития территорий. Однако эти требования пока не оказали существенного влияния на разработку системы общественных пространств и самих генеральных планов. Часто это связано с низким уровнем финансирования и сжатыми сроками выполнения работ; по существу, с отсутствием финансирования глубоких научных обоснований генеральных планов, что не позволяет привлекать к их проектированию специалистов высокой квалификации.

В **нормативно-творческом подходе** существенная роль отводится разработке пространственного и художественно-образного замысла архитектурно-планировочного развития населенного места при соблюдении законодательных и нормативных требований. Для раскрытия творческой концепции по инициативе авторов могут выполняться дополнительные материалы, например, схемы организации функционально-планировочной и композиционной структуры, размещения общественных центров и развития общественных пространств. Примерами реализации указанного подхода являются генеральные планы Нижнего Новгорода (НИПИ генплана Москвы, 2009), Серова (УралНИИпроект РААСН, 2012) и др.

Стратегический подход связан не только с выполнением законодательных и нормативных требований, но использованием принципов и методов стратегического планирования, разработкой концепции градостроительной стратегии. В рамках этого подхода при проектировании генерального плана определяется градостроительная миссия поселения, а также цели, задачи, приоритетные направления, стратегические программы и проекты, измеряемые критерии стратегического пространственного развития.

В таком генеральном плане выделяются две шкалы показателей и объектов – нормативная и стратегическая; составляются схемы, раскрывающие градостроительную стратегию и соответствующие методологии стратегического планирования. Начало данному подходу было положено Стратегическим планом Санкт-Петербурга (1997), градостроительные разделы которого были представлены в направлении "Улучшение городской среды". На базе этого Стратегического плана в 2001–2004 гг. разработан Генеральный план (коллектив авторов под рук. В. Назарова). В дальнейшем принципы и методы взаимодействия стратегического и градостроительного планировании получили существенное развитие при разработке Генерального плана Екатеринбурга

(2000–2004), концепций стратегических планов устойчивого развития городов как основы для разработки Генеральных планов Пскова и Тобольска (ФГУП "РосНИПИ Урбанистики", г. С.-Петербург, 2003–2007).

Концепция долгосрочного социально-экономического развития РФ на период до 2020 года ("Стратегия 2020") дала сильный импульс как развитию существовавшего в XX веке инновационного подхода к градостроительному проектированию, так и формированию нового подхода, который можно назвать инновационно-стратегическим.

Инновационный подход ориентирован на разработку в генеральных планах новых градостроительных решений и совершенствование механизмов их реализации и оценки эффекта. В рамках такого подхода сегодня активно используются достижения градостроительного искусства, градостроительной науки и техники, творческий потенциал авторов проекта. Особое внимание уделяется подбору инвесторов, согласованию схем инвестиционного зонирования с администрацией и жителями городов. Планировка и застройка инвестиционных площадок разрабатываются в виде презентационных проектов (мастер-планов, проектов застройки), которые могут включать в себя варианты архитектурно-планировочного решения, объемно-пространственные модели, развертки, компьютерные визуализации. Примерами реализации инновационного подхода к разработке генеральных планов и общественных пространств поселений являются такие проекты, как "Инновационный центр Сколково", "Азов-Сити", "Остров Русский. Саммит "АТЭС-2012", "Олимпийский Сочи". Подобное проекты разрабатываются на Урале.

Инновационно-стратегический подход связан с актуализацией действующих или разработкой новых генеральных планов на основе использования принципов и методов стратегического планирования, разработки новаторских архитектурно-планировочных, инженерно-технических и иных решений. Данный подход сегодня в наибольшей мере соответствует Концепции долгосрочного социально-экономического развития РФ на период до 2020 года. Он успешно реализован в Генеральном плане Екатеринбурга, разработанном впервые в России совместно со Стратегическим планом города в 2003 году (утвержден в 2004 г.) и актуализированном на основе обновленного Стратегического плана 2010 года.

Эффективным механизмом осуществления Генерального плана первой редакции стали стратегические градостроительные программы и проекты ("Центральная торговая зона", "Музейный комплекс "Екатеринбург", "Комплексная схема организации дорожного движения", "Город для пешеходов" и др.), которые включали в себя экономическое обоснование, графические и объемно-пространственные модели,

Архитектура

компьютерные визуализации, наглядно демонстрирующие функциональные и композиционные решения.

В генеральном плане первой и второй редакции достаточно детально разработана система общественных пространств Екатеринбурга и соседствующих с ним городов-спутников (Среднеуральск, Верхняя Пышма, Арамиль, Березовский), малых поселений и межселенных природно-ландшафтных территорий.

Внутреннюю систему общественных пространств составили пространства социальной, рекреационно-ландшафтной, историко-культурной и транспортной инфраструктур, а также пространства контактно-стыковых зон (между территориями промышленных, коммунально-складских предприятий и территориями жилой застройки) с повышенными архитектурно-эстетическими качествами среды. В генеральный план второй редакции были включены крупные инновационные объекты различной стадии реализации: "Жилой район "Академический", "Большой университет", "Логистический комплекс Большое Седельниково" и др. Связи внутренних пространств Екатеринбурга с внешним окружением определяют важные условия межмуниципального сотрудничества и создания "Большого Екатеринбурга".

Сравнение решений нового Генерального плана Екатеринбурга с решениями проекта "Большой Свердловск" (1930) и Генерального плана Свердловска (1972) позволяет говорить о преемственности в формировании общественных пространств, сохранении и развитии традиций градостроительного новаторства в современных социально-экономических условиях.

Анализ и обобщение богатого теоретического и практического опыта отечественного градостроительства XX и начала XXI вв. позволяет выделить шесть основных **системных принципов** проектирования общественных пространств, а также слабых и сильных сторон современного состояния этого проектирования в генпланах городов России.

1. **Взаимодействие с окружением** – функциональная и композиционная взаимосвязь общественных пространств с компонентами природного ландшафта и другими видами архитектурных пространств внутри города; взаимодействие внутригородской и внешней по отношению к городу систем архитектурных и природно-ландшафтных пространств общественного значения. Слабые стороны проектирования общественных пространств в генпланах городов России связаны с тем, что генеральные планы, разработанные только в административных границах поселений, муниципальных районов и городских округов, часто не устанавливают связи внутренней и внешней системы архитектурных и природно-ландшафтных пространств. Это не обеспечивает межмуниципальное

сотрудничество в развитии общественных пространств. Сильные стороны проектирования с использованием этого принципа связаны с тем, что определение и проектирование зон совместных интересов (территорий партнерства) муниципальных образований в развитии общественных пространств. Учет существующих или разработка новых концепций (стратегий) формирования локальных систем расселения «больших» городов, пространственных кластеров.

2. **Структуризация** – принцип, предполагающий формирование общественных пространств социальной, производственной, рекреационно-ландшафтной, транспортной и историко-культурной инфраструктуры; выделение каркаса общественных пространств (пространств с повышенной функциональной активностью населения). Слабые стороны структуризации связаны с тем, что, по ГК РФ, пространство не является объектом проектирования. Отсюда, в некоторых генеральных планах общественные пространства слабо структурированы, не выделен их каркас. Сильные стороны определяются тем, что структуризация предполагает разработку в генеральном плане общественных пространств инфраструктур, каркаса общественных пространств. Для их реализации необходимо законодательное включение пространства в объект проектирования.

3. **Иерархичность** – выделение общественных пространств центра города, главных и второстепенных улиц и площадей, значимых для города общественных узлов. Слабые стороны проектирования по принципу иерархичности состоят в том, что в некоторых генеральных планах иерархия общественных пространств не установлена – трудно определить местоположение центра города, главных улиц и площадей. Это снижает уровень информативности градостроительной документации, затрудняет ориентацию в пространстве. Сильные стороны связаны с тем, что выделение главных и второстепенных общественных пространств с учетом достижения определенной миссии города, реализации стратегических направлений, программ и проектов. Это повышает уровень информативности градостроительной документации, улучшает ориентацию в пространстве.

4. **Оптимизация** – организация общественных пространств на основе показателей их формирования и развития с учетом индивидуальных особенностей города, Стратегических планов и программ. Слабые стороны проектирования общественных пространств с применением принципа оптимизации заключаются в том, что при отсутствии градостроительных стратегий, градостроительных разделов Стратегических планов и программ социально-экономического развития поселений проектирование общественных пространств осуществляется только на основе норм и правил, установленных на федеральном и региональном уровне. Обеспечивается выполнение только нормативных, а не оптимальных

показателей. Сильные стороны работы по этому принципу обеспечивают установление наряду с выполнением нормативных требований системы градостроительных показателей реализации стратегических планов или программ развития поселений, в том числе в части формирования общественных пространств.

5. **Преемственность** – это принцип развития ценных градостроительных традиций, сохранение и использование историко-культурного наследия в функциональной и композиционной организации общественных пространств. Слабой стороной принципа преемственности является недостаточное использование историко-культурного потенциала и традиций в организации общественных пространств. Сильные стороны проектирования с использованием принципа преемственности связаны с тем, что может произойти введение в ГК РФ понятий "историческое поселение", "объемно-пространственная структура", "композиция планировки и застройки" и др. (ФЗ № 179, 2012). Развитие общественных пространств историко-культурной инфраструктуры рассматривается здесь как условие инновационного развития экономики городов.

6. **Гармонизация** – это принцип композиционной организации общественных пространств с учетом создания системы архитектурных и архитектурно-ландшафтных ансамблей города, формирования его индивидуального архитектурно-художественного образа. Слабые стороны работы с этим принципом состоят в том, что в генеральных планах часто отсутствует творческий замысел формирования композиции общественных пространств, ансамблевого построения города в целом. Недостаточно решаются задачи по упорядочению пространств промышленных предприятий и созданию непрерывных систем открытых озелененных пространств. Сильные стороны данного принципа заключаются в следующем: происходит разработка концептуально-художественного замысла и стилистических решений композиционной организации общественных пространств и города в целом как условие улучшения его эстетических качеств и повышения инвестиционной привлекательности. Использование принципа гармонизации позволяет обеспечить сопровождение генеральных планов объемно-пространственными и архитектурно-художественными моделями, компьютерной визуализацией, а также восстановление композиционного языка в проектировании.

Заключение

В настоящее время в проектировании общественных пространств на уровне генеральных планов городов наблюдается сложная и противоречивая картина. Однако, в ближайшие годы следует ожидать стремительное усиление инновационно-стратегического подхода к проектированию данных пространств, пространств городов и систем расселения в целом. Этому будут способствовать научные работы ученых РААСН и других исследователей, подготовка кадров по новому, в нашей стране, направлению "Градостроительство", нарастание волны инновационного градостроительства и финансовая поддержка инновационной деятельности в связи с принятием в 2013 году ФЗ № 44 "О контрактной системе в сфере закупок товаров, услуг для обеспечения государственных и муниципальных нужд" (ст. 6, 10). В инновационно-стратегическом подходе сегодня формируется методологическая база синтеза науки, техники и искусства в градостроительном проектировании, механизмов реализации проектов в целях получения социально-экономического эффекта и существенного улучшения качества пространственной организации жизнедеятельности людей. Основой выделения шести основных системных принципов проектирования общественных пространств послужила идея построения идеальной модели пространственной среды. Данные принципы уже успешно применены в проектах генеральных планов городов России, такие как Дегтярск, Сысерть и Арамиль, где на основе их применения формируется индивидуальный, неповторимый облик каждого из этих городов.

Список использованной литературы

1. Букин В. П., Пискунов В. А. Свердловск. Перспективы развития до 2000 года. Свердловск, 1982.
2. Бунин А. В., Саваренская Т.Ф. История градостроительного искусства. М., 1953.
3. Гутнов А.Г. Мир архитектуры: Язык архитектуры. М., 1985.
4. Иконников А. В., Степанов Г. П. Основы архитектурной композиции: Учебное пособие. — М., 1971.
5. Иконников А. В. Искусство, среда, время. Эстетическая организация городской среды. — М.: Советский художник, 1985.
6. История советской архитектуры. М., 1962.
7. Лежава И.Г. Организация и пространственное моделирование в учебном архитектурном проектировании. М., 1980.
8. Саваренская Т.Ф. История градостроительного искусства. М., 1984.
9. Семенов В.Н. Благоустройство городов. М., 2003.
10. Смоляр И. М. Экологические основы архитектурного проектирования. М., 2010.
11. Стратегический план развития Екатеринбурга. Екатеринбург, 2010.
12. Яргина З. Н., Косицкий Я. В., Владимиров В. В. Основы теории градостроительства: Учебник для вузов. Специальность "Архитектура" М.: Стройиздат, 1986.

Николаева Н.Ю.
доцент, канд. биол. наук,
Томский сельскохозяйственный институт – филиал ФГБОУ ВПО
«Новосибирский государственный аграрный университет», г. Томск
E-mail: nav74@yandex.ru

ВОДНО-ФИЗИЧЕСКИЕ СВОЙСТВА ГОРНО-ЛЕСНЫХ ЧЕРНОЗЕМОВИДНЫХ ПОЧВ

В среднегорных районах Республики Хакасия, на северо-западном отроге Алтае-Саянской горной страны под пологом лиственничных злаково-широкотравных и кустарничково-разнотравных лесов сформированы своеобразные горно-лесные черноземовидные почвы. Почвообразующими породами являются элювиально-делювиальные отложения известняков нижнекембрийского возраста.

Почвенные разрезы заложены в нижней и средней части горы Растяпы в Ширинском районе Хакасии. Горная лесостепная растительность представлена в основном березой, осиной, лиственницей и другими видами древесной растительности с высоким травяным покровом (вика, зопник, вейник, Марьин корень, клевер большой и др.).

Почвенные образцы отбирались из каждого генетического горизонта и были проанализированы с помощью общепринятых в почвоведении методик.

Рассматриваемые почвы относятся к горно-лесным черноземовидным карбонатным высокогумусным почвам и характеризуются особым морфогенетическим строением.

На поверхности имеется темно-серого цвета рыхлая дернина мощностью 5-8 см, густо пронизанная корнями, слабо вскипающая от HCl. Гумусовый горизонт мощностью 20-22 см имеет темно-серую окраску с буроватым оттенком, комковато-зернистую структуру, содержит многочисленные корни, высокое содержание гумуса (11-17%). В нижней части гумусового горизонта наблюдается бурное вскипание от соляной кислоты, что связано с аккумуляцией карбонатных солей (7-9% CO_2 карбонатов). В связи с этим реакция среды изменяется от нейтральной и слабощелочной в верхних горизонтах до щелочной (pH 8,8) на границе с породой.

Основным направлением почвообразования является дерновый процесс, характеризующийся прогрессивным гумусонакоплением. Основная масса гумуса (11-17%) сконцентрирована в темноокрашенном аккумулятивном горизонте, с резким уменьшением его количества с глубиной. Гумусообразование протекает по гуматному типу (Сгк:Сфк=1,9).

По гранулометрическому составу исследуемые почвы относятся к легкосуглинистым разновидностям. Одной из особенностей почвообразования является небольшое утяжеление гранулометрического состава в горизонте АВк до среднесуглинистого. Преобладают фракции крупного и среднего песка (28-30%), в минимальном количестве накапливаются частицы средней пыли (0,6-3,6%).

При оценке водно-физических свойств рассматриваемых почв нами изучались основные почвенно-гидрологические константы (рисунок).

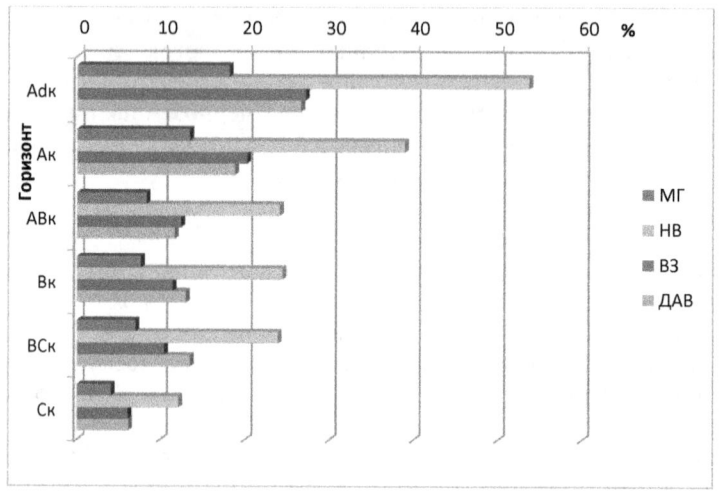

Рисунок - Распределение некоторых категорий влаги в профиле горно-лесной черноземовидной почвы (% от массы почвы): МГ – максимальная гигроскопичность, НВ – наименьшая влагоемкость, ВЗ – влажность завядания, ДАВ – диапазон активной влажности.

Величина максимальной гигроскопичности (МГ) используется для приблизительной оценки количества прочносвязанной влаги и «мертвого запаса», т.е. полностью недоступной растениям влаги. Она находится в прямой зависимости от содержания в почве илистой фракции и органического вещества, обладающего большой суммарной поверхностью поглощения [1, 98]. В изучаемых почвах такая форма влаги накапливается большей частью в гумусовых горизонтах (13-18%), снижаясь до 4% в почвообразующей породе вследствие более легкого гранулометрического состава.

Влажность завядания (ВЗ) примерно соответствует всему количеству имеющейся в данной почве связанной воды, т.е. сумме прочно- и рыхлосвязанной воды. Вода в почве при влажности ее, равной МГ и ВЗ, совершенно недоступна для растений и не используется клетками микроорганизмов [2, 537]. В пределах почвенного профиля исследуемых почв влажность завядания изменяется постепенно (от 27-29% в гумусовом горизонте до 6-10% в нижней части), характер распределения аналогичен максимальной гигроскопичности.

Наименьшая влагоемкость (НВ), отражающая водоудерживающую способность почв, достаточно высокая и составляет 53-55% от массы почвы в верхних горизонтах с постепенным снижением в почвообразующей породе. Такое распределение НВ по почвенному профилю показывает зависимость ее от гранулометрического состава, содержания гумуса, сложения почвы.

Влага в интервале от ВЗ до НВ – доступная для питания растений и характеризуется величиной ДАВ (диапазон активной влажности). В гумусовом горизонте изучаемых почв ДАВ составляет 26,1-26,6% от массы почвы, уменьшаясь с глубиной до 6-13%. Это свидетельствует о том, что при выпадении осадков данные почвы способны создавать незначительные запасы продуктивной воды, обеспечивающие потребность растений во влаге.

Таким образом, в исследуемых горно-лесных черноземовидных почвах максимальные количества всех категорий влаги приурочены к гумусовым горизонтам. Это обусловлено действием корневой системы древесных и травянистых растений, роющих животных, микроорганизмов, которые рыхлят почвенную толщу, создают структуру почвы, повышая её пористость и влагоемкость. Данные почвы обладают невысокой водоудерживающей способностью и незначительным содержанием доступной растениям влаги, которая быстро используется горной лесостепной растительностью.

Литература

1. Лебедева И.И. Почвы Центрально-Европейской и Средне-Сибирской лесостепи / И.И. Лебедева, Е.В. Семина. – М.: Колос, 1974. – 230 с.

2. Роде А.А. Избранные труды. Т. 3. Основы учения о почвенной влаге / А.А. Роде. – М.: Почвенный институт им. В.В. Докучаева, 2008. – 664 с.

Гиренко Л.А.
доцент, кандидат биологических наук., ФГБОУ ВПО Новосибирский государственный педагогический университет

ВЛИЯНИЕ ЗАНЯТИЙ ЛЫЖНЫМИ ГОНКАМИ НА ФИЗИЧЕСКОЕ РАЗВИТИЕ И ПОКАЗАТЕЛИ ДЫХАТЕЛЬНОЙ СИСТЕМЫ ШКОЛЬНИЦ

Введение. В современных условиях жизни важно с детства осознавать ценность своего здоровья и владеть необходимыми навыками его сохранения. В естественных условиях двигательная активность выступает как мощный оздоровительный фактор, расширяющий функциональные возможности [5, с.34].

Лыжный спорт является важным средством поддержания и улучшения здоровья, функционального состояния и тренированности. Лыжным спортом можно заниматься с самого раннего детства и вплоть до глубокой старости [2, с.17]. Наиболее широкое распространение получили лыжные гонки. Они представляют собой локомоции типа ходьбы с резко удлиненной одиночной опорой, с использованием работы рук [5, с.12]. Выполнение умеренной мышечной работы с вовлечением в движение всех основных групп мышц в условиях пониженных температур, на чистом морозном воздухе заметно повышает сопротивляемость организма к самым различным заболеваниям и положительно сказывается на общей работоспособности [3, с.23]. Прогулки и походы на лыжах в красивой лесистой и разнообразной по рельефу местности доставляют положительное влияние на кардио-респираторную и нервную системы, умственную и физическую работоспособность [1, с.7].

В связи с этим, целью настоящего исследования явилось изучение антропометрических показателей, компонентного состава тела, функциональных возможностей мышечной и кардиореспираторной систем школьниц 12-17 лет, не занимающихся и занимающихся лыжным спортом.

Объект и методы исследования. В настоящем исследовании приняли участие 215 девочек г. Новосибирска. Из них 97 девочек, не занимались в спортивных секциях. Они посещали 2 раза в неделю уроки физической культуры, длительность занятий составляла 40 минут в течение урока. И 118 лыжниц, которые обучались также в школах города Новосибирска и занимались в Спортивной детско-юношеской школе олимпийского резерва (СДЮШОР) по направлению лыжные гонки 5 раз в неделю по 1,5 – 2 часа в течение учебно-тренировочного занятия. При изложении материала по тексту группой «контроля» названа группа школьниц, не занимающихся спортивной деятельностью аналогичного возраста со спортсменками.

Программа обследования школьниц включала общепринятые методики: 1) антропометрию – изучали длину и массу тела, окружность грудной клетки, рассчитывали индекс Кетле (массо-ростовой показатель); 2) определение компонентного состава тела – расчет процентного содержания резервного жира, активной массы тела; 3) исследование функционального состояния мышечной (сила сгибателей мышц спины и разгибателей мышц спины) и дыхательной систем (жизненная емкость легких, жизненный индекс, максимальная скорость потока воздуха на вдохе и выдохе, задержка потока воздуха на вдохе и выдохе, пробы Штанге, Генче) [4, с.160; 6, с. 129].

Различия полученных показателей по сравнению с фоном и между возрастными группами оценивались методами вариационной и разностной статистики по t – критерию Стьюдента и по ANOVA для непараметрических независимых выборок, и считались достоверными при $p \leq 0,05$. Все расчеты проводились с использованием пакета статистических программ «STATISTIKA» для PC.

<u>Результаты исследования.</u> Антропометрические показатели обследованных девочек характеризовались равномерным увеличением длины тела (ДТ) от 12 к 17 годам. До 14 лет в группе контроля наблюдалась большая ДТ, чем у их сверстниц, занимающихся спортом. В 15 лет у спортсменок зафиксирован пубертатный скачок роста и в 17 лет их длина тела превышал значения ДТ группы контроля. Большие значения массы тела (МТ) у девочек контрольной группы выявлены в 14 и 16 лет ($56,3 \pm 3,5$ и $56,2 \pm 4,1$ кг, соответственно). У девочек, занимающихся лыжным спортом, показатели массы тела изменялись равномерно, относительно увеличения длинны тела. Окружность грудной клетки (ОГК) девочек, незанимающихся лыжным спортом, также изменялась неравномерно. Максимальное увеличение ОГК получено в 14 лет $81,0 \pm 3,4$ см, и 17 лет - $82,5 \pm 2,8$. В 14 лет у спортсменок выявлены меньшие значения ОГК, чем у сверстницы группы контроля на $5,1 \pm 2$ см. К 15-летнему возрасту показатели ОГК лыжниц увеличивались на $5,6 \pm 0,1$ см, и оказались больше, чем у неспортсменок.

Большая плотность телосложения по показателю Индекса Кетле (ИК) у неспортсменок встречалась в возрасте 12, 14 и 16 лет ($20,4 \pm 1,3$; $21,9 \pm 2,2$ и $21,9 \pm 1,9$ кг/м^2, соответственно). В группе же спортсменок ИК равномерно увеличивался от 12 к 17-летнему возрасту. В 13 и 17 лет значения ИК были больше, чем у школьниц контрольной группы.

Процентное содержание резервного жира у девочек группы контроля активно накапливалось в период от 13 ($16,5 \pm 2,2$ %) до 15-летнего возраста ($22,4 \pm 0,9$ %), а затем снижалось к 17 годам до $21,2 \pm 1,3$ %. Компонентный состав тела у спортсменок с 14-летнего возраста сопровождался меньшими значениями резервного жира, чем у неспортсменок. У спортсменок максимальное накопление жира было выявлено в 13 и 15 лет ($20,2 \pm 2,1$ и $20,4 \pm 0,8\%$, соответственно). Активная масса тела, характеризующая костный и мышечный состав тела, девочек группы контроля отличалась большими значениями в 14 и 16 лет (43,2 ± 2,3 и 42,0 ± 1,8 кг, соответственно). В период от 12 к 14 годам значения неспортсменок превышали таковые у сверстниц спортсменок. Низкие показатели АМТ у неспортсменок выявлены в 17-летнем возрасте - 38,2 ± 0,7 кг. У девочек-спортсменок 12 - 17 лет активная масса тела закономерно увеличивалась и с 15 лет преобладала над значениями в группе контроля.

Исследование мышечной системы выявило лучшие значения кистевой силы у спортсменок, чем у школьниц за весь изученный возрастной период. В 15 лет у спортсменок зафиксирован больший показатель - 57,5 ± 1,5 кг. Кистевая сила спортсменок активно увеличивалась от 12 к 15-летнему возрасту. В возрасте 17-и лет спортсменки также опережали по кистевой силе незанимающихся спортом девочек. Показатели мышечной силы спины по значениям становой силы (СтС) и станового индекса (СтИ) у девочек имели больший прирост у спортсменок в 12, 15 и 17 лет. В группе контроля как абсолютный, так и относительный показатели разгибателей мышц спины увеличивались до 16 лет. В 17-летнем возраст выявлено существенное уменьшение силы мышц спины.

Исследование дыхательной системы у девочек, занимающихся лыжным спортом 12-17 лет, обнаружило закономерное увеличение жизненной ёмкости лёгких (ЖЕЛ) от 2500 ± 146,3 в 12-летнем возрасте и до 3776,7 ± 131,2 мл к 17-и годам. В группе контроля данного возраста наблюдалось увеличение показателей с 12 до 15 лет, после чего к 17-ти годам происходил спад значений системы внешнего дыхания (табл. 1, 2). Максимальный прирост должной жизненной емкости легких (ДЖЕЛ) в группе контроля наблюдался в 13 - 14 и 15 - 16 лет. На протяжении всего изученного возрастного периода абсолютные показатели ЖЕЛ девочек группы контроля значительно отставали от должных величин (ДЖЕЛ), необходимых им для благополучного функционирования не только дыхательной системы, но и всего организма.

Таблица 1

Показатели функции внешнего дыхания школьниц, незанимающихся спортом.

Показатели	Возраст, лет					
	12	13	14	15	16	17
N (кол-во чел.)	17	15	16	17	18	13
ЭГК, см	4,5 ± 0,5	4,1 ± 0,4	4,9± 0,4	4,1 ± 0,3	4,3 ± 0,2	2,8 ± 0,2*
ЖЕЛ, мл	1918 ± 133	2275 ± 152*	2314 ± 83	2463 ± 266	2400 ± 132	2100 ± 292*
ЖИ, мл/кг	39,1 ± 4,2	48,0 ± 3,1*	44,0 ± 4,6	45,7 ± 4,2	44,8 ± 3,3	43,2 ±7

ДЖЕЛ, мл	2205 ± 71,2	2345 ± 67,2	2644 ± 143	2765,3 ± 62	2991 ± 74	2864,4 ± 50,1
МСПВвд, л/с	2,4 ± 0,3	2,5 ± 0,3	2,8 ± 0,2	2,7 ± 0,2	2,4 ± 0,2	2,6 ± 0,2
МСПВвыд, л/с	2,9 ± 0,2	2,9 ± 0,2	3,1 ± 0,2	3,4 ± 0,2	3,2 ± 0,1	2,9 ± 0,2
Штанге, сек	27,4 ± 2,3	29,9 ± 2,4*	27,7 ± 2,7	34,7 ± 3,1*	30,3 ± 2,5*	20,0 ± 0,1*
Генчи, сек	20,3 ± 2,7	22,5 ± 2,4	22,9 ± 3,7*	18,4 ± 1,5	18,8 ± 1,4	15,5 ± 0,7*

Примечание: достоверные различия средних величин рассчитаны по ANOVA для непараметрических независимых выборок: *- по отношению к предыдущему возрасту между девочками в группе (P≤0,05).

У спортсменок в 12-летнем возрасте выявлен также как и у неспортсменок, дефицит ЖЕЛ. Но в последующие возрастные периоды у лыжниц наблюдалось существенное преобладание жизненной ёмкости легких не только по сравнению с аналогичными показателями неспортсменок, но относительно своих должных показателей функции внешнего дыхания (ДЖЕЛ) (табл. 4). Жизненный индекс (ЖИ) - относительный показатель жизненной емкости легких, рассчитанный на 1 кг массы тела, позволяет исследовать функциональные возможности системы внешнего дыхания, составляя в среднем у девочек 47-57 мл/кг. У школьниц группы контроля ЖИ возрастал от 12 к 13 годам, имея максимальное значение 48,0 ± 3,1 мл/кг. К 17 годам наблюдалось снижение показателя до 43,2 ± 7 мл/кг (табл. 1). В группе спортсменок в возрастном периоде от 12 к 14 годам также зафиксировано снижение ЖИ. Вместе с тем, к 16-летнему возрасту жизненный индекс значительно увеличился (54,2 ± 5,3 мл/кг) и затем существенно не изменялся (табл. 2).

Таблица 2

Показатели функции внешнего дыхания лыжниц 12-17 лет.

Показатели	Возраст, лет					
	12	13	14	15	16	17
N (кол-во чел.)	19	19	21	20	22	17
ЭКГ, см	7,8 ± 0,3	6,4 ± 0,9*	6,6 ± 0,3	6,1 ± 0,5	7,2 ± 0,6*	7,3 ± 0,3
ЖЕЛ, мл	2500 ± 375	2571 ± 195*	2908 ± 91*	3231 ± 74*	3303 ± 163	3777 ± 131*
ДЖЕЛ	3222 ± 284	2359 ± 68	2512 ± 76	2740 ± 28	2981,9 ± 38	3032 ± 34
ЖИ, мл/кг	58,8 ± 11	57,0 ± 5,3	40,3 ± 4,2*	44,8 ± 7,08*	54,2 ± 5,3*	53,0 ± 5,1

МСПВвд, л/с	3,5 ± 0,7	3,5 ± 0,3	3,7 ± 0,2	4,1 ± 0,3*	4,07 ± 0,2	3,9 ± 0,2
МСПВвыд, л/с	4,4 ± 0,5	3,7 ± 0,3*	4,1 ± 0,2	4,1 ± 0,2	4,2 ± 0,2	4,3 ± 0,2
Штанге, сек	37,3 ± 0,1	64,1 ± 0,9*	42,5 ± 0,4*	57,1 ± 2,1*	70,2 ± 3,1*	58,3 ± 2,3*
Генчи, сек	20,3 + 2,7	33,1 ± 0,8*	18,0 ± 0,9	24,5 ± 1,8*	29,0 ± 2,1*	31,5 ± 2,3*

Примечание: достоверные различия средних величин рассчитаны по ANOVA для непараметрических независимых выборок: *- по отношению к предыдущему возрасту между девочками в группе (Р≤0,05).

Функция внешнего дыхания девочек-спортсменок 12 -17 лет характеризовалась большими значениями максимальной скорости потока воздуха при форсированном вдохе и выдохе (МСПВвд, МСПВвыд) по сравнению со школьницами группы контроля (табл. 1,2). Большие возможности дыхательной системы при пробах с задержкой воздуха на вдохе и выдохе также характерны для девочек, занимающихся лыжными гонками, чем для неспортсменок. В группе контроля максимальные значения по пробе Штанге выявлены в 15 лет - 34,7 ± 3,1 сек, в группе спортсменок - в 13 и 16 лет (64,1 ± 0,9 и 70,2 ± 3,1 сек, соответственно). Задержка дыхания на выдохе (проба Генчи) сопровождалась аналогичной тенденцией у обследованных девочек (табл. 3, 4).

<u>Заключение.</u> Таким образом, настоящее исследование выявило особенности физического развития и функциональных возможностей дыхательной системы у обследованных девочек в пубертатный период с учетом влияния занятиями лыжными гонками. В группе контроля ростовой скачек начинался в 14 лет, у спортсменок в 15-летнем возрасте и сопровождался достоверным увеличением тотальных размеров тела (МТ, ОГК, ИК, АМТ, % резервного жира). Компонентный состав тела характеризовался в группе контроля большей плотностью телосложения и большим содержанием резервного жира. Вместе с тем, лыжницы опережали группу контроля по развитию мышц разгибателей спины и сгибателей кисти и лучшими возможностями дыхательной системы (ЖЕЛ, ЖИ, МСПВвд, МСПВвыд, проба Штанге, проба Генчи).

Библиография

1. Брагин Н.А. На лыжах к здоровью и спортивным результатам: Учебное пособие - Великие Луки, 2001. – 186 с.

2. Бутин И.М. Лыжный спорт: учеб. пособие для студентов педвузов по спец. 033100 физическая культура /И.М. Бутин. - М.: издательский центр «Академия», 2000. - 368 с.

3. Головина Л.Л. Физиологическая характеристика лыжного спорта: Лекция для студ. ин-тов физкультуры / ГЦОЛИФКа.-М.: ГЦОЛИФК, 1981.- 44 с.

4.Дубровский В.И. Спортивная физиология: Учебник для сред и высш. учеб. заведений по физической культуре.- М.: ВЛАДОС, 2005.- 462 с.

5. Раменская Т.И. Юный лыжник: учебно-популярная книга о многолетней тренировке лыжников-гонщиков /Т.И. Раменская. М.: СпортАкадемПресс, 2004. - 204 с.

6. Рубанович В.Б. Врачебно-педагогический контроль при занятиях физической культурой: Учебное пособие. Новосибирск, 2003. – 263с.

Orlov V.I., Marutkina E.A., Sukhov A.G.
A.B. Kogan Research Institute for Neurocybernetics
Southern Federal University
w701@krinc.ru

INTRACELLULAR RESEARCH OF INTERACTION OF DIFFERENT LOCI OF PACEMAKER ACTIVITY IN HELIX'S NEURONS

Introduction

Research of neuron's endogenous pacemaker activity is becoming increasingly important because of modern data about pacemaker potentials as a reflection of activation of potential-dependent membrane channels involved in regulation of functional state and brain's rhythmogenesis in norm and pathology of so-called channeopathies (Vislobokov et., 2010,2012; Sukhov et., 2011). The classical object for intracellular registration and investigation of pacemaker potentials and membrane channels are mollusk's neurons, which are frequently used for research of membranotropic influence of different mediators and pharmacological agents (Sokolov et., 1975; Orlov et., 1992; Vislobokov et., 2010, 2012). In connection with this, we also access this object for detection features of *Helix pomatia* neurons' intracellular organization of pacemaker activity for comparison with properties of rat's extracellularly recorded pacemaker potentials of neural column's focal activity, we have described previously (Sukhov et., 2011).

Methods

Keeping animals and experiments carried out in accordance with the protocol, approved by the Bioethics Commission of Southern Federal University in April 18th, 2012. Intracellular registration was held in *Helix pomatia*'s visceral ganglia, which is directly related to regulation of snail's functional state under the background activity by forming pacemaker potentials. We capillary microelectrodes with a resistance of 50-100 megohms and the thickness of the tip of less than 1 micron, DC amplifier УПТ-2 (Russia) or 16-channel DC amplifier УБЦ-М8 ("Metha", Russia) with a bandwidth of 0 Hz DC and hardware compensation of constant input voltage.

Focal bioelectrical activity of neurons of neural columns of rat's somatic cortex was recorded during acute experiments on unanesthetized, immobilized by muscle relaxant white outbred rats of both sexes from vivarium of SRI NC SFU, weighing 200-250 g. Burr hole in cranium's bone with diameter of 3 mm over the area of vibrissae's cortical representation (in right parietal bone) with coordinates of center - 2 mm caudal to the bregma and 5.5 mm lateral to the sagittal suture - is done with manual trephine. This hole was used for registration of evoked activity of cortical columns of rat's somatic cortex.

Results

Examples of neuron's background impulse activity involving pacemaker potentials are shown in Figures.

The neuron's background impulses occurs immediately after puncture of the membrane, as indicated by the permanent potential's level shift toward negativity, which reflects membrane's own potential. An extra hyperpolarization of membrane after each spike reflects endogenous pacemaker potential, conditioned by activation of potassium H-channels of hyperpolarization with subsequent activation of low-threshold Ca^{2+} channels and then sodium potential-dependent channels, shaping the development of the next spike.

As neuron's adaptation to membrane's puncture by microelectrode, it is observed that the frequency of following spikes gradually slows down and the steepness of pacemaker potential's depolarization wave decreases. However, the shape and slope of the rise of pacemaker potentials in a number of other neurons persisted long enough, for tens of minutes, maintaining the rhythmic impulses.

More complex organization of spike activity is observed in neurons with the presense of several loci of initiation of spikes with different amplitudes, particularly so-called A-spikes in the terminology of Sokolov (Sokolov et., 1975), which can occur, by his opinion, in different branches of neural cell's processes.

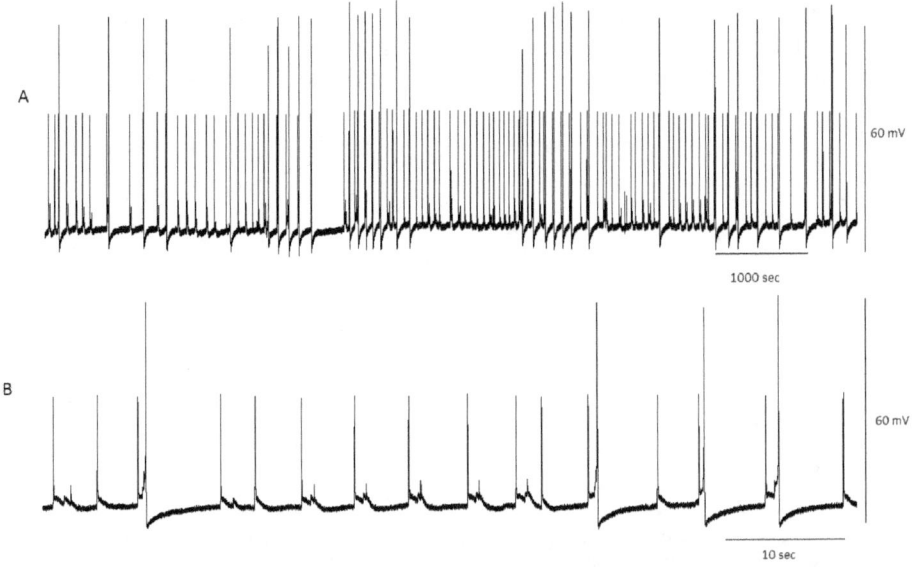

Fig.1. Intracellular registration of three pulses with various amplitudes, arising in different spike-generated loci of the same *Helix pomatia*'s neuron.

An example of such neuron's impulse activity with three loci of spike's generation is shown in Figure 1. As the illustration shows, the largest spike is escorted by clear typical pacemaker potential of following hyperpolarization, which is accompanied by impulses' suppression during for about 10 seconds. In contradistinction to this major spike, the impulse activity with medium amplitude is conducted by following depolarization, against the background often there is third spike with the smallest amplitude, indicating that it is generating in neuron's most remote processes. Despite the remote location of following depolarisation's locus, it can facilitate the development of not only the smallest outlying spike, but also the largest spike, which occurs only on the top of following depolarization, that can be clearly seen in Figure 1B. A similar facilitating effect of dendritic small spikes in apical dendrites to the development of large-amplitude somatic spikes can be observed in cortex's pyramidal cells. So that, in a series of papers (Larkum et al., 2007; Ledergerber, Larkum, 2010,2012; Palmer, Murayama, Larkum, 2012), which was done on rat's somatic cortex, and also in papers of other authors (Golding et al., 1999; Oviedo, Reyes, 2005)with simultaneous registration of somatic and dendritic spikes at different distances from the soma (to 900 microns), clearly shows the expressed frequency-dependent orthodromic effect of dendritic spikes to somatic impulses. Along with it, somatic spikes may actively affect to dendrite activity's loci because of antidromic spread in dendrites (Gulledge, Stuart, Waters, 2003). So, the interaction of low-threshold loci of pacemaker spike-generation in dendrites and somatic locus of spike generation, locating usually in axonal hillock, defines the multiple forms of spike initiation for intensification, modulation or integration of different inputs of cortical neurons.

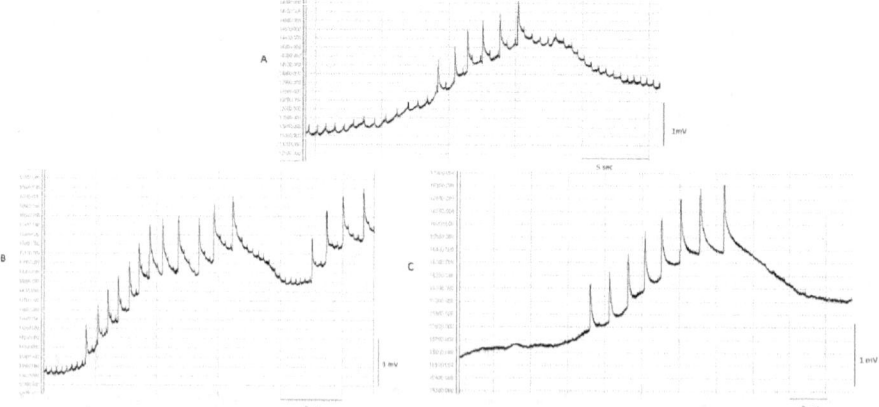

Fig.2. The features of properties of various-amplitude pacemaker activity of *Helix pomatia*'s neuron: A,B – examples of cooperative pacemaker impulses of large and small spikes; C – an example of activity of only high-amplitude spike.

As the Figure 2 shows, the activity of high-amplitude spike has clear potential-dependent character, as spikes appear only on ascending phase of neuron's spontaneous depolarization waves and terminate at the phase of subsequent repolarization of neuron's membrane potential. The rhythmic stereotypic character of impulses and the lack of EPSP before spikes indicate the endogenous pacemaker character of both large and small spikes. Unlike the large spike, the activity of small pulses has no potential-dependent character, as their frequency is independent from the level of neuron's membrane potential and waves of de- or hyperpolarization. It can be assumed that the small spikes may represent the ephaptic electrotonic conduct of one of the neighboring neurons' impulses through dendro-dendritic electric synapses or gap junctions. The appearance of such small spikes (spikelet) in the couple of simultaneously registered cells is described in papers and in our collective monograph (Sukhov et., 2011).

Conclusion
Detected when intracellular registering of single neuron various-amplitude pulses may occur on different spike-generating loci in soma or dendrites of this neuron, providing a mechanism of intensification, weakening or modulation of the interaction of different soma's and dendrite's activity. In cases of independent generation of large and small spikes in one neuron we can assume the electrotonic guidance of smaller pulse from the other neuron due to dendro-dendritic electric synapses between these cells.

References

1. Вислобоков А.И., Борисова В.А., Прошева В.И., Шабанов П.Д. Фармакология ионных каналов. – Серия: Цитофармакология. Т.1. – СПб.: Информ-Навигатор. 2012. 528 с.
2. Вислобоков А.И., Игнатов Ю.Д., Галенко-Ярошевский П.А., Шабанов П.Д. Мембранотропное действие фармакологических средств. – СПб, Краснодар: Просвещение-Юг. 2010. 528 с.
3. Орлов В.И., Вислобоков А.И., Шурыгин А.Я., Карпенко Л.Д. Об изменениях биопотенциалов и ионных токов под влиянием препарата бализ-2. Вестник СПбГУ. 1992. Вып. 4. № 24. С. 49-51.
4. Соколов Е.Н., Аракелов Г.Г., Литвинов Е.Г. и др. Пейсмекерный потенциал нейрона. – Тбилиси: Мецниереба. 1975. 214 с.
5. Сухов А.Г., Сердюк Т.С., Лысенко Л.В., Кириченко Е.Ю., Логвинов А.К. Холинергические и потенциал-зависимые механизмы локального ритмогенеза в нейронных колонках соматической коры крысы. – Ростов-на-Дону: Изд-во ЮФУ. 2011. 345 с.
6. Gulledge AT, Stuart GJ. Action potential initiation and propagation in layer 5 pyramidal neurons of the rat prefrontal cortex: absence of dopamine modulation. J Neurosci. 2003. Vol. 23. #36. P. 11363-72.
7. Golding NL, Jung HY, Mickus T, Spruston N. dendritic calcium spike initiation and repolarization are controlled by distinct potassium channel

subtypes in CA1 pyramidal neurons. J Neurosci. 1999. Vol. 19. #20. P. 8789-98.
8. Larkum ME, Waters J., Sakmann B, Helmchen F. Dendritic spikes in apical dendrites of neocortical layer 2/3 pyramidal neurons. J Neurosci. 2007. Vol. 27. #34. P. 8999-9008.
9. Lederberger D, Larkum ME. The time window for generation of dendritic spikes by coincidence of action potentials and EPSPs is layer specific in somatosensory cortex. PLoS One. 2012. Vol.7. e33146. Epub 2012 Mar 13.
10. Lederberger D, Larkum ME. Properties of layer 6 pyramidal neuron apical dendrites. J Neurosci. 2010. Vol.30. # 39. P.13031-44.
11. Palmer L, Myrayama M, Larkum M. Inhibitory Regulation of Dendritic Activity in vivo. Front Neural Circuits. 2012; 6;26. Epub 2012 May 25.
12. Oviedo H, Reyes AD. Variation of input- output properties along the somatodendiritic axis of pyramidal neurons. J Neyrosci. 2005. Vol. 25. #20. P. 4985-95.

Коломиец В.Л.
кандидат геолого-минералогических наук, kolom@gin.bscnet.ru
Геологический институт СО РАН, г. Улан-Удэ
Бурятский государственный университет, г. Улан-Удэ
Будаев Р.Ц.
кандидат геолого-минералогических наук, budrin@gin.bscnet.ru
Геологический институт СО РАН, г. Улан-Удэ

ОСОБЕННОСТИ ФОРМИРОВАНИЯ НИЗКИХ ПЕСЧАНЫХ ТЕРРАС БАРГУЗИНСКОЙ ВПАДИНЫ (БАЙКАЛЬСКАЯ РИФТОВАЯ ЗОНА)

Баргузинская впадина относится к восточному флангу Байкальской рифтовой зоны, имеет северо-восточное простирание, длина ее равна 200 км при ширине от 20 до 35 км. Низкий террасовый комплекс состоит из трех уровней. Самой высокой в этой серии является *третья надпойменная терраса* высотой 15-25 м. Ей свойственно фрагментарное или прерывистое в виде узких полос (50-150 м) распространение по левобережью р. Баргузин, а также его левых крупных притоков - Жаргаланты, Улан-Бурги, Аргады. В долине Баргузина терраса часто размыта, отдельные ее останцы отмечаются среди пойменных отложений, нередко она прислонена к высоким эрозионно-аккумулятивным уровням куйтунов. Кроме того, слагает основание самого малого и невысокого из куйтунов – Сувинского.

Отложениям этого уровня свойственно довольно большое структурное разнообразие, зависящее от места расположения террасы. Для участков, залегающих на достаточном удалении от прибортовых частей впадины, в верхнем слое характерно присутствие серых, желтовато-серых маломощных субгоризонтально-, слабоволнисто- и наклонно-слоистых ритмичных пород – от песчаных алевритов (средневзвешенный размер частиц $x=0,11$-$0,15$ мм), алевропесков ($x=0,16$-$0,17$), мелкозернисто-алевритовых ($x=0,18$-$0,19$) до мелкозернистых ($x=0,20$) и средне-мелкозернистых ($x=0,22$-$0,25$) песков. По мере увеличения глубины залегания происходит укрупнение зерна – преобладают мелко- ($x=0,25$-$0,30$) и крупно-среднезернистые ($x=0,30$-$0,50$) пески схожей цветовой гаммы, лучше промытые (уменьшение доли алевритово-пелитовых частиц до 15%) с вмещающими обломками грубозернисто-гравийной размерности (до 1%). Минеральный состав осадков кварц-полевошпатовый (значения коэффициента мономинеральности – $0,42$-$0,92$). В случае же нахождения данного уровня в приподошвенной части днища (например, со стороны Аргадинского кристаллического отрога), а также во впадинах-сателлитах (Улан-Бургинская, Яссинская) происходит заметное возрастание диаметра частиц руслоформирующих фракций – до гравелисто-дресвянистых песков ($x=0,74$) и гравийно-дресвяно-песчаных смесей ($x=1,57$).

Параметры, оценивающие меру отсортированности песчаных пород (коэффициент сортировки Траска, $S_0 = 1,11-1,87$, стандартное отклонение $\sigma=0,13-0,28$), описывают их, как совершенно, хорошо, умеренно, реже – недостаточно сортированы. Асимметрия распределения ($S_k<1$, $\alpha>0$), как правило, сдвинута в сторону крупных частиц с левосторонним по отношению к медиане местонахождением моды осадка, что определяет сравнительно высокую степень энергетического баланса бассейна аккумуляции. Для эксцесса характерны вариации его численных значений – от единиц до десятков, а иногда и сотен единиц. В первом случае среда носила более подвижный характер, обусловленный тектонической, а возможно и климатической составляющей, который привел к усилению эрозионно-денудационных процессов в исследуемом районе, перегруженности водных артерий дезинтегрированным субстратом, недостаточной его механической дифференциацией и как следствие – превалированием слабосортированных осадков. Описываемый сценарный ход развития свойственен, в первую очередь, для нижних горизонтов толщи. Верхам разреза присуща меньшая событийная насыщенность, проявившаяся в некоторой стабилизации процессов эндо- и экзогенеза, что способствовало формированию отложений зрелого структурного ряда с высоким уровнем сортировки. Значения коэффициента вариации песков ($\nu=0,53-1,19$) определяют аквальный характер бассейна седиментации и достоверно относятся к аллювиальному генотипу.

Поскольку наибольшее значение в руслоформирующих фракциях играют тонко-мелко-среднезернистые пески, то, следовательно, доминантная транспортировка обломочных частиц осуществлялась способом «пушечного ядра», а также перемещением малых размерностей во взвеси в виде суспензии за счет гидравлических ловушек в вертикальной толще водотока, динамика которого имела главным образом переходный тип между турбулентным и ламинарным режимом осаждения ($0,1<x<1,0$). По числу Фруда водотокам был свойственен равнинный ($Fr<0,1$), реже полугорный ($Fr=0,1-0,3$) тип устойчивых, хорошо разработанных русел с площадью водосборного бассейна >100 км^2, с беспрепятственным течением воды в обычных, благоприятных и весьма благоприятных ситуациях положения ложа (коэффициент шероховатости, $n=25-45$). Значения φ-критерия устойчивости русел менее 100 единиц конкретизируют их слабоподвижный характер. В фациальном отношении осадки принадлежат речной макрофации (русловая и пойменная группы).

Возраст формирования террасы следует принять как поздненеоплейстоценовый (казанцевское межледниковье). Аргументацией этому могут служить особенности седиментогенеза – наличие двух толщ: нижней, образовавшейся в динамичной среде с ее повышенным энергетизмом за счет достаточного количества свободной воды и верхней – более спокойной с меньшими водными объемами, дефицит которых был обусловлен, по-видимому, началом аридизации климата в ермаковскую эпоху. Кроме того, в пределах этой террасы у с. Элесун обнаружены костные остатки Equus sp., Equus caballus, Bison priscus и Bos sp., время обитания которых – начало позднего неоплейстоцена.

Вторая надпойменная терраса (9-12 м) имеет схожее залегание с третьей – распространена в прирусловых частях р. Баргузина и его левых притоков – Жаргаланты, Гарги, Аргады и Улан-Бурги. Плановым ее очертаниям свойственна фрагментарность в виде нешироких прерывистых полос. Поверхность террасы горизонтальная или слабонаклонная, часто переработана эоловыми дефляционными процессами. Осадки – светло-серые, серовато-желтоватые, желтоватые субгоризонтально-, волнисто- и косослоистые с мелкими (2-5 см) и очень мелкими (<1 см) слойками, алевритово-мелкозернистые (x=0,11-0,19 мм) и гравелисто-средне-мелкозернистые пески (x=0,41-0,96).

Сортированность материала очень хорошая до умеренной (S_0 =1,32-1,58; σ=0,08-0,35), модальность распределений сдвинута как в сторону крупных (S_k<1), так и мелких частиц (S_k>1) (в соотношении 5:2), эксцесс положителен (τ>0). Такое положение статистических характеристик свидетельствует о более-менее стабильной динамике привноса вещества на протяжении всего периода осадконакопления, относительно спокойном тектоническом режиме и низких энергетических уровнях живых сил седиментации. Параметры коэффициента изменчивости (ν=0,6-1,99) принадлежат сектору стационарных однонаправленных водотоков с сезонными колебаниями водности.

Аккумуляция осадков осуществлялась мобильными полугорного, реже слабомобильными потоками равнинного типов в благоприятных условиях состояния ложа (n=33-48). Имел место переходный режим осаждения, что обосновывается значениями универсального критерия Ляпина (β=0,17-0,47), указывающего на образование мелкогрядовых подвижных форм руслового рельефа, нашедших свое выражение в наличии наклонно-слоистых текстур в разрезах. В фациальном плане подобные условия характерны для русловых фаций речной макрофации.

Время накопления отложений второй террасы – ермаковское, так как в некоторых разрезах встречены сингенетичные криотурбации, связанные с развитием многолетней мерзлоты, и фиксирующие первое устойчивое похолодание после накопления казанцевского аллювия. В правом борту долины р. Жаргаланты в овраге, прорезающем тело террасы, найдены фрагментные костные остатки Bison priscus cf. occidentalis, Coelodonta sp. и Ovibos sp., обитавших в позднем неоплейстоцене.

Первая надпойменная терраса финальнонеоплейстоценово-раннеголоценого возраста (7-9 м) залегает в виде останцов среди пойменного уровня долины Баргузина, а также полосами по обоим берегам рр. Гарги, Улан-Бурги, Аргады. Характерно двучленное строение: нижние горизонты сложены косослоистыми гравелистыми разнозернистыми песками (x=0,56-1,04 мм), нередко с включениями малых валунов и галек. Порода имеет недостаточную, плохую, а то и очень плохую сортировку ($S_0 > 2,0$), левостороннюю скошенность эмпирического полигона распределения (мода больше медианы), эксцесс со знаком «+» и значения коэффициента вариации ($v=1,5-2,35$), соответствующие области высокотурбулентных водотоков речного облика с поступательным характером движения воды. Верхняя толща с поверхности представлена буровато-серыми, бурыми массивными бестекстурными алевритами (x=0,08), прослоями илов, органики, погребенных почв, ниже – серыми, желтовато-серыми, с субгоризонтальной и наклонной слоистостью средне-мелкозернистыми (x=0,28-0,30) и мелко-среднезернистыми (x=0,33-0,56) песками очень хорошей и хорошей сортировки со сдвинуто-модальным в сторону крупных частиц распределением, невысоким положительным эксцессом. Коэффициент изменчивости песков указывает на их аккумуляцию в малодинамичной водной среде с сезонно-колебательным положением уровневой поверхности.

Палеопотамологические ситуации осадконакопления верхних горизонтов по большинству гидродинамических показателей имеют черты сходства с характером формирования второй и третьей надпойменных террас. Потокам, образовавшим основание разреза изучаемой террасы, был свойственен полугорный с развитыми грядовыми подвижными формами донного рельефа тип русла преимущественно средних рек ($Fr=0,16-0,22$), который находился в благоприятных условиях состояния ложа со свободным течением ($n=33-36$). Поэтому генетико-фациальная природа этих осадков вполне сопоставляется с аллювиальными русловыми грядовыми песками речной макрофации.

Таким образом, накопление низкого террасового комплекса осуществлялось преимущественно за счет процессов и механизмов, протекающих в любых речных системах. Толщи сформированы материалом русловых и, как правило, венчающих разрезы, пойменных фаций перстративной фазы аллювиальной аккумуляции. В зависимости от тектоно-климатических особенностей территории русловые потоки претерпевали соответствующие изменения гидродинамического и энергетического режимов, нашедших отражение в неоднократных изменениях структуры осадков. Днище котловины было суходольным, спуск ингрессионных байкальских вод завершился, по всей видимости, к началу казанцевского времени, так как именно с этого отрезка широкое развитие во впадине получили отложения из иных парагенетических рядов континентальных осадочных образований.

Исследования проведены при поддержке РФФИ-Сибирь (грант №12-05-98071).

Искусствоведение

Бурова А.С.
МГУП им. И. Федорова. Аспирант
buravchik@bk.ru

РАЗВИТИЕ КИТАЙСКОГО НАРОДНОГО ИСКУССТВА В XXI ВЕКЕ НА ПРИМЕРЕ ЛУБОЧНЫХ КАРТИН *НЯНЬХУА*

В наши дни, в то время, когда процессы глобализации, невероятно быстрого развития науки и техники захватывают все новые и новые сферы человеческой жизни, традиционной культуре отводится все меньшее и меньшее место. Во многих странах, особенно развитых, большинство народных промыслов уже давно прекратило свое существование. Еще в конце XIX – начале XX века многие деятели искусства предрекали скорый конец народных промыслов. К сожалению, в отношении очень многих направлений народного искусства это оказалось правдой. В отличие от глиняной игрушки, например, лубочная картина "пострадала" сильнее, поскольку с приходом более совершенных методов печати не смогла конкурировать с массовой продукцией, выпускаемой типографиями. Так, в России лубочные картины, выполненные в технике ксилографии, офорта и литографии исчезли уже в начале XX века. Учитывая это, нельзя не признать, что весьма уникальная ситуация сложилась на данный момент в Китае, где лубочные картины, хоть и не в прежних объемах, но продолжают печататься традиционным способом и по сей день. В данной статье мы рассмотрим новейший этап в истории китайской лубочной картины, а также ее характерные особенности и историю развития в целом. Ряд сведений, приведенных автором, был получен в ходе нескольких экспедиций по Китаю, проводимых Музеем традиционного искусства народов мира в 2008–2014 гг., а также при обработке музейной коллекции и проведении выставок *няньхуа*.

По традиции лубочные картины изготавливаются в технике ксилографии. Считается, что свое начало *няньхуа* берут от лубочных икон, производившихся при буддийский монастырях [4]. Это предположение подтверждается тем, что наиболее архаичные дошедшие до нас формы лубочных картин по виду схожи с иконой и изображают одного или группу богов или духов. Со временем рядом с божеством на картине стали помещать изображения различных предметов, символизирующих богатство, счастье, долголетие, которые это божество может даровать. Спустя еще какое-то время благопожелательная символика и вовсе вытесняет образ божества из пространства картины, и та превращается во что-то на подобие красочного праздничного плаката. Параллельно развиваются и другие сюжетные направления *няньхуа* [3], [6]: сцены из известных романов и сказаний, бытовые сцены и пейзажи. Также отдельное направление занимают наиболее архаичные лубочные иконы *чжима*. Однако наибольшее распространение получили картины с благопожелательной символикой, печатавшиеся большей частью непосредственно перед празднованием нового года по китайскому (лунному) календарю [1]. Они же и дали общее название данному промыслу – *няньхуа*, что в переводе с китайского означает "новогодняя картина".

Няньхуа изготавливались путем печати на бумаге с деревянных форм. В процессе изготовления все действия мастеров совершались в согласии с каноном. Композиция, сочетания цветов также были строго канонизированы. Изучая не очень старые *няньхуа*, мы можем обнаружить в них весьма архаичные сюжеты и элементы изображений, поскольку они передавались почти без изменений от поколения к поколению.

Несмотря на следования канонам, *няньхуа*, как и другие виды народного искусства, весьма живо реагировала на изменения в обществе. На протяжении столетий уклады жизни простых людей, являвшихся основными покупателями картин, не менялись. Однако с развитием отношений между Китаем и западом, с проникновением в Китай новейших образцов техники и новых представлений о жизненных укладах, лубочные картины начинают живо отражать все эти события. На лубках появляются люди на велосипедах, паровозы, в интерьерах богатых домов – обязательно изображаются механические часы. С конца XIX века из-за нестабильной обстановки в стране многие лубочные мастерские разоряются или переквалифицируются на изготовление чего-то более нужного – почтовых конвертов, листовок и т.п. Этот процесс также сопровождается вытеснением традиционных способов печати и внедрением новых – олеографии, литографии, а затем и офсета. Промысел лубочных картин стремительно угасает.

Первые попытки возрождения его примут после образования КНР (1949г.), когда народное искусство старались приспособить под нужды нового строя. Появляются лубки с изображением руководителей партии, крестьян, осваивающих новинки сельскохозяйственной техники, рабочих, возводящих новые здания и т.п. Все сопровождается лозунгами и восхвалением нового строя [2]. Однако, навязанные "сверху" сюжеты надолго не приживаются.

Огромный удар по всему культурному наследию Китая нанесла Культурная революция (1966—1976 гг.), в течение которой было уничтожено множество редких лубков и старинных деревянных клише для их изготовления. Интересно, что в небольшом промежутке между образованием КНР и Культурной революцией, в 1950-е годы китайские искусствоведы начали работу по восстановлению традиции *няньхуа* [5], [7]. Были организованы экспедиции, которые собрали немалое количество редких образцов народного творчества. К сожалению, сейчас в Китае с огромной неохотой вспоминают события Культурной революции. Поэтому установить масштаб утрат, которые принесли события именно этого десятилетия очень трудно.

В виду описанной выше ситуации, сохранение традиции *няньхуа* частично перешло в руки искусствоведов и профессиональных художников. Они воссоздают по сохранившимся отпечаткам формы-клише и печатают заново утраченные лубочные картины [8]. Также, вдохновляясь оригинальным стилем *няньхуа*, они создают серии авторских работ. Народное искусство становится авторским, редким, дорогим. Параллельно развиваются наиболее крупные выжившие центры (Янлюцин, Чжусяньжэнь, Янцзябу и т.д.) [9]. Мастеров начинает поддерживать государство. Однако, в этот период ценителей народной картины остается все меньше. На фоне отпечатанных типографским способом картин с подобными же сюжетами, они кажутся слишком простыми.

С наступлением XXI века изготовлением лубков занимаются как потомственные мастера, так и выпускники различных учебных заведений, специализирующихся на народных промыслах. Например, в г. Сучжоу, который был одним из крупнейших центров печати лубочных картин, есть целый факультет, выпускающий мастеров традиционной гравюры. В г. Сучжоу также работают мастерские по производству копий наиболее известных местных картин XVIII–XIX века. Эти лубки обычно поступают на продажу в магазины, сосредоточенные в туристических центрах. Цены очень высокие, в сотни раз превышающие прежнюю стоимость лубков.

Однако есть и центры, которые по-прежнему выпускают большое количество недорогих лубочных картин. Это в первую очередь мастерские Янцзябу пров. Шаньдун. В местных мастерских не только активно создаются новые сюжеты, но и копируются наиболее известные лубки других центров (Сучжоу, Янлюцин).

Весьма любопытным является тот факт, что в наши дни возникают новые, не известные ранее места печати лубков. При этом мастера зачастую копируют *няньхуа* других центров, но не так умело, что в свою очередь придает им более "лубочный" вид. Такие картины, например, были обнаружены в 2013 году в пров. Хэнань.

Лубочные иконы *чжима* также представляют огромный интерес. Это небольшие, грубо вырезанные и напечатанные обычно в одну краску изображения богов и духов, которые принято сжигать во время молитвы. Изображаемые на *чжима* божества весьма многочисленны: духи земли и воды, духи болезней, духи жилища и т.п. Сейчас среди этого множества можно найти "духа машин", который призван беречь от поломки транспортные средства. В отличие от красочных *няньхуа*, *чжима* уже часто сканируются и печатаются на принтере. Параллельно, печатники не гнушаются "подгонять" изображение под удобный формат бумаги, искажая при этом рисунок (растягивая или сужая). Ни покупателей, ни продавцов это не смущает. Вероятно, по их мнению подобные технические новшества никак не влияют на связь с божеством.

Изготовители *няньхуа* также прибегают помощи техники. Недавно нами была обнаружена напечатанная ксилографическим способом в несколько красок "растянутая" картина из Янцзябу. Вероятно мастера "скачали" рисунок из интернета и немного растянули его на компьютере, подогнав под необходимый им размер, а затем вырезали по распечатанному образцу деревянные формы и напечатали лубок традиционным способом.

В XXI веке торговля лубками также частично перешла в интернет. В интернет-магазинах можно найти большой ассортимент *няньхуа* по самым разным ценам. После заказа китайские службы доставки привезут их вам прямо домой.

К сожалению, несмотря на активную поддержку со стороны государства, народное искусство стремительно теряет основу своего существования – потребителей. Многие мастера, доживают свой век так и не передав искусство изготовления *няньхуа* молодому поколению.

Подводя итоги, отметим, что несмотря на пережитые трудности, китайская лубочная картина продолжает свое существование и даже развитие. По-прежнему живо реагируя на ситуацию в обществе, она подстроилась под современные реалии, не утратив своей самобытности и остается ярчайшем представителем народного творчества Китая.

Библиография

1. Алексеев В.М., «Китайская народная картина: Духовная жизнь старого Китая в народных изображениях», М.: Наука, Главная редакция восточной литературы, 1966, 260 с.

2. Гультяева Г.С. Китайская народная картина няньхуа XX века. Типология жанров и эволюция. Автореф. Дисс. канд. исск. наук./ СПб., 2007, 231 с.

3. Муриан И. Ф. Символика и изобразительные мотивы в древнем искусстве Китая / И.Ф. Муриан // Научные сообщения Государственного Музея искусства народов Востока. Вып. 9. - М., 1977.

4. Рифтин Б.Л., Ван Шуцунь "Редкие китайские народные картины из советских собраний". Л.: Аврора, Пекин, «Народное искусство»,1991 г. 240 с.

5. Рифтин Б.Л. Центры печатания народных картин. Рукопись готовится к публикации в книге «Китайская народная картина и старинный роман».

6. Рудова М.Л. Систематизация китайских народных картин няньхуа Ленинградских собраний // Труды Гос. Эрмитажа. Т. V. Л.,1961. 286 с.

7. Шэнь Хун. В поисках утраченных новогодних картин. Поездка за новогодними картинами в Таохуау. Цзилинь: Народное издательство, 2007. 沈泓：寻找逝去的年画——桃花坞年画之旅长春：吉林人民出版社，2007.

8. Брощюра, изданная Сучжоуским музеем няньхуа в Таохуау. Библиографические сведения отсутствуют. 苏州桃花坞木刻年画博物馆画册

9. Электронная энциклопедия "Baidu", статьи о лубках из центров:
Янцзябу: http://baike.baidu.com/view/120331.htm
Сучжоу: http://baike.baidu.com/view/61098.htm
Янлюцин: http://baike.baidu.com/view/19212.htm

Искусствоведение

Лукинов О.В.
Соискатель, Московский государственный университет печати имени Ивана Федорова. 127550, Москва, ул. Прянишникова, 2А
e-mail: txy@yandex.ru

МОДЕЛИ ИНТЕРАКТИВНЫХ ИЗДАНИЙ. ЛАБИРИНТЫ ВОЗМОЖНОСТЕЙ

Количество электронных изданий, выпускаемых российскими и зарубежными издательствами, продолжает расти. Инновации в книгоиздании находят отражение в работах все большего числа современных исследователей. Рассматриваются как общие вопросы, такие как дизайн печатных изданий в интерактивной среде [1], перспективы развития электронных изданий [2], так и частные. Однако такой важный и актуальный вопрос как дизайн интерактивных изданий художественной литературы остается практически не изученным. Дизайнеры и художники, принимающие участие в проектировании изданий нового типа, в большинстве случаев опираются на опыт работы с традиционной книгой, и не всегда учитывают специфику новой «книжной» — интерактивной формы. Специфику интерактивной книжной формы следует постигать через призму обширнейших возможностей активного взаимодействия читателей с литературным произведением.

В данной статье рассмотрим, на наш взгляд, интереснейший и перспективный для современных дизайнеров аспект — «иллюстрирование» интерактивных изданий как создание виртуальной реальности с эмоциональным включением читателя во внутренний строй литературного произведения.

Философское понятие «виртуальность» — мнимость, ложная кажимость реальности осознается, устанавливается по отношению к обуславливающей её «основной» реальности. Виртуальную реальность следует понимать как совокупность объектов, моделируемых реальными процессами, однако, виртуальные объекты существуют не как субстанции реального мира. Вероятно, идеальный внутренний мир человека также можно понимать и как виртуальную реальность, моделируемую электрохимическими процессами взаимодействия нейронов.

Системой «человек-виртуальная реальность» занимается виртуальная психология. Понятие «виртуальный мир» воплощает в себе двойственный смысл — кажимость и истинность. Дизайнеру книги представляются интересными и полезными отдельные аспекты функционирования системы «человек – виртуальная реальность», если речь идет об интерактивном произведении, в особенности интерактивном издании художественной литературы.

Специфика современной виртуальности заключается в интерактивности, позволяющей художнику заменить мысленную интерпретацию реальным воздействием, материально трансформирующим художественный объект. Превращение зрителя, читателя и наблюдателя в сотворца, влияющего на становление произведения и испытывающего при этом эффект обратной связи, — новая задача, стоящая перед дизайнерами интерактивных изданий и позволяющая говорить о формировании нового типа эстетического сознания.

Популярный ныне термин «виртуальная реальность» принадлежит Джарону Ланьеру (англ. Jaron Zepel Lanier — программист-учёный, эксперт в области визуализации данных, футуролог, популяризатор, философ), который ввел его в оборот в 1989 г. Понятие искусственной реальности еще в конце 1960-х в научный оборот ввел Майрон Крюгер (англ. Myron W. Krueger — американский компьютерный художник, разработчик ранних интерактивных художественных произведений, пионер в области исследования виртуальной реальности). Интересно, что Станислав Лем уже в 1964 году в своей книге «Сумма Технологий» под термином «Фантомология» задается вопросом: «как создать действительность, которая для разумных существ, живущих в ней, ничем не отличалась бы от нормальной действительности, но подчинялась бы другим законам?»

Виртуальная реальность (англ. virtual reality) — искусственно создаваемая для восприятия компьютерная модель реальности, создаваемый техническими средствами мир — представляет особую область деятельности дизайнера, художника книги.

Оставим за рамками статьи вопросы технического воплощения виртуальной реальности. Такого рода технологии широко применяются в различных областях человеческой деятельности: в проектировании и дизайне, при обучении работе со сложной техникой, в военном деле и др. Рассмотрим возможности нового канала взаимодействия в системе «человек — виртуальная реальность» на примере взаимоотношения читателя с книгой, естественно, — с книгой интерактивной. Новыми в данном случае оказываются и объект – книга, интерактивное издание, и реакция читающего на новую форму представления.

Термин «интерактивность» происходит от английского слова interaction, которое в переводе означает «взаимодействие». Под интерактивностью понимают способность информационно-коммуникационной системы (в данном случае это мультимедийное издание, использующее в качестве физического носителя электронное устройство, например, планшетный компьютер) активно и разнообразно реагировать на действия пользователя. Правильно говорят, что «умная» система как бы обладает своеобразным интеллектом.

Сложившаяся и отработанная веками традиционная книжная форма печатно-бумажной книги, как система также может быть названа «умной». Работа дизайнера и является отладкой «системы» (конструкции, структуры книжной формы) ради удобства использования и, естественно, чтения. Не будем отвлекаться на подробные разъяснения сущности работы книжного дизайнера. Рассмотрим, что нового привносит интерактивная книжная форма в работу дизайнера.

Как уже отмечалось, интерактивность аналогична степени отклика и определяется как коммуникационное взаимодействие, как выражение степени, в которой посылаемое сообщение связано с предыдущими или последующими сообщениями. Природа взаимодействия состоит в отражении — информационном отклике. Если традиционное бумажно-печатное издание предлагает комфорность использования, то интерактивное издание способно на сложные ответные реакции с добавлением в процесс чтения аудиовизуальных «иллюстраций». Таким образом к традиционным задачам дизайнера добавляется задача по режиссированию эмоционального взаимодействия читателя с произведением, созданию виртуального мира – среды для такого взаимодействия. Для этого необходимо разобраться в основных принципах создания виртуальных пространств. Традиционная конструкция книжной формы — кодекса — предполагает линейно-последовательное движение по страницам книги при чтении и, соответственно, последовательное постижение содержания литературного произведения, так, как оно представлено автором, писателем. Читатель имеет возможность только некоторого возврата или опережения, пролистав страницы в ту или иную сторону. Такая линейность имеет свои ограничения: например, невозможность показать одновременно происходящие события — особенность текста в последовательной передаче информации. Интерактивная книга позволяет не только обойти эти ограничения, но и дает возможность читателю более активно и дерзко взаимодействовать с литературным произведением, фактически добавляя в этот процесс элементы игры.

Исследование разнообразных игровых форм взаимодействия человека и электронной машины позволяет «примерить» некоторые основные принципы построения виртуального мира — например, принцип лабиринта — для сложной сюжетной режиссуры интерактивных изданий.

Термином лабиринт (греч. labýrinthos) античные авторы (Геродот, Диодор, Страбон и др.) называли сооружения со сложным и запутанным планом. В переносном смысле лабиринтом называют сложное, запутанное переплетение обстоятельств, противоречивые отношения, положения из которых не легко найти выход («лабиринт противоречий») [3].

С другой стороны, как гласит новейший философский словарь, лабиринт — это образ-метафора постоянного выбора в Философии постмодернизма. Для Борхеса, аргентинского мыслителя и писателя, это один из центральных элементов системы понятий философского миропонимания. Умберто Эко, итальянский ученый и философ, понимал лабиринты как формы конструирования людьми возможных миров и различал их разные формы.

Подлинная схема лабиринта мироздания, по Эко, это такая структура, которая являет собой ситуацию постоянного выбора. Потенциально такая структура безгранична; нет центра, нет периферии, нет выхода [4].

Подобного рода структуру возможно воссоздать на основе любого сюжета литературного произведения, используя опыт моделирования виртуальных пространств компьютерных игр. В терминологии компьютерных игр лабиринт (от анг. maze) — модель игрового уровня [5, С.37]. В контексте электронных изданий лабиринт представляет собой модель построения интерактивной среды. В зависимости от типа и характера произведения, а также художественных задач модели могут быть разными. Выбрав один из видов лабиринта в качестве модели, художник создает своего рода каркас, на который накладывается мультимедиа-оболочка.

Таким образом лабиринт — это принцип, закон, по которому строится взаимодействие произведения с читателем: что может пользователь, что ему не позволено в рамках произведения, какие варианты потенциально могут быть реализованы, в какой момент пользователю предоставляется выбор (или иллюзия выбора) — все это заложено в модели: позволить или предоставить возможность читателю, как бы включаясь в игру «на перегонки с автором», увидеть в виртуальном пространстве иной ход событий или возможные следствия произвольно, иначе сложившихся обстоятельств.

Модель лабиринта позволяет учесть структуру издания, определить степень интерактивности и узловые моменты произведения, в которых читателю будет предоставлена возможность выбора.

Иными словами, возможны совершенно разные формы «лабиринтов-сюжетов», (разновидностей литературного лабиринта), которые могут быть созданы на основе художественного произведения.

Например, модель «лабиринт возможностей». Его можно выстроить при наличии в произведении одного главного героя. Каждый момент, во время которого герой вынужден делать выбор, станет поворотной точкой в лабиринте. Варианты происходящего читатель может просмотреть по своему усмотрению.

Модель «лабиринт сюжетных линий». Такой лабиринт можно построить, если в произведении несколько героев. Жизнь (в рамках произведения) каждого из них представляет определенный маршрут. В определенных точках маршруты героев пересекаются (это задается автором произведения). В интерактивном издании читатель может не следовать сюжету, а, например, проследить жизнь конкретного персонажа.

Модель «лабиринт комнат». Ещё одна из возможных разновидностей литературного лабиринта. В данном случае название «лабиринт комнат» условное — подразумевается план, схема, расположение мест, где разворачивается действие, как сложное пространство. Особенность такого лабиринта — «ходы» в нем как будто сплетены сразу из нескольких сюжетных линий. Здесь все, что происходит конкретно с каждым героем находится в непосредственной связи с пространством – «комнатой». Можно просмотреть последовательность этих пространств, пройти их, чтобы увидеть, что происходит в каждом из них в конкретный момент времени, и как ведут себя персонажи.

Основная задача лабиринта — зафиксировать логику взаимодействия произведения с читателем. После того, когда лабиринт построен, он дополняется, «расцвечивается» эмоциональным наполнением. На этом этапе начинается непосредственно «художественная» часть работы. Дизайнер-художник книги в данном случае выступает в роли режиссера.

Интерактивное издание позволяет процессу чтения реализовываться в трех формах: текстовой, звуковой и визуальной. Например, если герой произведения прислушивается к заговору, разговор может быть передан звуками и речью (аудиальный канал восприятия). При этом для читателя сохраняется возможность продолжить чтение оригинального текста. Таким образом, в тех случаях, когда меняется авторское акцентирование — переключается на звуки, пейзаж или на описание чувств — легко может быть изменена и система представления авторского текста. Данный феномен можно было бы назвать «параллельным прочтением».

Итак, основная идея модели лабиринта — возможность создать на основе литературного произведения виртуальную реальность — интерактивную среду, которая бы точно соответствовала характеру произведения и художественным задачам. Такая среда учитывает структуру интерактивного издания и включает все возможные варианты взаимодействия с читателем.

Важная особенность модели лабиринта — предоставление пользователю (читателю) возможности выбора. Каждый поворот сюжетной линии художественного произведения потенциально может быть «ответвлением» лабиринта, позволяющем увидеть иную точку зрения или даже иной ход событий. По аналогии с компьютерными играми, основанными на традиционных историях, выбор может быть мнимым, а воздействие на сюжет минимальным (исключениями могут стать произведения модернистов и других авторов, в произведениях которых сюжет может иметь несколько вариантов развития). Основное воздействие и основной интерактив может заключаться в способе репрезентации. Тем не менее иллюзия выбора расширяет возможности участия, погружения читателя в произведение. Задача дизайнера интерактивного издания, режиссера «лабиринта» — поставить читателя в такие условия, чтобы иллюзия выбора обостряла его эмоциональное восприятие. Ощущение значимости индивидуального выбора рождает эмпатию, которая оказывается новым мощным инструментом в руках дизайнера интерактивного издания.

Список литературы

1. Золотарев Д.А. Дизайн печатных изданий в интерактивной среде, автореферат диссертации кандидата искусствоведения: 17.00.06, Д.А. Золотарев, Екатеринбург, 2012

2. Тарасова Ю.В. Перспективы развития электронных изданий // Известия высших учебных заведений. Проблемы полиграфии и издательского дела. 2010. №2. С. 90

2. Яндекс.Словари. БСЭ 1969-1978 [Электронный ресурс]. – Режим доступа: http://slovari.yandex.ru/~%D0%BA%D0%BD%D0%B8%D0%B3%D0%B8/%D0%91%D0%A1%D0%AD/%D0%9B%D0%B0%D0%B1%D0%B8%D1%80%D0%B8%D0%BD%D1%82%20(%D1%81%D0%BE%D0%BE%D1%80%D1%83%D0%B6%D0%B5%D0%BD%D0%B8%D0%B5)/

4. Новейший философский словарь [Электронный ресурс]. – Режим доступа: http://www.philosophi-terms.ru/word/%D0%9B%D0%B0%D0%B1%D0%B8%D1%80%D0%B8%D0%BD%D1%82

5. Natkin S. Video Games & Interactive Media. A Glimpse at New Digital Entertainment — A K Peters, Ltd. Wellesley, Massachusetts, 2006.

Конев А.Ю.
кандидат исторических наук,
ведущий научный сотрудник кафедры гуманитарных наук,
Тюменский государственный нефтегазовый университет

ОБРАЗЫ СИБИРИ И ЕЁ НАРОДОВ В ТРУДАХ С. У. РЕМЕЗОВА. (КОНЕЦ XVII - НАЧАЛО XVIII В.)

Расширяя границы своего влияния и реального присутствия на востоке, московские власти и их агенты понимали важность документального, в том числе, графического отображения соответствующих процессов. Служилым людям, ставившим города и остроги, приводившим в ясачное подданство местные народы, указывалось «поставив город» составить «роспись» и «на чертеж начертить» [3, 123]. Сталкиваясь с новым таящим опасности миром тайги и тундры, деятели фронтира оставляли тексты и чертежи, в которых отражались их географические и этнографические впечатления, их представления о связи между ландшафтом и религией. Одной из наиболее ярких фигур, оказавшей существенное влияние на формирование исторического и картографического образов Сибири стал тобольский сын боярский Семен Ульянович Ремезов. Валери Кивельсон по этому поводу пишет, что он в текстах и на картах «увековечил жизнь, посвящённую прославлению своего родного города и сибирской родины» [2, 181].

Представление о Божественном предопределении русского завоевания Сибири, впервые последовательно изложенное в летописной повести Саввы Есипова «О Сибири и о сибирском взятии», у Ремезова находит свое литературно-изографическое воплощение. Уже в первой статье его «Истории Сибирской» соответствующая иллюстрация, предваряющая рассказ о походе Ермака, символизирует покровительство «христианского Бога» всем сибирским городам, возникшим с 1586 г. в результате русского завоевания. Кивельсон рассматривает её в качестве примера «картографической теологии» [2, 207]. Термин «картографическая» в данном случае не точен, так как мы имеем дело не с картографией, а скорее с административно-политической географией, представленной в аллегорическом виде. Тем не менее, теологическое содержание рисунка совершенно очевидно – под Всевидящим Оком на фоне расходящихся лучей изображено раскрытое Евангелие. Текст статьи сообщает читателю о промысле Творца, который своею волею предначертал «Тобольску граду имениту» проповедать Евангелие «чрез Сибирь ... в концы Вселенныя на краи гор» [5, 114]. Центральное место Тобольска, по праву его административного и религиозного статуса, найдет яркое отражение не только в ремезовской историографии, но и в воображаемой географии Сибири. Характерный пример – «Чертеж опасной града Тобольска. Лист 24» и «Чертеж земли Тобольскаго города. Лист 28» из «Служебной чертежной книги» [6]. Нам же следует обратить внимание на сокровенный смысл русского продвижения в глубь Азии – христианское просвещение.

Эта идея, перекликаясь с тезисом Есипова о миссии Ермака, которого «посла Бог очистити место святыни и победити бусорманского царя Кучюма» [4, 50], красной нитью проводится в «Истории Сибирской», определяя трактовку не только побед Ермаковой дружины, но и образа жизни туземных народов, конца Сибирского царства, места основания Тобольска. Издревле омраченная «идоложертвием» Сибирь «наполнилась Божественныя святыя славы» явлением «Вседержителева образа» и «Пречистыя Богородицы». Другими словами, распространение христианства на новых территориях связывалось не столько с обращением язычников и магометан в православие, сколько со знамениями и чудесными явлениями, сопровождавшими появление и закрепление русских в зауральских краях. Физическое пространство наполняется новым содержанием – городами и острогами с крепостями и церквами, монастырями. Трансформируются образы мест прежде заселенных «погаными» и «нечистыми», а ныне уподобляющимися «мирному ангелу». Все это создает предпосылки для превращения Сибири в русское пространство, хотя на рубеже XVII-XVIII вв. сохраняется оппозиция Русь и Сибирь, которая должна прочитываться не только как центр-периферия в административном смысле, но как противопоставление не до конца природненной в религиозном и цивилизационном отношении колонии и православной метрополии.

В трудах Ремезова термин Сибирь закрепляется в качестве обобщенного наименования вновь присоединенных к России зауральских территорий, которые в европейской традиции было принято обозначать на картах как «Тартарию». В конце XV - первой половине XVI вв. русские правители применяли в качестве инструмента геополитических притязаний на территории Урала и Зауралья прибавление к своему титулу названий здешних земель и народов, обязанных данью и рассматривавшихся в качестве вассальных. После похода Ермака «титулатурная аннексия» сменяется фактическим включением этих земель в состав Московского государства. С этого момента мы не наблюдаем добавления к царскому титулу новых политонимов и этнонимов, относящихся к Северной Азии. Используется другой способ конструирования и расширения политической географии России, когда название одного из самых значимых, по мнению русских, покоренных политических объединений региона - Сибирского ханства, его столицы (городка Сибирь), постепенно распространяется на все территории, переходившие «под высокую руку» Москвы от Уральских гор до Тихого океана. Конструкты «Сибирь», «Сибирская страна»,

«Сибирские земли» стали удобными для представления в укрупненной оптике этих обширных манящих своей неизведанностью пространств, населенных «неведомыми» племенами. Постепенно термин Сибирь станет нарицательным обозначением отдаленных, «иных» земель, этакой российской колонии, окраины.

Все вышесказанное отнюдь не означает, что нивелировались объективно существовавшие различия отдельных сибирских субрегионов и народов. Наоборот, правительство и местные власти пытаются разобраться в этом разнообразии, зафиксировать его, в том числе посредством составления чертежей и карт. Первым опытом такого рода систематизации следует признать чертеж земель народов Сибири, засвидетельствованный сибирским и тобольским митрополитом Корнилием в июне 1673 г. Он не сохранился в оригинале, но был хорошо известен Ремезову и использован им впоследствии при составлении чертежа «сходство и наличие земель всей Сибири …», помещенному в «Чертежной книге Сибири» (Лист 23) [10]. В этом этнографическом чертеже, составленном, по мнению А.И. Андреева не ранее сентября 1698 г. [1, 185], Ремезов решает задачу указать местонахождение и границы территорий обитания народов Сибири. Он выполнил его в несколько красок, выделив ареалы, занимаемые татарами, вогулами, самоядью («юрацкой», «гиндинской», «немирной»), «Пестрой орды остяками», родами тунгусов, «чулымцов и качинцов» и т.д. При чем, в каждом из этих ареалов указывались основанные русскими города, что наводит на мысль о стремлении соотнести этнографические границы с «гранями» административных областей, зонами ответственности городовых воевод Сибири.

В тесной связи с указанным чертежом находится составленное в 1696-1698 гг. Ремезовым «Описание о сибирских народах», дошедшее до нас в виде фрагментов в составе Черепановской летописи, не получившее еще всестороннего историко-этнографического анализа. В нём приводятся разнообразные сведения о народах Западной Сибири. В частности «Описание» сообщает о разделении «Остяцкой земли» на четыре языка, а по сути, на этнографические группы: «Первые Обдоринские остяки с самоедами емлются, другие Кодские городки и князь [о]собой, третьи Сургутские или Пестрая орда язык и князь [о]собой, четвертые под Нарымом остяки Малые, також язык их [и] князи [о]собыя, в жилье и пословицах совсем друг от друга отличны». Далее, после описания обычаев, приводятся сведения о «гранях» остяцкой земли с соседними народами: «Между [видимо описка, должно быть «межа» - А.К.] земли их: от устья Демьянки, вниз по Иртышу реке с Вогулки до Чердынской и с Печерской земли по Камени до Соби с самоедью и вниз по Соби на Полуй реку и вверх по Полую до вершины озера Пура с Юряжскою самоедью, от озера чрез Тазовскую вершину на Вах реку с тунгусами и с Ваху впрямь на Кеть реку и вниз по Кети с чулымцами, чрез Тогурское устье на Парабель реку с Томскими татары и с вершины по Барабе с барабинцами по Карталинское болото, из него же течет Демьянка река и вниз по Демьянку до устья с Тобольскими татарами до Вогульския межи, а в их земли четыре города Березов, Сургут, Нарым и Кецкой, в последующие годы населены еще два яма Самаровской и Демьянской» [9, 102-103]. Отмечу, что этот фрагмент воспроизведен по списку Черепановской летописи из рукописного собрания Тобольского музея. Он имеет некоторые отличия от текста другого списка этого памятника, хранящегося в Рукописном отделе Российской Национальной Библиотеки (F-IV. № 324), которым пользовались Н.М. Карамзин и Андреев.

Кивельсон, совершенно справедливо отмечает, что этнографический чертеж Ремезова «олицетворяет обыкновение московитов признавать связь между определенными народами и их территориями и основывать политическое господство на подчинении различных земель, а не на гомогенизации или устранении покоренных групп» [2, Вклейка 28]. Последнее было весьма характерно для политики и картографии европейских колонизаторов Америки. Карты Нового Света «в целом поражают отсутствием визуальных средств для определения местоположения коренных жителей» [2, 240-241]. В России, напротив, практические потребности в наглядном изображении топографии осваиваемой территории и расположенных на ней пространственных структур социального порядка, имели следствием непременное указание и подробное обозначение поселений и мест обитания туземцев. Кстати, этот термин, туземцы/тоземцы, использовался Ремезовым, наряду с более привычным тогда определением автохтонов - «ясачные иноземцы». Оба эти понятия увязывают обитателей с их исконной территорией, но имеют некоторое отличие в обозначении их связи с Русским государством. С.В. Соколовский полагает, что термин «туземцы» фиксировал одну из ранних стадий «природнения», превращения «чужих» колонизуемых земель и их населения в «своих» [7, 75]. Судя по всему, он прав в этом предположении, если обратить внимание на синхронность присутствия данных терминов в трудах Ремезова, являвшихся и инструментом, и отражением процесса «присвоения» и «природнения» сибирских пространств Московским царством.

Ремезовские карты имели помимо всего прочего важное практическое значение - в них содержалась информация напрямую связанная с финансовыми интересами государства - о числе и расположении ясачных волостей.

Изучение материалов «Чертежной книги Сибири» и «Служебной чертежной книги» позволяет заключить, что широко распространенное представление о ясачных волостях как о фискально-административных объединениях без определенных территориальных границ не стоит абсолютизировать. Н.Г. Суворова отмечает, что волость у народов Сибири, являясь до известной степени результатом «воображения» русской администрации, становилась новой реальностью [8, 166]. Добавлю, что она становилась территориально-административной реальностью. Волости «ясачных иноземцев» к концу XVII в. являлись значимыми объектами изображаемой местности, и выступали структурообразующими пространство единицами первичного уровня, наряду с городами, острогами, слободами. Отмечу, что термин «волость» в этот период применялось для обозначения низовой административно-территориальной единицы только у коренного, нерусского населения региона. Ремезов, в своих чертежах, использует наряду с буквенным обозначением условные графические знаки, изображающие волости и селения «ясачных тоземцов» и русских «сибирян» (в виде юрт, чумов, домиков, церквей). Часто слово волость и ее наименование пишутся полностью, например «волость Казымская», «волость Караколска», «Тогорские волости», «волости Юкондинские». Это особенно характерно для карт, вошедших в состав «Чертежной книги». Нередко встречаются указания на этническую и сословную принадлежность поселенцев – «остяки васюганские Текченской волости», «остяцкие жилища», «деревни служилых и захребетных татар». В отношении самоедов, кочевавших на крайнем севере Западной Сибири, учитывавшихся для платежа ясака по родам и лишь формально приписанных к волостям нижнеобских остяков и русским зимовьям, даются пространные пояснения. Например: «приезжают с тундры на время для рыбных промыслов», «р. Пур живут по ней иноземцы немирные юрацкая самоедь», а вот в верховьях р. Таз, наоборот, указано «самоедь ясашная», то есть приведенная в ясачное подданство.

Интересно, что именно волости выступают в качестве ориентиров при определении границ уездов. Так при обозначении межуездных границ к «Чертежу земли Нарымского города» указано «а от Тогурскаго устия по Обе до порубежной нарымской Тогурской волости с Томским уездом ходу 2 дни». К «Чертежу земли Березова города» нет описания, но на самой карте обозначено «От сех мест Тобольской уезд Коцкие городки и волости». На чертеже земель города Сургута находим: «Пошли Сургуцкие волости с устья и по Малому Салыму». Обращает на себя внимание то, что обозначение волостей в большинстве случаев лишено каких либо четких параметров протяженности. Ремезов указывает местоположение волостей относительно других объектов, в том числе других волостей, что позволяет выстроить некоторые пространственно-логические связи между ними.

В исторических и картографических трудах Ремезова удивительным образом переплетались ментальные, метафорические образы описываемого пространства с его реальными физическими и топографическими характеристиками. Этот многослойный нарратив не так прост для прочтения. С одной стороны - он наполнен сакральными смыслами и личными впечатлениями, с другой - изобилует конкретными данными, почерпнутыми из различных, в том числе, официальных источников. Историко-литературные и этнографические тексты преломляются в «чертежах». Последние были не только наглядным изображением территории или своеобразным «изографическим» пояснением сведений доездов, росписей, сказок и тому подобных документов. Ремезовские атласы следует рассматривать как принципиальный момент в формализации этих сведений известными и доступными на тот момент графическими способами фиксации и обобщения информации. Выполненные по заказу центральных и местных властей они, во-первых, обозначили внешние рубежи русских владений в Сибири и межуездные границы, определяющие сферы территориальной компетенции сибирских (в особенности тобольских разрядных) воевод; во-вторых – наглядно представили пространственно-логическое соотношение физико-географических объектов с поселенческими и административными структурами, зафиксировали коммуникационные связи между этими структурами в категориях времени и протяженности; в-третьих, «каталогизировали» и «картографировали» новых подданных, соотнесли ареалы, занятые аборигенным населением с административным делением на присоединенных территориях, зафиксировали результаты интеграции этого населения в систему местного управления. В этом смысле ремезовские атласы представляют географию распространения русской власти на пространствах от Урала до Тихого океана к началу XVIII столетия.

Литература и источники

1. Андреев А.И. Очерки по источниковедению Сибири. Выпуск первый. XVII век. 2-е изд. – М.; Л., 1960.
2. Кивельсон В. Картографии царства: Земля и её значения в России XVII века / пер. с англ. Наталии Мишаковой; науч. ред. перевода Михаил Кром. М., 2012.
3. Оглоблин Н.Н. Обозрение столбцов и книг Сибирского приказа. (1592-1768). Ч. 4 // Чтения в Императорском обществе Истории и Древностей Российских. М., 1902. Кн. 1. (200).
4. Полное собрание русских летописей. Т. 36. Сибирские летописи. Ч. 1. М., 1987.
5. Ремезовская летопись: История Сибирская. Летопись сибирская краткая Кунгурская: исследование, текст, перевод. Науч.- справ. аппарат факс. изд. рукоп. Б-ки Рос. акад. наук (Санкт-Петербург) / Елена Дергачева-Скоп, Владимир Алексеев. Тобольск, 2006.
6. Служебная чертежная книга/ Семен Ремезов и сыновья. Т. III. Факсимильное издание. – Тобольск, 2006.

7. Соколовский С.В. Понятие «коренной народ» в российской науке, политике и законодательстве // Этнографическое обозрение. - 1998. - № 3. - С. 74-89.

8. Суворова Н.Г. Волость как инструмент интеграции русского и инородческого населения Сибири в конце XVIII-первой половине XIX в. // Вестник Тюменского государственного университета. - 2006. - № 2. - С. 160-173.

9. Тобольский историко-архитектурный музей-заповедник. ТМ-12531.

10. Чертежная книга Сибири, составленная тобольским сыном боярским Семеном Ремезовым в 1701 году. В 2-х томах. Факсимильное издание. Т. 1. М., 2003.

Николаев Н.А.
студент (бакалавр) Исторического факультета СВФУ
Гоголев А.И.
профессор, д.и.н., Исторический факультет СВФУ, Академия Наук РС (Я)
nikolaibs1993@mail.ru

ИСТОРИЯ ФОРМИРОВАНИЯ И ОФОРМЛЕНИЯ СИСТЕМЫ МЕЖГОСУДАРСТВЕННЫХ ОТНОШЕНИЙ В ДРЕВНИХ ГОСУДАРСТВАХ ЦЕНТРАЛЬНОЙ И ВОСТОЧНОЙ АЗИИ В ПЕРИОД VII В. ДО Н.Э. - I В. ДО Н.Э.

Начиная с VII в. до н.э. идет процесс оформления системы межгосударственных отношений на базе традиции взаимоотношений древнекитайских государств «Эпохи Весны и Осени» (春秋) и «Эпоха Воюющих царств» (战国). Сама система исходила из того, что власть чжоуского вана, провозглашаемой высшей сакральной властью в форме Сына Неба становится политическим явлением. Данная инвеститура давала её носителям высшую власть над обычными ванами других царств, поскольку как считалось согласно учению о Воле (или Мандате) Неба этот ван имел благословение высшего божества править над всем «вселенным». Постепенно в эту систему с политическим и сакральным верховенством вана из династии Чжоу включились остальные древнекитайские государства оформившись в особое межгосударственное политическое сообщество цивилизованных «срединных царств» (или 中国) в противовес окружающему ему некитайскому субстрату. География этого сообщества охватывала бассейны среднего и нижнего течения Хуанхэ на Великой равнине. Самой важной функцией чжоуских ванов в качестве Сына Неба являлось посредничество в отношениях государств из числа «срединных царств», а также в установлении и закреплении определенных правил дипломатических отношений и войн между ними[1, 34]. Вскоре в систему межгосударственных отношений этого сообщества постепенно подключаются и другие некитайские государства. Соответственно территория, охватываемая системы взаимоотношений постепенно отодвигается на дельте и среднем течении Янцзы, еще южнее до северовьетнамских окраин, на севере и северо-западе. «Варварские» государства были представлены следующими государствами как Цинь, Янь и Чу. И только Цинь признавала власти Сына Неба[1, 37].

Вместе с тем в самих «срединных царствах» происходят сложные процессы изменившие старое представление древнекитайцев в постулаты о культурном превосходстве и исключительности над варварами. Под влиянием этого представления китайцы впервые систематизируют и разграничивают рамки общения с варварами. Если «срединные царства» друг с другом вели взаимоуважительные отношения и вели войны с особыми правилами, то их отношение к варварам можно охарактеризовать как презрительное.

В «Эпоху Воюющих царств» (V в. до н.э. – 221 г. до н.э.) система межгосударственных отношений получает дальнейшее развитие. Оно получает философское осмысление в её идейно-политическом составляющем. Особенное влияние из числа древнекитайских философских направлений оказывало конфуцианство. Её стремление сохранить старые порядки и определяло нормы и правила отношений между «срединными царствами» как меры стабильности и мира.

Непримиримая борьба царств становиться причиной появления частых случаев присвоения титула Сына Неба, другими ванами стремившихся утвердить свое верховенство. Но этот период сопровождался культурным сближением «срединных царств» посредством распространения универсального иероглифического письма[1, 44].

Как общим итогом «Эпохи воюющих царств» становится объединение Китая во главе с династией Цинь. Система межгосударственных отношений применявшаяся в Китае, целенаправленно распространяется в другие районы Центральной и Восточной Азии. Посредством активизации целенаправленной внешней политики Циня Шихуан-ди воевавшего на севере с племенами сюнну и дунху, а также с противьетскими племенами на юге. В большей части соседних районов Китая как раз происходили процессы образования первых протогосударств. Для местных властей система, которую стремилась включить Китай рассматривалась как источник легализации института их власти, т.е. получения инвеституры от китайского императора, исполнявшего функции высшей политической и сакральной силы как Сын Неба.

Процесс распространения системы различался в плане её характера. Оно распространялось следующими путями: иммиграция образованных слоев китайского населения в период объединения Китая династией Цинь в соседние районы; активная завоевательная политика Циня Шихуан-ди; инициатива самих местных властей, подкрепленная внешней угрозой самого Китая или других соседних стран.

Если при династии Цинь легизм была господствующей идеологией постулировавшей активную завоевательную политику и включению в состав империи как можно больше территорий, то при сменившей её новой династии Хань (206 г. до н.э. – 220 г. н.э.) возрождаются идеалы уже обновленного конфуцианства, ранее подпитывавшего распространение системы «особых» межгосударственных отношений в китайских государствах. В период династии Хань ведшей активную внешнюю политику, особенно на севере, обновленное конфуцианство шло бок о бок, имперскими амбициями распространяя не только цивилизацию, но и методы межгосударственных отношений с центром в Китае.

Однако для того, чтобы добиться известной гегемонии в Центральной и Восточной Азии династии Хань пришлось столкнуться с уже сформировавшимися государственными формированиями. Особенности на севере с мощным объединением сюнну (или хунну) во главе с шаньюем Модэ (冒顿). В противостоянии нового государства сюнну и ханьского Китая решалась дальнейшая судьба не только обоих государств, но и дальнейшее развитие международной истории Центральной и Восточной Азии.

Собственно сюнну выступали за равные отношения с ханьским Китаем, которая распространяла свой вариант системы межгосударственных отношений с полным господством и верховенством императора в качестве Сына Неба.

Среди других причин противоречий империи Хань и сюнну выступало господство в Великом шелковом пути обострившееся еще при первой ханьском императоре Лю Бане. В 205 г. до н.э. сюнну овладевают Ордосом, после чего активизируются их набеги на непосредственно империю Хань. В 200 г. до н.э. шаньюй Модуво главе 40 тысяч тяжеловооруженных всадников окружил войско Лю Бана под г. Пинчэном. В 198 г. до н.э. на переговорах Модэ и Лю Бан пришли к взаимному согласию и заключили «договор, основанный на мире и родстве»[7, 54].

В это время империя Маудуня занимала значительную территорию, по словам исследователей границы государства, доходили до р. Орхон на севере, р. Ляохэ – на востоке и до бассейна р. Тарим – на западе[1, 5].

Объединение сюнну превращается в империю. Благодаря своим победам и успехам в системе организации сюнну доминировали практически на всём Дальнем Востоке в период с 209 г. до н.э. – 160 г. до н.э., решая важные политические (т.е. международные) вопросы[8, 9]. Считается, что Великий шелковый путь как таковую стали задействовать прямым ей смысле благодаря сюнну, когда те поддерживали обширные связи с Западом, а до этого Китай торговал только с племенами юэчжи[9, 16].

Модэ удается разбить дунху, к которым ранее сюнну были в зависимости. После чего у сюнну окончательно теряют свои позиции в степных районах и свою былую организованность[4, 32]. Теперь с этого момента сюнну становится доминирующей в степной части Центральной и Восточной Азии, в которую входили те же осколки союза дунху. Здесь складывается своя особенная политическая структура отличная от китайской, где общность, ставшая во главе более широкой общности, дает ей свое название, которая превращается в политоним. Идентификация в данном случае осуществляется не по этнокультурному как в китайской системе, а по социально-политическому принципу[2, 107].

В 133 г. до н.э. при императоре У-ди мирный договор с сюнну был разорван. Китайским войскам в 127 г. до н.э. удалось вытеснить сюнну из

Ордоса. Ханьские войска во главе с полководцами Вэй Цин и Хо Цюйбин в 124 и 123 г. до н.э. оттесняют сюнну от северных границ империи и заставляют шаньюя перенести ставку на еще дальше север[1, 56].

С этого времени империя Хань была ничем неограничена во внешней политике и завоеваниях соседних территорий. Император У-ди получает непосредственный контроль над Великим шелковым путем. Этот и другие перечисленные моменты можно охарактеризовать как успех китайского варианта системы межгосударственных отношений или концепции универсализма власти императоров.

Однако вместе с тем по отношению к тем же кочевникам, и к другим народам и государствам империя Хань продолжает активно применять известную схему дипломатии «уничтожать варваров руками самих варваров».

Против разгромленных сюнну натравливаются другие кочевые племена из числа потомков дунху и юэчжи. Внутри социально-политической системы объединения сюнну видимо происходят сложные процессы, которые постепенно привели к расколу и внутренней борьбе. Часть сюнну во главе с Хуханье признают верховенство китайского императора Сюань-ди (74-49 гг. до н.э.), который поселяет вдоль северных границ империи[6, 29].

При императоре У-ди восторжествовало китайская модель межгосударственных отношений. Обновленное конфуцианство провозглашает доктрину абсолютного превосходства «Срединного государства», как центра вселенной над окружающим миром «внешних варваров», неподчинение которых Сыну Неба рассматривалось как преступление. Походы Сына Неба, как мироустроителя вселенной, объявлялись «карательными», внешнеполитические контакты к правам сурово наказуемым[1, 58].

Несмотря на то, что имелись отдельные случаи неповиновения, особенно на север и северо-западе, система межгосударственных отношения установленных при ханьском императоре У-ди постепенно приживалась к международной жизни Центральной и Восточной Азии.

Расширяется ойкумена в представлении китайцев, появляются сведения о Парфии, Индии и других государствах западнее империи Хань.

На Корейском полуострове, если при императоре Цинь Шихуанди Древний Чосон перед реальной военно-политической угрозой исходящей от него признавал свой вассалитет, то при династии Хань Древний Чосон (или по-китайски Чаосянь) поддерживал альтернативу в системе межгосударственных отношений предлагаемую объединением сюнну. Поэтому императоры Хань опасались возможного союза Древнего Чосона с сюнну против них. Ван Чосона Уго не только являлся ко двору императора, но и принимал много китайских беженцев.

В 109 г. до н.э. китайцами была организована провокация с участием ханьского посла Шэ Хэ, который получив отказ у вана Уго на предложения императора У-ди на обратном пути, убил сопровождавшего его начальника экскорта. Ван Уго ответил на это набегом на округ Ляодунь, что стало причиной войны с империей Хань[3, 27], которая завершилась с поражением и уничтожением Древнего Чосона.

Таким образом, китайская (или ханьская) модель системы межгосударственных отношений занимает свое господствующее положение, вытеснив другие представляемые против них альтернативу сюнну и Древнего Чосона в период династии Западная Хань, в частности при правлении императора У-ди. Теперь все соседние империи Хань и другие далекие народы и государства признавались «варварами» и подданными императора обязанные приносить «дань» в качестве подарка.

Список литературы

1. Бокщанин А.А., Непомнин О.Е., Степугина Т.В. История Китая: древность, средневековье, новое время / А.А. Бокщанин, О.Е. Непомнин, Т.В. Степугина; Ин-т востоковедения РАН. – М.: Вост. Лит., 2010. – С. 599.: ил.
2. Байкальский регион и геополитика Центральной Азии: история, современность, перспективы (материалы международного научного семинара-совещания). – Иркутск:Оттиск, 2004. С. 164
3. История Кореи (новое прочтение) / Под ред. А.В. Торкунова. – М.: Московский государственный институт международных отношений (Университет); «Российская политическая энциклопедия» (РОССПЭН), 2003. С. 430
4. Материалы по истории кочевых народов в Китае III-V вв. Выпуск 3. Мужуны. – М.: Наука. Главная редакция восточной литературы, 1992. С. 431
5. Материалы по истории древних кочевых народов группы дунху. Пер. и комм. с китайского В.С. Таскина. Изд-во «Наука», гл. ред. Восточной литературы. Москва, 1984
6. Материалы по истории кочевых народов в Китае. Выпуск 1. Сюнну. – М.: Наука. Главная редакция восточной литературы, 1989. – С. 285
7. 亚洲简史/周成华主编。-长春：吉林大学出版社，2010.9
8. 中亚古国史/（美）麦高文著；章巽译。- 北京：中华书局，2004
9. 草原丝绸之路与中亚文明/张志尧编著。- 乌鲁木齐：新疆美术摄影出版社，2011。11

Стасевич В.Н.
профессор, кандидат искусствоведения, доцент по кафедре изобразительного искусства
Ильина Н.В.
доцент, кандидат философских наук
ilina@inbox.ru

СОЦИАЛЬНАЯ ПРИРОДА ВКУСА

Говорят, что о вкусах не спорят. Лукавство. Не спорят о том, что безразлично, и те, кому безразлично. По отношению к понятию вкуса безразличных нет. В этом легко убедиться, сказав собеседнику (собеседнице), что у него (у нее) неважный вкус. А уж в среде, в которой занимаются или претендуют на занятие искусством и творчеством безразличных к понятию вкуса не может и не должно быть. Безразличие противоположно духу творчества, а представление об искусстве вне связи с понятием вкуса невозможно считать достаточным.

В свободном общении понятие вкуса часто дополняется уточняющими его достоинство эпитетами: хороший, плохой, тонкий, изысканный, взыскательный, вульгарный, устарелый, современный и т. п. Иногда говорят - врожденный вкус, подразумевая его непременное высокое достоинство, ибо кто же станет говорить о плохом врожденном вкусе? Но при всех суждениях о вкусе собеседники не обязательно подразумевают одно и то же. Сложность взаимопонимания усугубляется, когда речь заходит о вкусе эстетическом или художественном, в силу смысловой «специализации» понятия.

Вкус (эстетический) - это способность видеть, воспринимать и оценивать прекрасное. Такова краткая, популярная, известная с давних времён формула эстетического вкуса. Она, однако, ничего не определяет и не объясняет, так как нечто представляется прекрасным с точки зрения того же вкуса. Для каждого отдельного человека прекрасно то, что он желает видеть таковым, или то, что привык считать прекрасным. В любом случае неясно, на основании чего его желание или привычку можно считать свидетельством высокого или низкого вкуса. С другой стороны - это действительно привычка, или врожденное достоинство?

В обыденной жизни, избегая излишних трудностей общения, мы в большинстве случаев прибегаем к прописным истинам вроде того, что «на вкус и цвет товарища нет» и т. п. Чем больше замкнута на себе повседневная жизнь человека, чем дремучее его окружение, тем более непререкаемы для него прописные истины. Такова главная и исходная предпосылка формирования вкуса у различных людей: зависимость от места и обстоятельств жизни.

Исходная и объективная, но не роковая и не последняя. Условия столичной жизни, будь то Москва или Париж, совершенно не исключают формирования убогого вкуса, равно как и жизнь в «глухомани» не исключает обретения вкуса высокой пробы. Причем не только его, условно говоря, «народного варианта». Современные средства массовой информации, охватывая самые отдаленные регионы, удовлетворяют любые эстетические притязания личности, важно только, каковы эти притязания. Индивидуальная склонность к накоплению информации о привлекательном предмете и способность к сравнительному сопоставлению суждений о нем - субъективные предпосылки формирования вкуса. Они-то и дают повод предполагать наличие «врожденного вкуса».

Врожденные данные, включая способность избирательно реагировать на слуховые и зрительные раздражители, только индивидуальные качества, которые подлежат реализации. Они, соответственно пассионарной природе личности, могут быть: реализованы соответственно их достоинствам; никак не реализованы; реализованы самым несоответствующим образом. Каким может стать отношение к миру музыки обладателя музыкального слуха и чувства ритма, зависит от особенностей его общения с опытом данного рода деятельности. Проще говоря, от учебы, какой бы способ познания ни подразумевался под этим словом. Характер и уровень эмоционального отношения к изобразительному произведению есть нечто большее, чем способность видеть и узнавать увиденное, и полностью зависит от уровня, обстоятельств и длительности нашего общения с культурой изобразительной деятельности, включая практический опыт (любительский, профессиональный, народный и т. д.) и знание — осведомленность в вопросах истории, теории искусства и критики.

Некоторая совокупность представлений о культуре как целостном достоянии современности и явлениях, составляющих эту целостность (свидетельства истории цивилизаций, народов, этносов), накопленная отдельным человеком, образует его культурный кругозор. В пределах этого кругозора исподволь и во многом самопроизвольно формируется способность эмоционально-избирательного (хорошо - плохо, красиво - некрасиво и т. п.) или ценностного отношения к известному (обозримому) кругу явлений. Эту эмоционально-избирательную, спонтанно проявляемую способность (ибо никто не в состоянии приказать себе считать красивым «это», а не «это»), в сущности, и называют вкусом.

Таким образом, говоря о понятии вкуса, есть основания считать его следствием отношения к культуре, а возможный вариант определения сформулировать следующим образом: вкус - это ценностная культура личности (индивидуальности) и как всякая культура по природе своей социальна.

Говоря о вкусе художественном, соответственно, следует иметь в виду отношение к культуре художественной. Отношение это формируется на разных уровнях общественных контактов, начиная с семьи и продолжая формироваться в условиях учебы и дальнейшей жизни человека. Естественно, что в связи с этим вкус как способность видеть, воспринимать и оценивать прекрасное быстро или медленно меняется, а вкусы разных людей различны. Спорить о вкусах действительно нет смысла, если под ними нет общей культурной базы. О вкусах могут спорить только люди относительно равные по культуре, хотя бы по культуре одного рода деятельности.

Вкус как эмоционально-избирательная способность постигать ценности культуры в такой же мере способствует их созиданию. Если развитие вкуса не превышает уровня, который Кант назвал вульгарным, то и результат деятельности его носителя будет того же достоинства. Правда, вновь возникает неясность: какой вкус считать вульгарным, кто может быть в этом вопросе судьей, и чем он плох, этот вульгарный вкус? Плох вульгарный вкус тем, что он вульгарный: пошлый, грубый, упрощенный, примитивный, низменный, непристойный и т. п. Характерен вульгарный вкус тем, что он абсолютно несамокритичен и в своих пределах феноменально сокрушим.

Неизвестно, какое определение вульгарного вкуса дал бы И. Кант, живи он в наше время. В свое же время вульгарным он назвал вкус, для которого эстетическое (добавим от себя - и художественное) немыслимо без возбуждающего и трогательного. Канту можно возразить, что грош цена искусству, которое не возбуждает и не трогает. Но речь, видимо, должна идти о некотором пороге эмоциональной достаточности и интеллектуальной способности (готовности) различать меру и чрезмерность (перебор) чувственного воздействия.

Понятное дело, что нечто трогательное, и нечто возбуждающее, как и прочие объекты эстетической (эмоциональной) оценки хороши не сами по себе. Их эстетическое качество (эстетический уровень) каждый определяет соответственно понятию меры, представление о которой сложилось у него в порядке общения с эмоциональной культурой его социального окружения, согласно известной пословице «с кем поведешься, от того и наберешься». То есть в результате социального общения (опыта) у каждого образуется некоторый личный порог эмоциональной достаточности, при котором врожденный темперамент и возрастная активность имеют значение разве что эмоциональных отдушин.

Чем ниже порог эмоциональной достаточности, тем больше потребность в нагнетании возбуждающего и трогательного до уровня брутального и слащавого. Эмоциональная культура как бы самореализуется по всем возрастным и социальным срезам жизни общества. При этом вульгарное, как ценностный эквивалент физиологического, всегда остается более всеохватным (универсальным) по эмоциональному воздействию на потребителя. Это естественно: физиологическая, она же природная общность людей гораздо в большей степени присуща человеческим особям, нежели благоприобретенное интеллектуально-духовное их различие. Естественно также, что наиболее подвержена воздействию вульгарного подростковая и юношеская среда - эмоционально активная, но эмоционально ограниченная и, следовательно, неразборчивая и невзыскательная. Потому-то вульгарное охотно используется там и теми, где и кому требуется широкий и быстрый успех.

Понятие меры в философии разработано Гегелем как понятие диалектического единства качества и количества. Применительно к нашему интересу обозначим меру как пропорциональное отношение качества к его количественному выражению. Нечто «слишком красивое» уже некрасиво, так как красоты излишней не бывает. Мера определяется пределом, выходя за который принятое нами ценностное качество теряет свое достоинство или переходит в свою противоположность. «Семпрония танцевала изящнее, чем подобало приличной женщине», — ехидно заметил Гай Саллюстий Крисп о матери Брута в письме Юлию Цезарю [2,11]. Даже изящное в своей чрезмерности смотрится вульгарно. Предел, за которым изящное переходит в нечто не вполне пристойное, чем не подобало бы, по мнению Криспа, увлекаться приличной женщине, каждая эпоха и каждый человек представляет по-своему.

Чувство меры - основное условие вкуса, а реализация вкуса в искусстве - едва ли не основной показатель эстетических и художественных достоинств результата. Оно же - естественный тормоз некритического (беспрекословного) отношения к моде как неоспоримому показателю (шаблону) хорошего («современного») вкуса. Мода, несомненно, есть отражение «большого» стиля времени (эпохи), но без устойчивых ценностных обоснований. Это быстротекущая эпидемия увлечений показной современностью. Увлечений, основанных преимущественно не на эстетических (художественных) представлениях, а на соображениях престижа и новизны. В результате мода усредняет оригинальность. Конечно, «модное» изделие (произведение) может быть и незаурядного достоинства. Все зависит от уровня культуры и вкуса автора изделия (произведения), которые в свою очередь возводятся на культуре и вкусе заказчика (потребителя). В результате взаимоотношений создателя и потребителя складывается соответствующая времени и социальному пространству иерархия культурных и художественных ценностей, разобраться в которых труднее всего современникам.

Эпохи не создаются одиночками, даже гениальными. Напротив, это эпохи формируют своих выдающихся представителей, хотя иногда и оставляют потомкам право позаботиться об их признании. Талантливые последователи выдающихся (гениальных) закрепляют опыт нового, и новое становится классической нормой своего времени, общепризнанной, понятной и модной. Рядом и вслед за талантливыми идут те, кого называют эпигонами, а также охочие до всего модного честолюбцы, авантюристы и прочие носители шаблона современности, доводя новое до банального, манерного и вульгарного.

В чередовании эпох возникали, формировались и угасали школы, стили и направления. Время «просеивало» результаты, оставляя в распоряжении человечества немногое и, надо полагать, лучшее, прошедшее множественную экспертизу поколений от древнейших времен до последнего времени, которое еще не «просеяно». Где-нибудь к середине текущего, или к началу нового столетия, когда отсеется шелуха идеологических словопрений, концептуальных амбиций, денежных спекуляций, и артизделия родом из настоящего времени останутся в честном соседстве с шедеврами классической давности — тогда-то и станет очевидным что есть что.

Литература

1. Цит. по: Лукьянов Б.Заметки о наготе в искусстве//Художник.1995. №2.

Konev A.Yu.
PhD in History, Leading Research associate
Humanitarian Science Subdepartment,
Tyumen State Oil and Gas University
Konev Yu.M.
D.Phil. in Sociology, Professor,
Marketing and Municipal Administration Subdepartment,
Tyumen State Oil and Gas University

SPACES AND THE PEOPLES OF SIBERIA IN S. U. REMEZOV'S WORKS

The cartographical and historical works of the Tobolsk service class man (*sluzhilyj chelovek*) Semen Remezov made a great impact on mental images formation of Siberia at the initial stage of the Russian colonization.

Expanding the scope and impact of actual presence in the east, the Moscow authorities and their agents understood the importance of documentary, including graphical presence, of displaying the processes. Service class (*sluzhilye lyudi*), founding towns and forts, driving native peoples into tribute-paying allegiance, were ordered to constitute a "painting" and "to draw a map" [4, 123]. Drawing paths and descriptions of the objects of an area served as a tool of conquest. The frontier agents, facing a new dangerous world of taiga and tundra, left texts and drawings that reflected their geographic and ethnographic experiences, their perceptions of the relationship between landscape and religion. Noting that the landscape "of the Siberian steppe" is filled with "a slightly different Christian narrative than the one that lit up the fields and forests of Central Russia", Valerie Kivelson refers to the metaphor, chosen from the title of the work by G. Diment and Y. Slezkine dedicated to the sacred values of Siberia in Russian Culture, - "Between Heaven and Hell" [2; 3, 163]. Version of Siberia as a metaphorical representation of paradise, according to Kivelson, is Godunov's drawing (1667) and based on it "The Drawing of all Siberia"... (1673) in which the space is "tamed by native visual and verbal images", turning them into a familiar and accessible terrain [3, 178-179]. Siberia appears here as a part of the possessions of the Russian tsar, as a continuation of Russia, despite the difference between Russia and Siberia, typical for that time.

It is obvious that Remezov's drawings can be seen as an expression of the pre-Petrine cartographic style and aesthetics. His "History of Siberia" (*Istoriya Sibirskaya*), appeared on border of eras. In his cartographic work and written texts, Remezov uses the trail and form used at the beginning of the 17th century. These works were completed before the Petrine reforms took effect. Through the unique vision of the Tobolsk service class man, we it is possible to understand how a frontier agent was aware of his role in Russian expansion in the moment before the Petrine reforms [3, 187].

In Remezov's works the idea of divine predestination of the Russian conquest of Siberia, for the first time consistently stated in the chronicle story by Sava Yesipov "About Siberia and Siberian taken" (*O Sibiri i o sibirskom vzyatii*), finds its complete literary-isographic incarnation. In the first article of his "History of Siberia", the appropriate illustration, anticipating a story about Ermak's campaign, symbolizes protection by the "Christian God" of all Siberian towns which arose since 1586 as a result of the Russian conquest. Kivelson sees it as an example of "cartographic theology". The term "cartographic" in this case is not correct, because we are dealing with administrative and political geography represented in allegorical form. However, the theological content of the picture is clear: under the all-seeing eye on the background of diverging rays is depicted an open Gospel. The text of the article informs the reader of the fisheries of the Creator, whose will destined Tobolsk to preach the Gospel "through Siberia to the ends of the world ... on the edge of mountains".

The central place of Tobolsk, by right of its administrative and religious status, would be clearly reflected not only in the historiography, but also in the geographical imagery of Remezov. A typical example is the "Descriptive drawing of Tobolsk. Sheet 24" and the "Drawing of Tobolsk city. Sheet 28" from "The Drawing Book for Official Use" (*Sluzhebnaya chertyozhnaya kniga*).

According to Remezov, from of old times darkened by "pagan beliefs" Siberia "became full of divine holy glory"; there was the coming of the "image of the Almighty" and "the Most Pure Virgin Mary". It is likely that Christian enlightenment during this period was associated not as much with the conversion of the Heathens and Muslims to orthodoxy, but with signs and miraculous events that accompanied the emergence and consolidation of Russians in the Trans-Ural territories. The physical space was filled with new content: cities, castles and settlements, churches and monasteries. The image of Siberia, firstly settled by "pagan" and "unclean" people and then compared by Remezov to a "Pacific Angel", was transformed. Thus, we are dealing with a kind of Christianization of colonized territories, inhabited by "yasak foreigners", which creates conditions for the conversion of these areas into Russian ones, and the natural inhabitants to prospective converts.

In Remezov's works the term Siberia is fixed as a generalized name for the newly attached to Russia trans-Ural territories which were usually denoted on maps as "Tartary" – in the European tradition. At the end of 15th - the first half of the 16th centuries the Russian tsars applied as an instrument of geopolitical claims to the neighboring territories an addition to their titles - names of the local lands and the peoples obliged by a tribute. After Ermak's campaign the other way of designing and expansion political geography of Russia became in usage - the name of one of the most significant (by opinions of Russians) conquered political association of the region, «Siberian Khanate», extends on all territories subordinated to Moscow from the Ural Mountains to the Pacific Ocean. All this does not mean that the existing differences between sub-regions and Siberian peoples were leveled. On the contrary, the government and local authorities were trying to understand this diversity, including the development of drawings and maps. The first experience of this kind of systematization should be recognized in the drawing of lands of Siberia, witnessed by Cornelius, Metropolitan of Siberia and Tobolsk, in June 1673. It has not been preserved in the original, but was well known and later used by Remezov in the preparation of the drawing "similarity and availability of lands across Siberia...." placed in «The Drawing Book of Siberia» (*Chertyozhnaya kniga Sibiri*). In this ethnographic drawing, created, according to A.I. Andreev, no earlier than September 1698 [1, 185], Remezov solves the problem of identifying the location and boundaries of the Siberian territory inhabited by "natives"". He indicated it in several colors, highlighting the habitats occupied by the Tatars, Voguls, Samoyeds, "Motley hordes of ostyaks" the Tungus clans, "and Chulyms and Kachints", etc. In almost each of these areas were indicated cities founded by Russians, which suggests an effort to correlate the ethnographic boundaries with the "facets" (*grani*) of administrative areas, areas of responsibility of Siberian voivodes. Kivelson rightly points out that this map "represents Muscovites' trait of recognizing the connection between certain peoples and their territories and establish political rule based on the submission of various lands, not on homogenization or elimination of subjugated groups" [3, illustration 28]. This elimination was typical for the politics and cartography of the European colonizers of America. In Russia, however, there was a practical need for visual representation of the topography of the developed territory and spatial patterns of social order located there, and this resulted in a necessary indication and specification of natives' habitat.

In Remezov's works in surprising manner were interwoven mental, metaphorical images of space conquered by Russians with its actual physical characteristics. This multi-layered narrative is not so easy to read. On the one hand, it is filled with sacred meaning and the personal impressions of the compilers, on the other it is replete with specific data, drawn from various sources, including official ones. Historical, literary and ethnographic texts are refracted in the "drawings". The latter were not just "isographic" explanations of the details of arrival, paintings, stories, and other documents. Remezov's atlases should be seen as a fundamental point in the formalization and visualization of known and at-the-time- available graphical displays of data and compilations of information. Commissioned by the central and local governments, they do not only mark the external borders of Russian possessions in Siberia, features of the landscape, the location of new administrative centers, but also "catalogued" and "mapped out" new subjects, recorded the results of integration with the indigenous population in the local administrative units. In this sense, we see the geography of Russian political and Orthodox influence in the area from the Urals to the Pacific Ocean in the beginning of the 17th century.

Reference

1. Andreev A.I. Ocherki po istochnikovedeniyu Sibiri. Vypusk pervyj. XVII vek. 2-e izd. – Moscow; Leningrad, 1960.
2. Between Heaven and Hell: The Myth of Siberia in Russian Culture / Ed. G. Diment, Y. Slezkine. N.Y., 1993.
3. Kivelson V. Cartographies of Tsardom: The land and Its Meanings in Seventeenth-Century Russia. Moscow, 2012.
4. Ogloblin N.N. Obozrenie stolbtsov i knig Sibirskogo prikaza. (1592-1768). Ch. 4 // Chteniya v Imperatorskom obshhestve Istorii i Drevnostej Rossijskikh. Moscow, 1902. Kn. 1.

Ивахненко И.В. - доцент, к.м.н., **Куличенко Л.Л.** - профессор, д.м.н., **Сущук Е.А.** - ассистент, к.м.н., **Краюшкин С.И.** - зав. кафедрой, профессор, д.м.н.

Кафедра амбулаторной и скорой медицинской помощи
ГБОУ ВПО Волгоградский государственный медицинский университет Минздрава России, г. Волгоград, Россия

АНАЛИЗ ФАРМАКОТЕРАПИИ КАРДИОРЕСПИРАТОРНЫХ ЗАБОЛЕВАНИЙ В АМБУЛАТОРНЫХ УСЛОВИЯХ

В современных условиях врач общей практики всё чаще сталкивается с пациентами, имеющими коморбидную патологию, в частности, сочетание хронической обструктивной болезни лёгких (ХОБЛ) и сердечно-сосудистых заболеваний (ССЗ), особенно в старших возрастных группах [3,88; 4,389; 8,38]. Наличие сочетанной кардиореспираторной патологии характеризуется возникновением феномена взаимного отягощения и ведёт к повышению риска неблагоприятного прогноза у этих больных [8,39].

Высокая распространённость сочетания ХОБЛ и ССЗ обусловлена общими факторами риска (курение, пожилой возраст, гиподинамия, ожирение) и общими патогенетическими механизмами развития и прогрессирования этих заболеваний [4,389]. В настоящее время ХОБЛ рассматривается как респираторное заболевание с развитием мультисистемного воспалительного процесса. Развивающиеся при ХОБЛ системное воспаление, оксидативный стресс, эндотелиальная дисфункция запускают механизмы атерогенеза.

Ведение пациентов с кардиореспираторными заболеваниями в амбулаторной практике представляет определённые трудности, как в плане диагностики, так и с позиции выбора рациональной фармакотерапии. Зачастую у этих больных отмечается атипичное течение сопутствующих заболеваний и, в частности, у больных ХОБЛ часто отмечается безболевая ишемия миокарда, что приводит к поздней диагностике ишемической болезни сердца (ИБС) [2,28; 4,391]. Не менее сложной задачей является лечение больных, имеющих сочетание ХОБЛ и ССЗ, поскольку часто носит противоречивый характер – фармакотерапия одного заболевания может провоцировать ухудшение течения другого.

Цель исследования: анализ лечения пациентов с ХОБЛ и ССЗ в реальной амбулаторной практике в соответствии с современными национальными и международными рекомендациями.

Методы исследования. Проведён ретроспективный анализ амбулаторных карт 84 пациентов с ХОБЛ (44 женщин и 40 мужчин в возрасте от 47 до 76 лет, средний возраст 62±9,2 года) в поликлиниках г. Волгограда. Среднетяжёлая ХОБЛ (GOLD II) имела место у 46,2% пациентов, тяжёлая (GOLD III) у 39,3%, крайне тяжёлая ХОБЛ (GOLD IV)

– у 14,5% больных. Оценку качества амбулаторной помощи больным ХОБЛ проводили с помощью специально разработанной нами карты.

Результаты. Большинство пациентов (73 человека, 86,9%) наряду с ХОБЛ имели сопутствующую патологию: средний индекс коморбидности Чарлсона составил 4,7 ± 0,16 балла. При этом в 75% случаев имело место сочетание ХОБЛ и ИБС. В 60,1% случаев отмечалась хроническая сердечная недостаточность, в 33,3% – стенокардия напряжения, в 16,7% – постинфарктный кардиосклероз, в 12,5 – нарушения ритма. У 79,7% пациентов ХОБЛ сочеталась с артериальной гипертензией (АГ) и у 14,2% – с бронхиальной астмой.

Согласно современным рекомендациям, пациенты с ХОБЛ должны получать регулярную терапию длительно действующими бронходилататорами, (ДДБ), комбинацию ДДБ и ингаляционного ГКС (иГКС), ингибитора 4-фосфодиэстеразы [8,28; 10,35]. По данным амбулаторных карт, базисная терапия проводилась 69,1% больным ХОБЛ. По частоте применения препараты распределялись следующим образом: чаще всего использовались комбинированные препараты иГКС + длительно действующий β2-агонист (ДДБА) (41,2%), монотерапия тиотропием бромидом проводилась в 36,3% случаев, ДДБА – в 8,6 %, 10,3% пациентов постоянно принимали ипратропия бромид + фенотерол, 3,4% – теофиллины пролонгированного действия.

Большинству пациентов с ССЗ показано назначение β-адреноблокаторов (β-АБ) [6,37; 9,2978]. Однако использование этой группы препаратов у больных ХОБЛ может сопровождаться нарастанием бронхообструкции. В данном контексте большое значение приобретает правильный выбор β-АБ с учётом степени его селективности [7,10; 10,48]. Предпочтение следует отдавать β-АБ с высокой степенью селективности.

При проведённом нами анализе амбулаторных карт было выявлено, что показания к назначению β-АБ имелись у 36 пациентов с ИБС, в то время как фактически данные препараты были назначены только 21 больному (58,3%). Аналогичная ситуация отмечается также при назначении β-АБ пациентам с ХОБЛ и ССЗ, находящимся на стационарном лечении [5,61]. Во всех случаях это были кардиоселективные β-АБ, при этом чаще всего использовался бисопролол (71,3%), реже метопролол (19,1%), небиволол и карведилол (по 4,7%).

Наиболее распространённым сопутствующим заболеванием у больных ХОБЛ является АГ [1,6]. Лечение АГ в этом случае должно проводиться в соответствие с клиническими рекомендациями [10,48], однако выбор антигипертензивного препарата при наличии ХОБЛ имеет свои особенности, к препаратам первого ряда относятся ингибиторы ангиотензин-превращающего фермента (иАПФ), либо блокаторы рецепторов ангиотензина (БРА) и/или антагонисты кальция (АК) [1,17-19]. В нашем исследовании все пациенты, имеющие сочетание ХОБЛ и АГ получали антигипертензивную терапию, при этом монотерапия БРА имела место у 38,3% больных, иАПФ – у 10,4%, АК – у 4,5%. Комбинированная терапия назначалась в 46,8 % случаев: БРА + АК – в 13,4%, иАПФ + АК – в 8,9% и БРА/иАПФ + диуретик – в 23,8%.

Таким образом, особенностью ведения пациентов с коморбидной патологией в амбулаторных условиях является более тщательный подбор фармакотерапии с учётом влияния лекарственных препаратов на сопутствующие заболевания. В целом врачи амбулаторного звена придерживаются национальных рекомендаций по лечению пациентов с ХОБЛ и ССЗ. Тем не менее не всегда фармакотерапия назначается в полном объёме, в первую очередь это касается назначения β-АБ.

Литература

1. Диагностика и лечение пациентов с артериальной гипертонией и хронической обструктивной болезнью легких (Рекомендации РОАГ и РРО) // Системные гипертензии, 2013, т.10, №1, С.5-34
2. Краюшкин С.И., Куличенко Л.Л., Ивахненко И.В и др. Изучение механизмов возникновения безболевой ишемии миокарда у больных гипертонической болезнью // Вестник ВолгГМУ, 2012, №1, С.27-29
3. Куличенко Л.Л., Ивахненко И.В. Характеристика соматической патологии у людей пожилого и старческого возраста // Волгоградский научно-медицинский журнал, 2012, № 1 (33), С.88-90.
4. Куценко М.А., Чучалин А.Г. Парадигма коморбидности: синтропия ХОБЛ и ИБС / /РМЖ, 2014, №5, С.389-392.
5. Петров В.И., Магницкая О.В., Ерёменко А.С. и др. Особенности лечения ишемической болезни сердца на фоне бронхообструктивной патологии // Астраханский медицинский журнал, 2011, Т.6, № 1, С.259-265.
6. Национальные рекомендации по диагностике и лечению стабильной стенокардии // Кардиоваскулярная терапия и профилактика, 2008; 7(6), Прил. 4, С.5-42
7. Стаценко М.Е., Деревянченко М.В. Возможности применения бета-адреноблокаторов в лечении сердечно-сосудистых заболеваний у больных хронической обструктивной болезнью легких // Фарматека, 2013, №15, С.9-15
8. Федеральные клинические рекомендации по диагностике и лечению хронической обструктивной болезни легких. Российское респираторное общество, 2014, 41 с. http://pulmonology.ru/download/COPD2014may2.doc (Дата обращения 15.10.2014)
9. 2013 ESC Guidelines on the management of stable coronary artery disease // Eur Heart J, 2013, Vol.34, P.2949-3003
10. Global Strategy for the Diagnosis, Management and Prevention of COPD, Global Initiative for Chronic Obstructive Lung Disease (GOLD), 2014, http://www.goldcopd.org/uploads/users/files/GOLD_Report_2014_Jun11.pdf (Дата обращения 15.10.2014)

Плотникова Н.А. - зав. кафедрой патологии ФГБОУ ВПО «МГУ им. Н. П. Огарева», д.м.н., профессор,

Замышляев П. С. - студент IV курса ФГБОУ ВПО «МГУ им. Н. П. Огарева»,

Кемайкин С.П. - к.м.н., доцент кафедры патологии ФГБОУ ВПО «МГУ им. Н. П. Огарева»,

Чаиркина Н.В. - к.м.н., доцент кафедры патологии ФГБОУ ВПО «МГУ им. Н. П. Огарева»

ПАТОЛОГИЧЕСКАЯ АНАТОМИЯ ГИДРОЦЕФАЛИИ. АНАЛИЗ ВСТРЕЧАЕМОСТИ И РАСПРОСТРАНЕННОСТИ ГИДРОЦЕФАЛЬНОГО СИНДРОМА

Аннотация. *Цель работы:* рассмотрение патологоанатомических аспектов гидроцефалии и изучение встречаемости и распространенности гидроцефального синдрома. *Материал и методы.* В работе проведен ретроспективный анализ встречаемости гидроцефального синдрома среди больных, поступивших в неврологическое отделение Детской Республиканской клинической больницы г. Саранска в 2013 г. Больные были разделены на две группы: дети с органическим поражением головного мозга (n = 338) и дети с перинатальной энцефалопатией (n = 98). Результаты по двум группам сравнивались с помощью однофакторного дисперсионного анализа. *Результаты.* Встречаемость гидроцефалии среди детей с органическим поражением головного мозга составила 16,9 %, среди детей с перинатальной энцефалопатией — 16,3 %. *Выводы.* Частоты встречаемости гидроцефалии среди детей с органическими поражениями головного мозга и детей с перинатальной энцефалопатией статистически достоверно не отличаются.

Ключевые слова: гидроцефалия, патологическая анатомия, статистический анализ

Гидроцефалия — увеличение объема ликворных пространств, обусловленное нарушением ликвороциркуляции [1, 1]. Гидроцефалия весьма распространена среди населения: по данным ВОЗ, около 700 тыс. детей и взрослых по всему миру имеют диагноз «Гидроцефалия», а врожденная гидроцефалия поражает одного из 500 младенцев и является одним из самых частых дефектов развития [2]. Согласно метаисследованию Brean и Eide [3, 57] и данным Международного регистра врожденных пороков развития (EUROCAT) частота встречаемости врожденной гидроцефалии в разных регионах мира колеблется от 40 до 200 на 100.000 живорождений. По данным руководства по нейрохирургии Гринберга [4, 1008] средняя частота встречаемости врожденной гидроцефалии составляет 90-180 на 100.000 живорождений.

Имеются некоторые сведения о распространенности гидроцефалии в России. По данным Вялковой et al. [5], частота встречаемости врожденной гидроцефалии в регионах РФ составляет от 5 до 91 случая выявления на 100.000 живорождений. Согласно аналитической части Программы развития здравоохранения Республики Мордовия на 2013—2020 годы, из 58 новорожденных с экстремально низкой массой тела (2009—2011 гг.) 1 имеет врожденную гидроцефалию; это соответствует уровню встречаемости врожденной гидроцефалии среди детей с экстремально низкой массой тела в Мордовии в 1,7 %.

1. История гидроцефалии

Гидроцефалия как заболевание известна человечеству с древнейших времен: первые в истории медицины указания на гидроцефальную форму черепа найдены в египетских медицинских папирусах, датируемых от 2500 г. до н. э. до 500 г. н. э. [6, 67].

Гидроцефалия была описана более ясно древнегреческим врачом Гиппократом в IV в. до н. э., а ее наиболее точное описание среди врачей Древнего мира дал римский анатом и врач Гален во II в. н. э.

Первое описание клиники и операции при гидроцефалии можно найти в книге «Метод медицины» (1000 г. н. э.) арабского хирурга Абулказиса: он описал эвакуирование внутричерепной жидкости у детей, больных гидроцефалией: он вскрывал полость черепа со стороны его свода в трех местах, давал жидкости вытечь, закрывал рану и стягивал кости черепа бондажем: «The skull of a newborn baby is often full of liquid, either because the matron has compressed it excessively or for other, unknown reasons. The volume of the skull then increases daily, so that the bones of the skull fail to close. In this case, we must open the middle of the skull in three places, make the liquid flow out, then close the wound and tighten the skull with a bandage» (цит. по [6, 68]). Он объяснял детскую гидроцефалию механическим сдавлением.

В 1881 г. Карл Вернике осуществил первую стерильную пункцию желудочков головного мозга и внешний дренаж ЦСЖ при лечении гидроцефалии.

Гидроцефалия оставалась трудноподдающимся лечению состоянием до XX в., когда была разработана техника шунтирования (создание дополнительного пути тока ЦСЖ для ее дренажа) и другие нейрохирургические методы лечения.

2. Анатомия и физиология ликворной системы

Спинномозговая жидкость, цереброспинальная жидкость, ликвор (лат. *liquor cerebrospinalis,* сокр. ЦСЖ) — прозрачная (в норме) жидкая среда, циркулирующая в полостях желудочков головного мозга, спинномозгового канала и субарахноидальном пространстве головного и спинного мозга. У здорового взрослого человека объем ЦСЖ составляет 150-160 мл.

ЦСЖ предохраняет головной и спинной мозг от механических воздействий, обеспечивает поддержание постоянного внутричерепного давления и водно-электролитного гомеостаза. Поддерживает трофические и обменные процессы между кровью и мозгом, выделение продуктов его метаболизма. Содержит в своем составе иммуноглобулины, поэтому выполняет защитную функцию.

Основной объём ЦСЖ образуется путём активной секреции железистыми клетками сосудистых сплетений в желудочках головного мозга, ключевую роль в этом процессе играет Na/K-АТФаза и карбоангидраза эпителия сосудистых сплетений. Другим механизмом образования ликвора является пропотевание (диализ) крови через стенки кровеносных сосудов и эпендиму желудочков. Скорость секреции ликвора в норме составляет 0,3-0,45 мл/мин и заметно снижается с возрастом, особенно после 50-60 лет. В некоторой степени секреция ликвора регулируется симпатической нервной системой (ее влияния угнетают образование ликвора) и различными гормонами [7, 46-48].

Цереброспинальная жидкость циркулирует от боковых желудочков в отверстие Монро (межжелудочковое отверстия), затем вдоль третьего желудочка, проходит через Сильвиев водопровод. Затем проходит в четвертый желудочек, через отверстия Мажанди и Люшка выходит в субарахноидальное пространство головного и спинного мозга.

ЦСЖ реабсорбируется в кровь венозных синусов через грануляции паутинной оболочки (пахеоновы грануляции), а отчасти также в лимфатическую систему через влагалища нервов, в которые продолжаются мозговые оболочки [8, 542]. Последний названный путь реабсорбции ликвора в большей степени выражен у младенцев в норме и у взрослых в условиях патологии [7, 48].

3. Причины и классификация гидроцефалии

Гидроцефалия, согласно [4, 1008], может быть врожденной (в 38 % случаев без миеломенингоцеле и в 29 % случаев с миеломенингоцеле), а может быть вызвана перинатальным кровоизлиянием (в 11 % случаев), опухолью (11 %), предшествующей инфекцией (7,6 %), травмой/субарахноидальным кровоизлиянием (4,7 %).

Гидроцефалию классифицируют по различным критериям [2; 9].

По происхождению гидроцефалию подразделяют на *врожденную* и *приобретенную*.

Врожденная гидроцефалия, как правило, дебютирует в детском возрасте. В ее этиологии ведущее значение имеют различные внутриутробные инфекции, гипоксия и, главным образом, врожденные аномалии развития, приводящие либо к нарушению циркуляции ЦСЖ (стеноз и окклюзия сильвиевого водопровода, аномалия Денди—Уокера, аномалия Арнольда—Киари и др.), либо сопровождающиеся недоразвитием структур, участвующих в резорбции ЦСЖ (арезорбтивная гидроцефалия), либо приводящие к краниостенозу (раннее закрытие черепных швов при наследственных и внутриутробных болезнях).

Приобретенную гидроцефалию в дальнейшем классифицируют в зависимости от этиологического фактора: инфекции ЦСЖ, менингиты, опухоли мозга, черепно-мозговые травмы, кровоизлияния. Приобретенные гидроцефалии обычно сопровождаются сильнейшими болями.

По локализации избыточного накопления ликвора выделяют три формы гидроцефалии.

Внутренняя гидроцефалия, при которой наблюдается избыточное скопление ликвора в желудочках мозга.

Наружная гидроцефалия — эта форма гидроцефалии сопровождается избыточным скоплением ЦСЖ в субарахноидальном пространстве.

Общая гидроцефалия — при ней наблюдается скопление ликвора как в желудочках, так и в подпаутинном пространстве головного мозга.

По патогенезу различают три основные формы гидроцефалии: окклюзионная, сообщающаяся и гиперсекреторная.

Окклюзионная (закрытая, несообщающаяся, обструктивная) гидроцефалия, при которой происходит нарушение тока цереброспинальной жидкости вследствие закрытия (окклюзии) ликворопроводящих путей опухолью, сгустком крови, поствоспалительным спаечным процессом, абсцессом мозга.

Сообщающаяся (открытая, дизрезорбтивная) гидроцефалия, при которой нарушаются процессы резорбции ЦСЖ вследствие поражения структур, участвующих во всасывании ЦСЖ в венозное русло. Редкая, но иногда встречающаяся форма сообщающейся гидроцефалии может быть вызвана ранним кранеостенозом при гипервитаминозе D.

Гиперсекреторная гидроцефалия, которая развивается вследствие избыточной продукции ЦСЖ, например, при папилломе сосудистого сплетения.

Ранее выделяли еще и четвертую форму гидроцефалии по патогенезу, так называемую *смешанную (наружную, ex vacio)* гидроцефалию, которая характеризовалась увеличением желудочков мозга и субарахноидального пространства в условиях прогрессирующей атрофии мозга. Однако данный процесс следует все же относить к атрофии мозга, а не к гидроцефалии, т. к. увеличение желудочков мозга и расширение субарахноидального пространства обусловлено не избыточным накоплением ЦСЖ, вследствие нарушения процессов ее продукции, циркуляции и резорбции, а уменьшением массы мозговой ткани на фоне атрофии [2].

По уровню давления ликвора выделяют:
Гипертензивную гидроцефалию — давление повышено.
Нормотензивную гидроцефалию — давление в норме.
Гипотензивную гидроцефалию — давление понижено.

По темпам течения гидроцефалия делится на:
Острую гидроцефалию, когда от момента первых симптомов заболевания до грубой декомпенсации проходит не более 3 суток.
Подострую прогредиентную гидроцефалию, развивающуюся в течение месяца с начала заболевания.
Хроническую гидроцефалию, которая формируется в сроки от 3 недель до 6 месяцев и более и характеризуется триадой симптомов: деменция, апраксия ходьбы или нижний парапарез, недержание мочи.

4. Симптомы и морфологические проявления гидроцефалии

Гидроцефалия проявляется симптомами повышения внутричерепного давления, спастическими парезами, эпилептическими припадками, недержанием мочи, снижением слуха, зрения, интеллекта [10, 145].

У детей раннего возраста черепные швы еще не закрыты, поэтому гидроцефалия сопровождается увеличением головы, расхождением швов черепа выбуханием большого родничка; кроме того, наблюдается усиление венозного рисунка на коже головы, симптом «заходящего солнца» (ретракция век с ограничением взора вверх). В острых случаях развиваются рвота, угнетение сознания; в хронических — наблюдается замедление психического развития.

Гидроцефалия обычно приводит к повреждению мозга, поэтому при этом заболевании могут быть затронуты способность к мыслительным операциям и поведенческие реакции больного. Как правило, у пациентов с гидроцефалией нарушена способность к обучению, снижена краткосрочная память. Тем не менее, тяжесть течения гидроцефалии у разных индивидов может отличаться, поэтому некоторые больные показывают средние (или даже выше средних) умственные способности. Пациенты с гидроцефалией могут иметь проблемы с движением, координацией и восприятием зрительной информации. Дети с гидроцефалией могут раньше, чем в норме, достигать половой зрелости, что, как полагают, связано с высоким давлением соседних тканей на гипофиз и стимуляцией его функции с увеличением секреции гонадотропных гормонов [11].

Перечисленные симптомы при гидроцефалии, как правило, обусловлены снижением перфузии тканей мозга и, в меньшей степени, перерастяжением проводящих путей на фоне повышения давления ликвора [7, 49]. При остром заболевании гипоперфузия вызывает, в основном, лишь функциональные изменения церебрального метаболизма (нарушение энергообмена, снижение уровней фосфокреатинина и АТФ, повышение содержания неорганических фосфатов и лактата), и в этой ситуации все симптомы обратимы. При длительной болезни в результате хронической гипоперфузии в мозге возникают необратимые изменения: повреждение эндотелия сосудов и нарушение гематоэнцефалического барьера, повреждение аксонов вплоть до их дегенерации и исчезновения. Повреждения нейронов обычно менее значительны и возникают в более поздних стадиях гидроцефалии. При длительном течении гидроцефалии всё вышеперечисленное в конечном итоге приводит к атрофии головного мозга.

Морфологические проявления, характерные для гидроцефалии с повышенным давлением, включают атрофию вещества головного мозга, перивентрикулярный отек, повреждение эндотелия сосудов, нарушение ГЭБ, повреждение аксонов и (редко) некроз нейронов, а также признаки, специфичные для заболевания, явившегося причиной гидроцефалии.

5. Лечение гидроцефалии

С 50-х годов XX-го века стандартным методом лечения любой (независимо от патогенеза) формы гидроцефалии была **шунтирующая операция** для восстановления движения ликворной жидкости. После шунтирующих операций пациент становится шунтзависимым, то есть вся его дальнейшая жизнь будет зависеть от работы шунта.

При гидроцефалии иногда применяются **наружные дренирующие операции:** наружное дренирование желудочков, повторные люмбальные пункции — это методы выведения ликвора из желудочков головного мозга снаружи, применяются как мера отчаяния, сопровождаются наибольшим числом осложнений, особенно повышается риск инфицирования.

Начиная с середины 80-х значительное место в лечении гидроцефалии стали занимать **эндоскопические операции** с целью удаления опухолей или исправления врожденных дефектов ликворной системы.

Оперативное вмешательство — фактически единственный метод борьбы с заболеванием. Медикаментозные методы (осмотические диуретики и ингибиторы карбангидразы) в большинстве случаев могут лишь замедлить течение болезни, но не устраняют полностью ее симптомов.

Хирургическое лечение приводит к улучшению кровотока и метаболизма нейронов, восстановлению миелиновых оболочек и микроструктурных повреждений нейронов, однако количество нейронов и поврежденных нервных волокон заметно не меняется. Поэтому при хронической гидроцефалии значительная часть симптомов оказывается необратимой. Если гидроцефалия возникает в младенчестве, то нарушение миелинизации и этапности созревания проводящих путей также ведут к необратимым последствиям.

6. Исходы и прогноз при гидроцефалии

Исходом гидроцефалии может стать полное выздоровление (после проведения этиотропного лечения), неполное выздоровление (после успешного проведения шунтирующей операции; пациент становится шунтзависимым), развитие и прогрессирование осложнений или летальный исход.

Прогноз при гидроцефалии зависит от причины и времени установления диагноза и назначения адекватного лечения. Дети, получившие лечение, в состоянии прожить нормальную жизнь с небольшими, если таковые вообще будут проявляться, ограничениями. В некоторых случаях может произойти нарушение речевой функции. Проблемы с инфекцией шунта или сбоем могут потребовать хирургической переустановки шунта.

В отсутствие лечения до 6 из 10 больных гидроцефалией умирают. У выживших же без лечения наблюдаются проблемы различной степени выраженности с интеллектуальным и физическим развитием, а также неврологические патологические состояния [12].

Своевременно и правильно выполненное оперативное вмешательство при гидроцефалии позволяет практически в 100 % случаев добиться выздоровления пациентов, их трудовой и социальной реабилитации.

7. Исследование встречаемости гидроцефального синдрома

Мы провели ретроспективный анализ встречаемости гидроцефального синдрома среди больных, поступивших в неврологическое отделение Детской Республиканской клинической больницы г. Саранска в 2013 г. Общее число больных составило 436 человек. Больные были разделены на две группы: дети с органическим поражением головного мозга (n = 338) и дети с перинатальной энцефалопатией (n = 98). В первой группе выявлено 57 больных с гидроцефальным синдромом, во второй — 16 больных. Соответственно, встречаемость гидроцефалии среди детей с органическим поражением головного мозга составила 16,9 %, среди детей с перинатальной энцефалопатией — 16,3 %. Результаты по двум группам сравнивались с помощью однофакторного дисперсионного анализа, достоверность различий групп определялась с помощью критерия Фишера. При проведении анализа статистически значимых различий двух групп по встречаемости гидроцефалии не выявлено.

Заключение

1. Гидроцефалия как заболевание известна человечеству с древнейших времен, но оставалась трудноподдающимся лечению состоянием до XX в., когда была создана методика шунтирования.

2. Цереброспинальная жидкость вырабатывается сосудистыми сплетениями желудочков и всасывается, в основном, пахеоновыми грануляциями паутинной оболочки. Нарушения секреции, циркуляции и всасывания ЦСЖ приводят к возниконовению гидроцефалии.

3. Существует несколько классификаций гидроцефалии по различным критериям. Гидроцефалия сопровождается различными неврологическими симптомами и морфологическими изменениями.

4. Существует четыре основных метода лечения гидроцефалии: медикаментозный, наружные дренирующие, шунтирующие и эндоскопические операции, причем наиболее эффективным из них является эндоскопический.

5. При своевременном лечении гидроцефалии прогноз благоприятный.

6. Частоты встречаемости гидроцефалии среди детей с органическими поражениями головного мозга и детей с перинатальной энцефалопатией достоверно не отличаются.

Список литературы

1. Rekate H. L. The definition and classification of hydrocephalus: a personal recommendation to stimulate debate. Cerebrospinal Fluid Res. 2008, Т. 5, № 2.
2. Hydrocephalus Fact Sheet. National Institute of Neurological Disorders and Stroke. http://www.ninds.nih.gov/disorders/hydrocephalus/detail_hydrocephalus.htm]
3. Brean A., Eide P. K. The epidemiology of hydrocephalus. Adult Hydrocephalus. 2014.
4. Гринберг М. С. Нейрохирургия. МЕДпресс-информ, 2010.
5. Вялкова А. А. et al. Региональный мониторинг врожденных пороков развития в Оренбургской области. Практическая медицина. 2012, № 1.
6. The scientific history of hydrocephalus and its treatment. Alfred Aschhoff, Paul Kremer, Bahram Hashemi, Stefan Kunze. 22 (2-3), Berlin : Springer, 1999, Neurosurgical Review.
7. Коршунов А. Е. Физиология ликворной системы и патофизиология гидроцефалии. Вопросы нейрохирургии им. Н. Н. Бурденко. 2010, № 2.
8. Привес М. Г. Анатомия человека. М. : Медицина, 1985.
9. Гидроцефалия взрослых. Официальный сайт отделения неотложной хирургии НИИ скорой помощи им. Н. В. Склифосовского. http://www.neurosklif.ru/Diseases/Hydrocephalia.
10. Сыропятов Б. Я. Справочник врача и провизора. М. : Оникс, 2005.
11. Hydrocephalus & Precocious Puberty. Spina Bifida Hydrocephalus Ireland. [В Интернете] http://www.sbhi.ie/images/Precocious%20Puberty.pdf.
12. Hydrocephalus. MedlinePlus — a service of the U.S. National Library of Medicine. http://www.nlm.nih.gov/medlineplus/ency/article/001571.htm.

Вязьмин А.Я., Клюшников О.В., Подкорытов Ю.М., Мокренко Е.В.

1) д.м.н., профессор, зав.кафедрой ортопедической стоматологии;
2) к.м.н., ассистент кафедры ортопедической стоматологии;
3) к.м.н., доцент кафедры ортопедической стоматологии;
4) к.м.н., ассистент кафедры ортопедической стоматологии
Иркутского государственного медицинского университета
E: mail - klush.stom@mail.ru

ЛЕЧЕНИЕ ЗАБОЛЕВАНИЙ ВНЧС С ПОМОЩЬЮ МЕТОДИКИ ЧЭНС

Здоровье человека – естественный защитный потенциал, который обеспечивает физическое, духовное и социальное благополучие в течение всей его жизни. Начиная с момента рождения организм человека находится под мощным прессингом агрессивных природных и техногенных факторов. Улучшению и сохранению здоровья не способствуют зачастую и качество пищи, и постоянные стрессы, и многие привычки, характерные для современного образа жизни. И в случае возникновения болезни ослабленный организм не способен самостоятельно, без посторонней помощи, полностью восстановиться, и болезнь захватывает человека на долгие годы, а порой и на всю жизнь. В подобной ситуации кардинально помочь можно только одним способом – повысить собственный защитный потенциал.

В 18-м веке, с развитием науки и внедрением в нашу жизнь источников электричества, физиотерапия получила новое направление - электролечение. Особенно активно электротерапия начала развиваться после открытия Л. Гальвани «животного электричества» - биоэлектрической активности живых клеток. Более поздние исследования в этой области позволили изучить природу и виды электрической активности живых тканей. В 1950-х годах появляется техническая возможность воспроизводить электрические импульсы, сходные по своим параметрам с импульсами нервного волокна. Они безопасны, физиологичны, поэтому активно начинают применяться в медицине с лечебными целями. Воздействие такими «живыми» импульсами получило название чрескожной электронейростимуляции (ЧЭНС).

В 1960-х годах появляются усовершенствованные аппараты ЧЭНС, в которых при формировании импульсов реализуется принцип биологической «обратной связи». Новые модели создают не просто «нейроподобный» импульс, они могут чутко реагировать на изменения, происходящие в организме во время лечения. Подобное усовершенствование приводит к тому, что спектр лечебных возможностей этих аппаратов значительно увеличивается. Они успешно применяются для обезболивания, коррекции функциональных расстройств внутренних органов, для быстрого восстановления работоспособности в условиях высоких психологических и физических нагрузок.

Чрезкожная электронейростимуляция ЧЭНС (синонимы TENS-transcutaneous electroneurostimulation, электроанальгезия) – это один из самых эффективных методов лечения боли, основанный на интеграции тысячелетнего опыта китайской медицины с современной биофизикой, безопасный, неинвазивный, немедикаментозный метод обезболивания, не имеющий побочных эффектов. Метод чрезкожной электронейростимуляции получил широкое внедрение в практику. Он является одним из наиболее эффективных неспецифических средств устранения болевых ощущений разного генеза в челюстно-лицевой области. Существуют две методики ЧЭНС. Высокочастотная ЧЭНС основана на теории «входных ворот», согласно которой раздражение определённых волокон электрическими импульсами высокой частоты нарушает проведение болевых сигналов в головной мозг. Воздействие импульсами электрического тока, длительность и частота которых соизмерима с продолжительностью и частотой следования нервных импульсов в толстых миелинизированных афферентных проводящих путях, приводит к увеличению афферентного потока в них и возбуждению нейронов студенистого вещества спинного мозга. В результате пресинаптического торможения в боковых рогах спинного мозга уменьшается выделение субстанции Р, и снижается вероятность передачи импульсов с афферентных проводников болевой чувствительности на нейроны ретикулярной формации и супраспинальных структур.

Второй способ достичь обезболивающего эффекта – это активация собственной противоболевой системы организма. Так при низкочастотной ЧЭНС в организме происходит выработка эндорфинов, которые оказывают мощный анальгетический эффект, а возбуждение интернейронов задних рогов спинного мозга приводит к выделению в них опиоидных пептидов. Низкочастотные импульсы блокируют проводимость ноцицептивных нервных волокон. Импульсы малой длительности приводят к усилению локального кровотока, активируются местные обменные процессы и защитные свойства тканей, интенсифицируются процессы утилизации аллогенных веществ и медиаторов воспаления (брадикинин, ацетилхолин, гистамин и пр.). Данный метод весьма эффективен при лечении синдрома болевой дисфункции ВНЧС, нормализует функциональное состояние мышц при поражении их ТТ и обладает обезболивающим эффектом. Преимущество ЧЭНС в сравнении с другими методами в том, что он безопасен в отношении возникновения аллергических реакций. Очень важно, что пациенты самостоятельно могут проводить электростимуляцию. У пациентов не возникает эмоционального напряжения и страх, какие он испытывает перед введением анестетиков в область жевательных мышц, особенно в латеральную крыловидную мышцу.

В зависимости от размещения электродов различают периферическую и сегментарную электростимуляцию. При периферической ЧЭНС воздействуют на биологически активные ТТ, точки акупунктуры и зоны локальной болезненности. По месту расположения электродов стимуляцию подразделяют на гомолатеральную, когда электроды располагаются на стороне поражения, контралатеральную и билатеральную. В зависимости от частоты следования импульсов принято различать низкочастотную или акупунктурноподобную (1-10Гц) и высокочастотную (50-100Гц) электростимуляции.

ЧЭНС направлена на блокировку боли периферического нейрона проводящего пути не зависимо от ее этиологии и патогенеза путем снижения возбудимости нервных волокон, которые чрезвычайно чувствительны к механическим, термическим стимулам и к действиям физиологически активных веществ.

Для проведения ЧЭНС в клиниках ортопедической стоматологии используют электростимуляторы «Электроника ЭПБ-50-01», «Электроника ЧЭНС», «Дельта 101», «Дельта 102», «Элиман 206», «Бион 01», «Tens Med-911» (фирмы ENRAF-NONIUS0) и т.д. Нами для купирования болевого синдрома ВНЧС использовались портативные электронейростимуляторы «Электроника ЭПБ-50-01» и «Tens Med 911», которые предназначены для обслуживания одного пациента. «Электроника ЭПБ-50-01» вырабатывает на выходе биполярные несимметричные импульсы тока, работая от батарей «Крона-ВЦ», «Корунд» или трех элементов 316, А316. Преимущество данного аппарата заключается в том, что он портативен и может применяться пациентом самостоятельно после непродолжительного объяснения врачом правил пользования.

Методики воздействия ЧЭНС на ВНЧС и мышцы.

При купировании болевых ощущений у пациентов с дисфункцией ВНЧС мы применяли несколько методик.

Методика первая. Пассивный (красный) стандартный электрод накладывали на кожные покровы кпереди от козелка уха, ниже скуловой дуги и фиксировали лейкопластырем, модифицированный нами активный (белый) электрод вводили в наружный слуховой проход на стороне поражения. Перед фиксацией электродов кожные покровы лица в области, где должен располагаться пассивный электрод, и наружного слухового прохода обрабатывали спиртом, на электроды наносили слой токопроводящей пасты. После фиксации электроды подключали к аппарату, регулятор «f» устанавливали в положение «10», регулятор «L» устанавливали в положение «0». Поворотом регулятора «А» по часовой стрелке включали стимулятор, медленно вращая регулятор «А», добивались ощущения у больного болевой стимуляции под электродами.

Установленный режим электровоздействия выдерживали в течение 25 минут, после чего регулятор «f» плавно устанавливали в положение «0» и стимуляцию продолжали еще в течение 10-15 минут. Для стимуляции применяли электрические биполярные импульсы прямоугольной формы, длительностью 50-150 мксек и частотой 6-10 Гц. Сила тока составляла до 60 мА, оптимальный режим воздействия подбирали индивидуально, в зависимости от чувствительности кожи пациента к воздействию электрического тока. Уменьшение болевых симптомов больные отмечали через 20-25 минут после начала стимуляции, если этого не происходило, то изменяли полярность электродов, Обезболивающий эффект длился в течение 4-5 часов. Назначили пациенту проведение электростимуляции в домашних условиях три раза в день или по мере возникновения острых болевых приступов.

Методика вторая. Активный (белый) электрод накладывали на кожу в месте проекции пораженного ВНЧС, специально подготовленный и закрепленный на пластмассовом держателе, пассивный (красный) электрод при полуоткрытом рте укладывали в области ретромолярного треугольника. Стимуляцию осуществляли через 2-4 сек, время стимуляции 5-7 мин, курс лечения до 10 процедур. Обезболивающий эффект зависел от местоположения электродов, продолжительности воздействия и интенсивности стимула. Критериями эффективности лечения явилось полное исчезновение болевых симптомов в ВНЧС, повышение порога болевой чувствительности, нормализация функции жевания, увеличение степени открывания рта и т.п. По нашим данным адекватная анестезия методом ЧЭНС достигается в 90,3% наблюдений. Данный метод обезболивания достаточно эффективен и прост в применении, что позволяет больным использовать его в домашних условиях. Повторный курс процедур проводился через 8-9 месяцев

Для закрепления результатов электронейростимуляции пациентов обучали приемам миогимнастики, которую они проводили в домашних условиях.

Методика третья. Стандартные электроды фиксировали: белый (активный)– кпереди от козелка уха на стороне боли, красный (пассивный) на кожные покровы в проекции прикрепления жевательной мышцы. Стимуляцию проводили по одной из стандартных методик.

Как правило, первые 2-3 сеанса проводили короче по времени и по параметрам стимуляции (релаксирующий режим) для снятия напряжения в мышцах, а затем по стандартным параметрам для купирования боли (лечебный режим).

Бердешева Г.А.[1], Молдашев Ж.А.[2], Койшыгулова Г.У.[3], Тулебаев Д.К.[4], Сраж Б.Б.[5]

к.м.н., доцент[1], к.м.н, доцент[2], магистр экологии[3],
Западно-Казахстанский государственный медицинский университет
им. Марата Оспанова, кафедра общей гигиены и экологии

НЕКОТОРЫЕ ПРЕДЛОЖЕНИЯ ПО УМЕНЬШЕНИЮ ОТРИЦАТЕЛЬНОГО ВЛИЯНИЯ ОКРУЖАЮЩЕЙ СРЕДЫ НА ЗДОРОВЬЕ НАСЕЛЕНИЯ

На современном этапе развития общества все большее значение приобретают вопросы охраны окружающей среды и состояния здоровья населения [2,123]. Основная цель природоохранной деятельности Республики Казахстан состоит в установлении и сохранении постоянной динамической гармонии между развивающимся обществом и окружающей средой, служащей ему одновременно и сферой источника жизни.

В этом аспекте охрана окружающей среды может быть представлена как комплекс мероприятий, направленных на дальнейшее повышение благосостояния и улучшения здоровья населения посредством более рационального и комплексного использования природных ресурсов, обеспечения качественного разнообразия и достаточности продуктов сельского хозяйства, всей флоры и фауны, повышения уровня жизни населения путем воспроизводства природных условий [5,62]. Другими словами, цели охраны окружающей среды совпадают с целями народно-хозяйственного развития, исходя из более общей предпосылки – развитие человека и природы должны быть неразрывным, единым процессом, внутренне взаимосвязанным и гармоничным.

Анализ литературы показывает, что результаты исследований, полученные с помощью санитарно-гигиенических, математических и компьютерных методов свидетельствуют о неблагоприятном влиянии факторов окружающей среды на состояние здоровья [3,23]. Отмечены качественные изменения атмосферного воздуха, почвы и воды, повышенные некоторые показатели заболеваемости по отдельным показателям нозологических форм. На основании этих данных необходима разработка региональных планов мероприятий по охране состояния окружающей среды и здоровья населения, включающих организационные вопросы, мероприятия по уменьшению влияния загрязнения окружающей среды на здоровье населения и по улучшению состояния здоровья. Предлагаемые мероприятия взаимодополняют друг друга и, в совокупности, помогут значительно улучшить состояние окружающей среды и показатели здоровья.

Для решения проблем охраны среды и здоровья населения возможно создание Координационных Советов регионального характера. Основной задачей такого Совета будет являться – координация деятельности предприятий и организаций различных Министерств и ведомств расположенных в регионе; подготовка и разработка предложений по комплексному решению вопросов, связанных с рациональным использованием ресурсов природы и охраны окружающей среды. Совет должен иметь единый перспективный план по охране окружающей среды и здоровья населения.

Совет должен иметь возможность создавать Фонды по охране окружающей среды и здоровья населения, куда могут поступать отчисления промышленных и коммерческих организаций, физических и юридических лиц. Фонды будут способствовать концентрации и целевому использованию средств на развитие деятельности по охране среды и рациональному использованию природных ресурсов.

Для решения задач, направленных на уменьшение влияния техногенных и антропогенных факторов, в целях сохранения и укрепления здоровья населения в регионах, необходим комплексный подход, включающий мероприятия по сохранению и укреплению здоровья населения, а также по снижению его заболеваемости.

Мероприятия, направленные на сохранение и укрепление здоровья населения и в первую очередь, детского, подразумевают строительство домов и баз отдыха, санаториев и профилакториев, детских лагерей; реконструкцию и содержание плавательных бассейнов, спортивно-оздоровительных учреждений [4,79].

Таким образом, предлагаемые мероприятия представляют собой относительно целостную систему контроля за состоянием здоровья и окружающей среды и отличаются эффективностью и достаточностью. Однако, при проведении оздоровительных мероприятий необходимо учитывать обстановку конкретного региона.

Литература:

1. Бердешева Г.А., Молдашев Ж.А., Койшыгулова Г.У., Бесимбаева Ж.Б. Некоторые проблемы гигиены детей и подростков в современных условиях., А., 2014. – с. 104-106
2. Сидоренко Г.И., Можаев Е.А Санитарное состояние окружающей среды и здоровья населения. М., 1987. – с.123
3. Молдашев Ж.А. Гигиеническая оценка и прогноз здоровья детей в районах размещения хромперерабатывающего производства: Автореф. дисс. канд. мед. наук. -М., 1989. - с.23
4. Бердешева Г.А. «Гигиеническая оценка профессиональных рисков влияющих на состояние здоровье рабочих различных профессионально-производственных групп», Караганда, 2010.-с.79.
5. Каримов Т.К., Молдашев Ж.А., Засорин Б.В., Жумангарин М.А. О региональных особенностях влияния факторов окружающей среды на здоровье населения// Гигиена и санитария, 1991. – №11. – с.62-64

Buryanov O.A., Tsygankov M.A.
National Medical University O.O. Bogomolets, Kyiv

CONSERVATIVE AND SURGICAL TREATMENT OF METACARPAL BONES FRACTURES

This paper is the result of a retrospective comparative analysis of conservative treatment of patients with metacarpals fractures with functional bandages and plaster cast latching fingers. Also, surgical treatment, using osteosynthesis with titanium miniplates. 70 patients who were treated conservatively, were divided into two homogeneous groups: 35 people - "functional" bandage, 35 - a long plaster splint. All patients achieved metacarpal bones fracture healing, but functional results were different. The results were evaluated by subjective and objective indicators. All patient treated conservatively, was held ultrasonography of the metacarpophalangeal joints to visualize changes in palmar structures of the capsule, as the cause of contracture in these joints. The features of conservative and operative treatment of metacarpal bones fractures revealed the advantages and disadvantages of each method.

Closed metacarpal bones fractures are from 33% to 48% of the total number of hand bones fractures, which is about 6% of all skeleton bones fractures [1,156; 3,3]. Most patients - working-age population and the problem of full recovery of hand function in the shortest possible time - is particularly relevant. Practically several methods of conservative and operative treatment of metacarpals fractures applyes, but the number of complications and unsatisfactorty outcomes, according to the literature is up to 20%. The most common are stiffness in metacarpophalangeal joints, the rotation of the metacarpal head and as a consequence - the curvature of the finger axis, the finger extensor tendon unit at the fracture site [4,114].

Objective: To analyze the results of conservative and surgical treatment of patients with metacarpal bones fractures.

Materials and methods: We examined 35 patients (28 men, 7 women) with fractures of the middle third and the neck of 2 - 5 metacarpals, patient age - from 20 to 60 years who were treated conservatively in the "functional" bandage, with the possibility of movements in the metacarpophalangeal joints, and 35 patients (30 men, 5 women) who were treated conservatively with a plaster splint with locking fingers in extension in the MP, PIP and DIP joints. 70 patients - operated because of metacarpal bones fractures. The indications for surgery were: unstable fractures of the metacarpals unexposed closed reduction, multisplintered fractures with the possibility of soft tissue interposition, diaphyseal fractures with an angular displacement of fragments (more than 10 deg. 1-3 metacarpals, and more than 20 deg. - for 4th and 5th metacarpal bones), fractures of the head of metacarpal bone, fractures 2 or more metacarpal bones, shortening of metacarpal and rotational displacement. Osteosynthesis of metacarpal fractures made by titanium miniplates with screws thickness - 1.7 mm. The first few days after surgery patients were allowed movement in the metacarpophalangeal joints. According to biomechanical studies, the synthesis of the metacarpal bones using titanium miniplates, provides the necessary stability of the fracture and properly captures the bone fragments. All examined patients had significant impairment of hand function and pain after a fracture. Evaluation of hand function was performed by visual analog scale and the DASH AAHS, before and after treatment. Also, after conservative treatment ultrasonography of the metacarpophalangeal joints, was performed after immobilization.

The results of treatment were evaluated and compared using rating scales DASH and AAHS before and after treatment, reflecting the degree of patient satisfaction and objective measures of hand function. X-ray diffraction study was carried out by the standard method to determine the secondary displacement of fragments, fracture consolidation. All patients achieved fusion. Also used ultrasonographic examination of patients who were treated conservatively, after removal of the bandage and 14 days after the start of active movements in the metacarpophalangeal joints. Studies of the metacarpophalangeal joints was conducted from the back and the palmar surface of the joint, for the 2nd and 5th - with the lateral surface. Evaluation criteria in ultrasonographic examination were: 1) swelling of the volar plate of MP joint, 2) seal the palmar plate, 3) impaction compacted volar plate between the articular surfaces in flexion in the MP joint. Such changes in the MP joint may lead to contraction therein.

Comparison of surgical and conservative treatment of metacarpals fractures

	Miniplate osteosynthesis	"Functional" cast	"Long" plaster splint
Pain after surgery/ reposition	+ (7-8 points)	+ (6-7 points)	+ (6-7 points)
Stability of bone fragments fixation	+	+/-	+/-
The need to control x-ray	-	+ (in 7 days)	+ (in 7 days)
Swelling of fingers, hands	3-4 days	7-10 days	7-10 days
Болевой синдром через 14 дней	-	+/- (15 from 35 patients)	+/- (18 from 35 patients)
Движения в ПФ суставах	+	+	-
Вторичное	-	+ (3 patients)	+ (8 patients)

смещение отломков			
Stiffness in MP joint in 4 weeks	-	-	+ (22 patients)

Operative treatment of metacarpal bone fractures allows you sharp reposition, clear and stable fragments fixation. In the presence of soft tissue interposition between the fragments, the operative treatment eliminates interposition and, if necessary, to mobilize the surrounding soft tissue. Synthesis of fracture of titanium miniplates provides a stable rigid fixation of bone fragments, allowing the further conduct of such patients without immobilization and early rehabilitation in the early postoperative period. All 70 patients subject to surgery, were treated without immobilization and started the movement of fingers in the first days after surgery, thus avoiding the formation of contractures in the MP joint and scar tissue blocks extensor tendons of fingers.

Conclusions:

• Open reduction and osteosynthesis with miniplates - the best method of treatment of unstable multisplintered metacarpal fractures, shaft fractures, spiral fractures, comminuted fractures of the neck and head of the metacarpal bones. Allows stable fragments fixation, restoring the axis and the length of the bone.

• Stable osteosynthesis allows early locomotor activity in the metacarpophalangeal joints, as a way to prevent contractures.

• Surgical treatment of fractures of the metacarpal bones has a lot of advantages compared to the conservative, but there are drawbacks, mainly related to typical complications of surgical treatment.

• The type of the immobilization ib conservative treatment of metacarpals fractures is essential for restoration of hand function. Application of the functional bandage allows to achieve stable fixation of fragments metacarpal bone, while not restricting the movement of the metacarpophalangeal joint.

Literature:

1. Клюквин И., Мигулева И., Охотский В./ Травмы кисти/ ГЭОТАР-Медиа: 192 С. ИЛ., ISBN - 978-5-9704-2808-5,2009
2. Куринной И.Н./ Особливості патогенетичних механізмів формування стійких згинальних контрактур пальців кисті у хворих з наслідками поєднаної травми кисті та передпліччя/ Курінний І.М., Страфун С.С., Гайович В.В.// Ортопедия травматология и протезирование №4 2000.- с.29-35.

3. Лыба Р.М. Повреждения пястных костей кисти — ошибки и осложнения на этапах лечения / Р.М. Лыба, И. Абашина // Актуальные вопросы травматологии и ортопедии. — Екатеринбург, 1997. — С. 114115.
4. Семилетов, Геннадий Анатольевич /Консервативное лечение свежих закрытых переломов II - V пястных костей короткой пястной повязкой/ автореферат 2005
5. Harris AR, Beckenbaugh RD, Nettrour JF, Rizzo M. Metacarpal neck fractures: results of treatment with traction reduction and cast immobilization. *Hand (N Y)*. Jun 2009;4(2):161-4
6. Prevel CD[1], Eppley BL, Jackson JR, Moore K, McCarty M, Sood R, Mini and micro plating of phalangeal and metacarpal fractures: a biomechanical study. //J Hand Surg Am. - 1995 Jan. - №20(1). – P.44
7. Souer JS, Mudgal CS. Plate fixation in closed ipsilateral multiple metacarpal fractures. // *J Hand Surg Eur Vol*. - Dec 2008. - №33(6). – P.740

Педагогические науки

Шалгин А.Н.
кандидат педагогических наук, доцент,
ФГБОУ ВПО «Марийский государственный университет»,
г. Йошкар-Ола
e-mail: ksd@marsu.ru

МОДЕЛИРОВАНИЕ ИНДИВИДУАЛЬНЫХ ДОСТИЖЕНИЙ ОДАРЕННЫХ ДЕТЕЙ ДЛЯ УЧАСТИЯ НА ВСЕРОССИЙСКИХ ОЛИМПИАДАХ ШКОЛЬНИКОВ ПО ФИЗИЧЕСКОЙ КУЛЬТУРЕ

Предметные олимпиады являются уникальным явлением и имеют многолетнюю историю и традиции. В 1999-2000 учебном году Министерство образования РФ впервые включило физическую культуру в перечень учебных предметов, по которым проводятся Всероссийские олимпиады школьников. Статья 77 закона об образовании регламентирует организацию получения образования лицами, проявившими выдающиеся способности.

В 2001 году была проведена первая Республиканская олимпиада школьников по физической культуре на базе факультета физической культуры.

С 2006 года учащиеся школ Республики Марий Эл успешно выступают на Всероссийских олимпиадах по предмету физическая культура. Наши ребята Павел Шубин, Ольга Душутина, Лена Антипова, Айвика Маланова, Степан Малов за эти годы добились отличных результатов и учатся теперь в вузах по профилю специальности. Наибольшего успеха добились ребята в 2011 году. Победителями стали: Иван Сизоненко, Елена Полушина, Наталья Иванова, призерами: Анатолий Ситников, Дарья Шамова, Евгения Смородинова. В 2012 году победили на Всероссийской олимпиаде Дарья Шамова и Елена Полушина, а Михаил Раздорский стал призером [3,12]. 2013 году Д. Шамова стала победителем на Всероссийской олимпиаде школьников [1,2]. В г. Якутске 2014 году Илья Щербаков и Татьяна Пакеева стали призерами Всероссийской олимпиады школьников по физической культуре от республики Марий Эл.

Сложившаяся в республике система подготовки позволила многим учащимся достичь высоких личных результатов и определиться с будущей профессией.

В 2007 и 2008 годах был дан старт Республиканским школьным олимпиадам по предмету «Физическая культура» среди учащихся 4-7 классов. Перед организаторами и учащимися были поставлены задачи: выявление двигательно-одаренных детей и организация системы их этапной подготовки к всероссийской олимпиаде; повышение престижности предмета физическая культура в школе, реализация культурологических и оздоровительных ценностей для личности школьника; пропаганда здорового образа жизни.

Теоретические и практические задания с каждым годом усложняются, что выявляет недостаточность подготовки учеников в школах особенно по основам знаний в области физической культуры. Это подтверждает сделанный нами анализ.

Анализируя результаты прошедших олимпиад, для дальнейшего совершенствования целенаправленной подготовки школьников, мы использовали широко применяемый в спорте метод модельных характеристик и десяти модульную авторскую технологию.

Метод модельных характеристик как метод планирования используется в теории и практике спортивной тренировки, где планирование осуществляется от конечной цели, от показателей высшего мастерства. Исходным звеном для достижения рационального содержания тренировочного процесса является уровень прогнозируемой цели по годам обучения, который выражается в результатах. Важным становится динамика результатов с учетом, как возрастных особенностей, так и уровня достижений [2,281].

Модельные характеристики выполнения олимпиадных заданий девочками 6-7 классов

Челночный бег 3х20   13,0 – 13,1 с
Бег 500 м   1.43 - 1.44
Баскетбол (комбинационное упражнение) 31,87 без штрафа или со штрафным временем 1,00 с.
Гимнастика 15,0 – 12,0 баллов
Волейбол: Подачи по зонам с результатом 5,4,4; Передачи 3,3,3;общий результат 22 – 16
Теория: 22 правильных ответов из 30.

Модельные характеристики выполнения олимпиадных заданий юношами 6-7 классов

Челночный бег 3х20   12,6 – 12,7 с
Бег 500 м   1.36 - 1.37
Баскетбол (комбинационное упражнение) 24,18 без штрафа или со штрафным временем 1,00 с.
Гимнастика 8,6 – 7,0 баллов
Футбол: 11,05 – 11,5 с
Теория: 23 правильных ответов из 30.

Проведение олимпиад для начального и среднего уровня обучающихся позволило создать преемственность подготовки. Так, Дарья Шамова, гимназия №4 им. А.С. Пушкина с 4-го класса участвует и побеждает в школьных олимпиадах разных уровней [3,12]. В 2007 году 12 место на Республиканской предметной олимпиаде, а последние три года она в лидерах Всероссийского заключительного этапа. И в 2013 году Д. Шамова стала победителем на Всероссийской олимпиаде школьников.

По итогам Республиканских олимпиад вот уже несколько лет формируется сборная команда республики, и проводятся тренировочные сборы.

Реализация десяти модульной авторской технологии подготовки школьников организуется по индивидуальной схеме компоновки модулей обучения, в которую входят: шесть модулей теоретико-методических знаний и четыре модуля спортивных дисциплин[4,453].

Модуль: культурно-исторические основы физической культуры;
Модуль: основные понятия физической культуры;
Модуль: основы развития физических качеств;
Модуль: методические основы;
Модуль: медико-биологические основы;
Модуль: правила соревнований;
Модуль: легкая атлетика;
Модуль: гимнастика;
Модуль: плавание;
Модуль: спортивные игры.

Резюмируя выше изложенное необходимо уточнить, что моделирование индивидуальных достижений одаренных школьников включает:
- организацию системы отбора одаренных школьников;
- организацию учебно-тренировочной работы с использованием метода модельных характеристик и десяти модульной авторской технологии.

Литература

1. Всероссийская олимпиада школьников по физической культуре. Саранск – 13 [Электронный ресурс] – Режим доступа: http://fkolimp.edurm.ru. свободный. – Загл. с экрана.
2. Матвеев, Л.П. Общая теория спорта и ее прикладные аспекты./ Л.П. Матвеев, 4-е изд.- СПб.: Изд. «Лань», 2005.- С.281-326.
3. Чесноков, Н.Н. XIII Всероссийская олимпиада школьников по учебному предмету «Физическая культура». Теоретико-методические задания / Н.Н. Чесноков, В.Ф. Балашова // Физическая культура в школе. – 2013. – № 2. – С. 11-16.
4. Шалгин, А.Н. Педагогические условия подготовки одаренных детей для участия на Всероссийских олимпиадах школьников по физической культуре// Теория, методология и концепции модернизации в экономике, управление проектами, политологии, педагогике, психологии, праве, природопользовании, медицине, философии, филологии, социологии, математике, технике, физике // Сбор. науч. статей Международной науч.-практ. конф. 26-27 09. 2013.- СПб.: Изд-во КультИнформПресс, 2013.- С.451-453

Коряковцева О.А.
доктор политических наук, доцент, профессор кафедры теории и методики профессионального образования, декан факультета дополнительного профессионального образования,
ФГБОУ ВПО «Ярославский государственный педагогический университет им. К.Д. Ушинского»,
Бугайчук Т.В.
кандидат психологических наук, доцент кафедры теории и методики профессионального образования, ФГБОУ ВПО «Ярославский государственный педагогический университет им. К.Д. Ушинского»

ГРАЖДАНСКАЯ ИДЕНТИЧНОСТЬ СТУДЕНТОВ ГЛАЗАМИ ПРЕПОДАВАТЕЛЕЙ ВУЗА

Преподаватель – один из главных субъектов воспитательного процесса в высшем профессиональном образовании. Значимая роль в процессе формирования гражданской идентичности студентов принадлежит именно преподавателю. В большой степени от него зависит, насколько грамотно и верно будет организован этот процесс.

Актуальность проблемы формирования гражданской идентичности обусловлена как необходимостью построения гражданского общества, так и особенностями образовательной социально-педагогической ситуации, характеризующейся изменением контингента учащихся и студентов в сторону поликультурного состава. Формирование гражданской идентичности призвано обеспечить интеграцию, единство и целостность самосознания личности как гражданина поликультурного общества на основе присвоения системы общечеловеческих нравственных представлений, свободу его самовыражения на основе учета многообразия социальных установок, норм и ценностей.

Итак, что же такое гражданская идентичность?

Гражданскую идентичность целесообразно рассматривать как осознанный процесс соотнесенности или тождественности человека с определенной государственной общностью в конкретном социально-политическом контексте. В настоящее время гражданская идентичность справедливо рассматривается в науке в первую очередь как фактор консолидации вокруг интересов страны, поэтому степень ее укорененности в сознании и поведении граждан выступает как залог политической и духовной консолидации, а также - модернизации общества и государства.

Вот почему важно способствовать решению проблемы развития гражданской идентичности, в том числе, у наиболее образованной и продвинутой части молодежи – студенчества, выявлять эффективные технологии формирования гражданственности в образовательном пространстве вуза, повышать профессиональную компетенцию преподавателей высшей школы в данной сфере.

Рассматривая представления современного преподавателя о гражданской идентичности студентов с помощью психосемантического метода, важно отметить, что соотношение представлений преподавателя о себе как гражданине и о гражданине – студенте неоднозначно. Преподаватель по уровню развития почти всех гражданских качеств ставит студента ниже себя, лишь два качества: «готовность участвовать в общественно-политической жизни страны» и «желание участвовать в общественно-политической жизни страны», - в представлениях преподавателя у них практически совпадают (Рис.1).

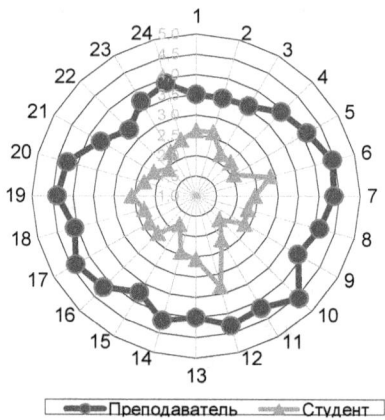

Рис.1 Соотношение представлений преподавателей вуза о себе как гражданине и студенте-гражданине

Продолжая анализ представлений преподавателя вуза о современной молодежи, считаем важным отметить, что педагог не видит перспектив развития качеств современной молодежи в аспекте гражданственности. Современный студент, по мнению преподавателя, по своим гражданским качествам практически соответствует как уровню молодежи сейчас, так и через 10 лет (Рис.2). Таким образом, преподаватель не видит перспектив развития студента как гражданина даже через 10 лет. Мы можем предположить, что такие результаты исследования связаны с завышением преподавателем своих гражданских качеств и с занижением качеств студента.

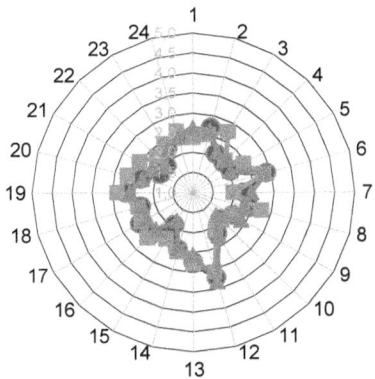

Рис.2 Соотношение представлений преподавателей вуза о молодежи сейчас, молодежи через 10 лет и студенте.

Здесь мы сталкиваемся с неким противоречием: обучающие студенчество не уверены в своей собственной профессионально-педагогической компетентности в сфере формирования гражданской идентичности молодежи, в том числе и в силе личного примера в образе почти идеального Гражданина, каким почти каждый преподаватель себя представляет.

Таким образом, следует говорить о необходимости организации целенаправленного развитием гражданской идентичности молодежи посредством учебно-воспитательного процесса в вузе, организации мощного педагогического и гражданского воздействия на субъектизацию личности. Очевидно, что основная цель современной системы повышения квалификации педагогических работников – это развитие психолого-педагогической готовности преподавателей вуза к формированию гражданской идентичности студентов.

Литература:

1. Бугайчук Т.В., Тарханова И.Ю. Роль образования в формировании гражданина // Современные проблемы науки и образования. – 2014. – № 3. URL: www.science-education.ru/117-13320 (дата обращения: 2.06.2014).

2. Коряковцева О.А., Бугайчук Т.В. Гражданская идентичность современной молодежи Ярославской области Ярославский педагогический вестник – 2013 – № 4 – Том I (Гуманитарные науки) С.143-149

3. Коряковцева, О.А. Общественно-политическая активность молодежи: сущность, технологии и опыт компаративного анализа [Текст] / О.А. Коряковцева. Ярославль: ЯГПУ, 2008. –188 с.

4. Сковиков А.К. Формирование гражданского общества: мировая практика и российская действительность // Современные проблемы науки и образования. 2012. №6; [Режим доступа] URL: http://www.science-education.ru/106-8090 (дата обращения: 10.03.2013).

Цугкиева В.Б - д.с.-х. наук, профессор
Тохтиева Л.Х. – к.б.н., доцент
Кияшкина Л.А. – к.б.н., доцент
Горский Государственный Аграрный Университет,
г. Владикавказ

СПОСОБЫ ПОВЫШЕНИЯ ПОСЕВНЫХ КАЧЕСТВ СЕМЯН ОЗИМОЙ ПШЕНИЦЫ

По данным экспертов ООН за последнее тысячелетие население Земли возросло в 18 раз. И если для первого удвоения его численности в этот период потребовалось 600 лет, то для второго - 230, а для последнего - менее 38 лет. В XXI век земляне вступили с численностью населения 6 млрд. человек. При таком быстром росте народонаселения его потребности стали существенно опережать производство сельскохозяйственной продукции. Особенно резко этот разрыв отмечается в развивающихся странах, где проживает две трети населения Земли, а сельскохозяйственной продукции производится только 38%. В таких условиях стала очевидной срочная необходимость повышения продуктивности растений и снижения затрат искусственной энергии на производство единицы продукции. В середине XX столетия мировое сообщество предприняло энергичные меры в этом направлении. Комплекс мероприятий, осуществленный с целью резкого увеличения производства сельскохозяйственной продукции, и, прежде всего зерна, дал весьма положительные результаты, что позволило на время снять угрозу расширения зоны голода. Урожайность зерновых культур варьирует по регионам мира. Более высокой продуктивностью отличаются страны Западной Европы, США и Китая, где этот показатель превышает 4,0 т/га. Контрастно выглядит урожайность зернового поля в России и Казахстане, где она соответственно составляет 2,0 и 1,0 т/га. Это свидетельствует о потенциале дальнейшего увеличения производства зерна за счет активной интенсификации зернового хозяйства в регионах с низким уровнем урожайности зерновых культур [1].

Фитосанитарное состояние посевов зерновых культур в Российской Федерации в настоящее время в значительной степени зависит от параметров применяемых технологий их возделывания. С учетом современного невысокого уровня состояния сельскохозяйственного производства контроль за качеством семян зерновых культур представляет собой важную задачу в деле эффективного повышения его производительности. При этом важно определить факторы современного влияния на улучшение фитосанитарного состояния посевов зерновых культур при высоких требованиях к их продуктивности и наименьших экономических затратах.

Полив семян шунгитовой водой способен ускорить их прорастание, рост и развитие. Внесение 10 гр. на 1 м² почвы способно обеспечить растения многими минеральными элементами питания [2].

Мы провели опыты по определению всхожести семян по следующей схеме:
1. Контроль (водопроводная вода)
2. Шунгит (вода, обработанная шунгитом).

Отсчитали 100 семян озимой пшеницы, разложили их на мокрой фильтровальной бумаге, в ванночках с водопроводной водой и водой, обработанной шунгитом. Через 3 дня и через 7 дней подсчитали число проросших семян. Первый учет показал, насколько дружно прорастают семена, второй – какова их окончательная всхожесть. Всхожесть оценивали в процентах, подсчитывая число проросших семян из 100 посеянных.

Шунгит – чёрный камень, похожий на каменный уголь. Он представляет собой уникальное природное образование промежуточный продукт между аморфным углеродом и графитом.

Шунгит обладает адсорбционной активностью (способностью поглощать вещества из окружающей среды), бактерицидностью, высоким уровнем способности соединяться с любыми веществами, радиоэкранирующими свойствами [3]. Минерал шунгит на 93-98% состоит из углерода, 3-4% в составе шунгита занимают соединения водорода, кислорода, азота, серы и воды. В очень незначительных количествах могут присутствовать примеси ванадия, молибдена, никеля, вольфрама и селена.

Рис. 1. Шунгит.

Готовится шунгитная вода следующим способом: для этого камешки шунгита в количестве 100 г нужно предварительно промыть холодной водой, затем высыпают в 3-литровую стеклянную банку или в эмалированную посуду, после чего заливают водопроводную воду в количестве 3 л. Настаивать воду на шунгите следует в течение 2 суток. Затем ее нужно аккуратно (без взбалтывания) слить в расходную емкость для использования, оставляя на дне слой воды объемом 0,5 л. Вода в этом слое содержит загрязняющие примеси, поэтому ее следует профильтровать через несколько слоев марли и также использовать.

Для определения посевных качеств брали сорта: Батько, Зимородок и Руфа.

Исходные показатели качества нами определены для сортов, которые используются для выявления влияния шунгита на посевных качеств, и представлены в таблице.

Таблица 1. -Показатели качества зерна озимой пшеницы.

Сорт	Масса 1000 зерен, г	Натурная масса, г/л	Общая стекловидность, %
Батько	34,5	756	61
Зимородок	41,2	778	71
Руфа	43,8	806	75

Следует отметить, что взятые для исследований образцы озимой пшеницы сортов Батько, Зимородок и Руфа отличаются высокими показателями качества. Среди опытных сортов выделяется сорт Руфа, который превышает сорт Батько по массе 1000 зерен на 9,3 г, а сорт Зимородок – на 2,6 г. Соответственно выше и натурная масса, составляя 806 г/л. Существенно выше и стекловидность у сорта Руфа.

Достижение наибольшей урожайности растений определяется потенциальной продуктивностью сорта, качеством семенного материала, агротехникой возделывания растений. Среди этих факторов качество семенного материала играет заметную, а нередко и решающую роль.

Семена зерновых культур характеризуются высокой степенью разнообразия посевных качеств и свойств. Семена разного качества появляются из-за различного состояния зрелости, плотности и размеров семян, продолжительности и периода покоя, которые обусловлены различиями условий формирования семян на материнском растении.

Разработанные и апробированные практикой методы, называемые предпосевной обработкой семян, позволяют улучшить посевные качества семян и, в конечном итоге, увеличить урожайность растений. Предпосевную обработку семян можно считать одним из важнейших приемов агротехники.

Среди способов предпосевной обработки семенного материала в последнее время все более широкое применение получают методы, основанные на использовании различных факторов физической природы.

Разработка новых методов повышения жизнеспособности сельскохозяйственных культур является важнейшей задачей агробиологических наук и сельскохозяйственного производства.

В семенах происходят физико-химические, физиолого-биохимические процессы, морфологические изменения, приводящие к повышению проницаемости семенных покровов, усилению активности гидролитических и окислительно-восстановительных ферментов, ускорению темпа клеточного деления, активизации ростовых процессов в целом.

Предпосевная обработка семян прочно вошла в технологический комплекс выращивания сельскохозяйственных культур, обеспечив повышение их урожайности от 5 до 40 %.

Стимулирующий эффект обработки шунгитом проявляется уже на ранних этапах онтогенеза, когда растение еще питается запасными веществами семени (таблице 2.).

Таблица 2. - Влияние шунгита на энергию прорастания и всхожесть семян озимой пшеницы

Сорт	Энергия прорастания,%		Всхожесть,%	
	Контроль	Шунгит	Контроль	Шунгит
Батько	91,5	93,0	96,0	98,0
Зимородок	94,0	97,5	96,5	99,2
Руфа	95,0	97,2	97,2	100

Анализ представленных в таблице 2 данных показывает, что обработка семян озимой пшеницы шунгитом оказывает существенное влияние на энергию прорастания и всхожесть семян. Эти показатели повышаются при обработке шунгитовой водой, но степень влияния у различных сортов мало отличается, хотя у сорта Руфа всхожесть достигла 100%.

Нами также определено влияние шунгита на эффективность прорастания семян озимой пшеницы, и данные представлены в таблице 3.

Таблица 3. - Влияние шунгита на эффективность прорастания озимой пшеницы

Сорт	Вариант	Длина, см		Сырая масса, г/100шт.		Сухая масса, г/100шт	
		корешка	ростка	корешка	ростка	корешка	ростка
Батько	контроль	11,7	6,9	2,6	3,8	0,7	0,6
	шунгит	13,3	8,4	4,4	4,5	1,0	0,7
Зимородок	контроль	13,0	7,8	3,4	4,7	0,9	0,7
	шунгит	14,3	9,4	5,4	5,8	1,2	0,8
Руфа	контроль	13,7	6,9	3,0	4,2	0,8	0,6
	шунгит	14,5	8,4	5,4	5,5	1,1	0,7

Из представленных в таблице 3 данных видно, что обработка семян озимой пшеницы шунгитом усиливает эффективность прорастания семян: увеличивается длина корешков и ростков, возрастает интенсивность накопления проростками биомассы и массы сухого вещества. Такая закономерность наблюдалась по всем сортам. Однако, у сортов Зимородок и Руфа и корешки, и ростки были более крепкими с большей длиной, что сказалось на накоплении сырой биомассы. Этот показатель составил соответственно в контроле 3,4 г и 3,0 г, а при обработке шунгитом – 5,4 г и 5,4 г. Наиболее длинные и крупные проростки сформировались из зерна, обработанного шунгитом. (Рис. 2)

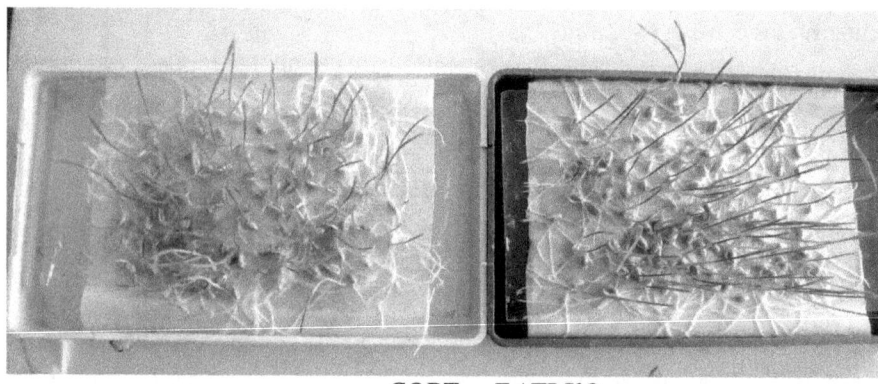

Контроль СОРТ БАТЬКО *Шунгит*

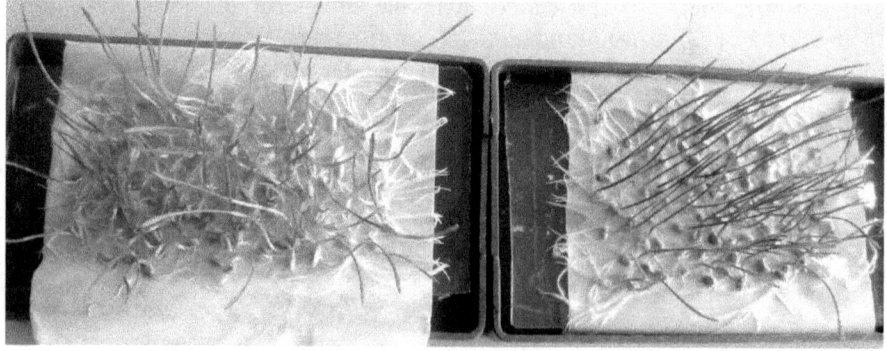

СОРТ ЗИМОРОДОК

Контроль *Шунгит*

Контроль   **СОРТ РУФА**   *Шунгит*

Рисунок 2.

ВЫВОДЫ

1. По массе 1000 зерен, натурной массе и общей стекловидности, лучшим из исследуемых сортов оказался сорт Руфа.

2. Обработка семян озимой пшеницы шунгитом повышает энергию прорастания и всхожесть семян.

3. Обработка семян шунгитом усиливает эффективность прорастания семян и способствует более интенсивному накоплению проростками биомассы.

Литература

1. Алтухов А.И. Развитие зернового хозяйства в России / Алтухов А.И.. – М.: ФГУП «ВО Минсельхоза России», 2006. – 848 с.
2. http://shung.narod.ru/agro.html
3. http://www.o8ode.ru/article/oleg2/ways.htm

Корхова М.М.
аспирант,
Коваленко О.А.
к. с.-х. наук, доцент
Николаевский национальный аграрный университет

СОРТ, КАК СРЕДСТВО ПОВЫШЕНИЯ УРОЖАЙНОСТИ ЗЕРНА ПШЕНИЦЫ ОЗИМОЙ

Вклад сорта в достигнутый за последние 25-30 лет уровень урожайности пшеницы озимой в Украине составляет 45-50%, в странах Западной Европы - 60%, США - 27% [1, 460]. Поэтому, весомым фактором стабилизации и повышения урожайности продовольственного зерна с высокими показателями качества в современных условиях возможно только при внедрении новых высокопродуктивных сортов с широкой агроэкологической пластичностью и повышенными адаптивными свойствами к неблагоприятным и экстремальным условиям среды, важнейшими из которых являются засухо- и жароустойчивость [2, 276].

Исследования проводились в полевых условиях на Новоодесской государственной сортоиспытательной станции Николаевской области на протяжении 2010-2013 гг. по предшественнику черный пар. Срок сева оптимальный для данной зоны - 30 сентября. Норма высева – 5 млн шт./га. Материалом для исследования были пять сортов пшеницы озимой: Подолянка (контроль), Кольчуга, Косовица, Наталка и Благодарка одесская. За контроль был взят сорт Подолянка, поскольку он является национальным стандартом Украины.

В Украине сортоиспытания с последующим внесением в Государственный Реестр сортов растений, в том числе и пшеницы озимой, занимается Государственная система охраны прав на сорта растений. Но, часто трех лет является не достаточно для предоставления полной характеристики сорта. Кроме этого, экспертиза проводится в каждой области, а не в каждой агроклиматическом подзоне. Так, в Николаевской области исследования по пригодности к распространению сортов пшеницы озимой проводится только на Первомайской государственной сортоиспытательной станции, которая находится в зоне Северной Степи.

Многочисленными исследованиями установлено, что в одних и тех же сортов за выращивание их в одной почвенно - климатической зоне, но в разных подзонах и микрозонах, уровень урожайности значительно колебался [3,15]. Поэтому, дополнительное изучение адаптивного потенциала сортов пшеницы озимой в условиях Южной Степи Украины является весьма актуальным.

Погодные условия за годы исследований сложились по-разному. Благоприятным стал 2012/2013 сельскохозяйственный год, а неблагоприятным - сухой 2011/2012. Это позволило в полной мере исследовать реакцию сортов на благоприятные и неблагоприятные явления.

В 2011 году по урожайности выделился сорт Благодарка одесская (4,17 т/га), в 2012 - Наталка (2,81 т / га), а в 2013 году - Косовица (5,89 т/га) (табл.1).

Таблица 1

Урожайность сортов пшеницы озимой, т/га

Сорт	Год			Среднее за три года
	2011	2012	2013	
Подолянка (контроль)	3,48	1,75	5,21	3,48
Кольчуга	3,48	0,00	5,49	2,99
Косовица	3,39	1,84	5,89	3,71
Наталка	3,87	2,81	5,54	4,07
Благодарка одесская	4,17	2,61	5,73	4,17

Наибольший урожай (в среднем за 2011-2013 гг.) собрано по сорту Благодарка одесская - 4,17 т/га, что на 0,69 т/га больше за контроль. Чуть меньшую урожайность в среднем за три года сформировали другие сорта - Наталка (4,07 т/га) и Косовица (3,71 т/га), что на 0,59 и 0,23 т/га соответственно превысили сорт Подолянка.

Но, не все сорта формировали стабильный уровень урожайности в неблагоприятные годы. Так, в 2013 году сорт Кольчуга по урожайности превысил национальный стандарт Подолянка на 0,28 т/га, а в экстремальном 2012 году, из-за неблагоприятных условий в зимне-весенний период, погиб.

Итак, наиболее продуктивным в условиях Южной Степи Украины следует считать сорт пшеницы озимой Благодарка одесская, средняя урожайность которого за годы исследований составляет 4,17 т/га. Наименьшую устойчивость к неблагоприятным условиям зимовки имеет сорт Кольчуга.

Список использованной литературы
1. І. Т. Нетіс. Пшениця озима на півдні України: Монографія. - Херсон: Олдіплюс, 2011. - 460 с.
2. Адаптивний потенціал сортів пшениці м'якої озимої залежно від умов вирощування / В. В. Базалій, О. В. Ларченко, Ю. О. Лавриненко, Г. Г. Базалій. // Фактори експерементальної еволюції організмів. - К. : Логос, 2009. - Т. 6. - С. 272-276.
3. Еколого-адаптивний підхід до реалізації потенціалу продуктивності пшениці м'якої озимої. / [П.М.Василюк, Л.І.Улич, М.М. Корхова, Ю.Ф.Терещенко]. – Зб. наук. праць Уманського НУС. – Умань. – 2012. – Ч. 1. (Агрономія), Випуск 80. – с. 15-21.

к.б.н. **Шерудило Е.Г.**, к.б.н. **Матвеева Е.М.**, к.б.н. **Лаврова В.В.**
Федеральное государственное бюджетное учреждение науки Институт биологии Карельского научного центра Российской академии наук (ИБ КарНЦ РАН), sherudil@krc.karelia.ru

СОВРЕМЕННАЯ ТЕХНОЛОГИЯ ПОВЫШЕНИЯ ПРОДУКТИВНОСТИ И ЗАЩИТЫ РАСТЕНИЙ

Повышение урожая в районах с неблагоприятными условиями среды (резкие суточные колебания температур и инфицированность почвы почвообитающими патогенами) возможно с применением технологии выращивания овощных культур, основанной на низкотемпературной предобработке посадочного материала (семена, клубни, рассада).

Предлагаемая технология включает предпосадочное выдерживание посевного материала при низких температурах 2 ч в течение 4–6 дней и базируется на ДРОП–эффекте (от англ. drop–падение) – действии на растения кратковременных повторяющихся в суточном цикле закаливающих температур [1,4]. При этом индуцируется не только рост холодоустойчивости растений, длительное время сохраняющийся в последействии, но и устойчивость к комплексу стресс–факторов, в частности, к картофельной цистообразующей нематоде [1, 36].

ДРОП–обработку проводили на семенах (морковь), клубнях (картофель) и рассаде (свекла, капуста), анализируя в полевых экспериментах рост, развитие и продуктивность растений, их устойчивость к низкой температуре [2, 222] и фитопаразитической нематоде.

Учитывая, что эффективность ДРОП–обработки зависит от ряда параметров, были подобраны основные параметры для каждой культуры:
- <u>величина</u> кратковременно действующей температуры, обусловленная ее закаливающим эффектом [1,7]. Для капусты и картофеля использовали температуру 5°С из области низких закаливающих температур [3, 24]. Для моркови и свеклы была выбрана температура 10°С, исходя из биологических характеристик культур;
- <u>длительность</u> ДРОП-обработки определялась по литературе, согласно которой 2-х ч действие максимально повышает холодоустойчивость [1,7];
- <u>продолжительность</u> применения ДРОП–обработки определяли, основываясь на динамике холодоустойчивости растений этих в условиях с достижением максимума на 5 сутки [1, 26], что позволило ограничить ДРОП–обработку 4–6 сутками;
- <u>период действия в сутках</u> определяли, исходя из биологического эффекта и экономической выгоды [1, 7], проводя ДРОП–обработку в темновой (ночной) период.

Капуста белокочанная

Установлено, что ДРОП–обработка рассады капусты белокочанной в фазе 4–5 листьев не влияла на высоту растений и накопление сухой массы в рассадный период (табл. 1), но увеличивало холодоустойчивость, сохраняющуюся на повышенном уровне в течение 2-х недель. Опытные растения также меньше повреждались при действии искусственного заморозка (-5°С в течение 3 ч).

Таблица 1. Влияние ДРОП-обработки рассады капусты на рост и холодоустойчивость (ХУ) растений

Вариант опыта	Сухая масса, мг	Линейные размеры, см	Прирост ХУ, °С	Повреждение после заморозка, %
Контроль	684±20	5,2±0,2	–	100
ДРОП- вариант	644±21	5,5±0,3	3,4	57

После высадки рассады в поле опытные растения уже отличались от контроля наибольшей массой надземной части и более активным образованием кочанов (табл. 2).

Таблица 2. Влияние ДРОП-обработки рассады на продуктивность капусты

Вариант опыта	Масса надземных органов, г	Доля растений с кочанами, % от общего числа	Средняя масса кочана	
			кг	% к контролю
Контроль	280±50	0	2,1±0,2	–
ДРОП-вариант	627±64	33	2,6±0,1	124

На момент уборки урожая средняя масса кочана, как наиболее важный хозяйственный признак капусты, определяющий ее продуктивность, была наибольшей в ДРОП-варианте, превышая контрольные растения на 24% (табл. 2).

Морковь и свекла

Применение ДРОП-технологии на моркови (семена на ленте) и свекле (рассада) оказалось эффективным: растения отличались высокой продуктивностью, превышая контроль по массе корнеплода на 45% и урожаю корнеплодов на 23% и 27% (табл. 3). В случае с рассадой свеклы средняя масса корнеплодов была одинаковой. Однако ДРОП-обработка повышала приживаемость растений при посадке рассады в грунт на 18% по сравнению с контролем, что отразилось на увеличении урожая.

Таблица 3. Влияние ДРОП- обработки на урожай овощных культур

Культура	Урожай, % к контролю	Масса корнеплода,% к контролю
Морковь	123	145
Свекла	127	103
Картофель	125	127

Картофель

ДРОП–обработка клубней картофеля также повышала урожай и среднюю массу клубня (табл. 3).

На примере культуры был исследован эффект ДРОП-технологии для повышения устойчивости растений при выращивании их в инфицированной почвообитающими патогенами почве. Обработанные клубни высаживались в почву с естественным фоном заражения картофельной нематодой 15 цист/ 100 г почвы. ДРОП-обработка благоприятно влияла на рост и развитие заражённых растений, которые отличались большей высотой (129% от контроля), количеством листьев (147 %), средней массой клубней (120%) и снижением в 2 раза уровня инвазии на заражённом поле (табл. 4).

Таблица 4. Влияние ДРОП-обработки на развитие, продуктивность картофеля и популяцию картофельной нематоды, % к контролю (К)

Вариант	Высота растений, %	Кол-во листьев, %	Вес клубней, %	Кол-во цист/ 100 г почвы
К+ заражение	100	100	100	53
ДРОП + заражение	129	147	120	26

Таким образом, эффективность использования ДРОП-технологии (кратковременной ежесуточной низкотемпературной предпосадочной обработки семенного материала) зависит от вида сельскохозяйственной культуры и посадочного материала. В целом, выявлено положительное влияние предпосевной ДРОП-обработки на рост и развитие растений, которые отличались повышенным урожаем, увеличенной средней массой корнеплодов и повышенной устойчивостью к стресс-факторам разной природы.

Литература:
1. Марковская Е.Ф., Сысоева М.И., Шерудило Е.Г. Кратковременная гипотермия и растение. Петрозаводск: Карельский научный центр РАН, 2013. - 194 с.
2. Дроздов С. Н., Курец В. К., Будыкина Н. П., Балагурова Н. И. Определение устойчивости растений к заморозкам // Методы оценки устойчивости растений к неблагоприятным условиям среды. Л.: 1976. С. 222-228
3. Дроздов С. Н., Курец В. К., Титов А. Ф. Терморезистентность активно вегетирующих растений. Л.: Наука, 1984. 168 с.

Работа выполнена с использованием оборудования Центра коллективного пользования научным оборудованием ИБ КарНЦ РАН при финансовой поддержке Программы фундаментальных исследований ОБН РАН «Биологические ресурсы России…» (№ г.р. 01201262103) .

Доценко С.М.
доктор технических наук, профессор
ФГБОУ ВПО Дальневосточный государственный аграрный университет
тел.: дом 8(416-2) 49-14-54, раб. 8(416-2) 52-65-86, сот. 89145387603

Воякин С.Н.
кандидат технических наук, доцент
ФГБОУ ВПО Дальневосточный государственный аграрный университет
тел.: раб. 8(416-2)52-65-86, сот. 89145525075 vsn17@rambler.ru

Широков В.А.
кандидат технических наук, доцент
ФГБОУ ВПО Дальневосточный государственный аграрный университет
тел.: раб. 8(416-2)52-64-57

Макаров В.А.
аспирант
ФГБОУ ВПО Дальневосточный государственный аграрный университет
тел.: раб. 8(416-2)52-65-86

КОНЦЕПТУАЛЬНЫЕ АСПЕКТЫ РАЗРАБОТКИ СИСТЕМЫ ПРОИЗВОДСТВА ГРАНУЛИРОВАННОЙ КОРМОВОЙ ДОБАВКИ ДЛЯ СЕЛЬСКОХОЗЯЙСТВЕННЫХ ЖИВОТНЫХ И ПТИЦЫ

Технологический процесс производства гранулированной кормовой добавки для сельскохозяйственных животных и птицы является сложным процессом. В общем виде он включает следующие операции: измельчение и подготовка исходных кормовых компонентов, их дозирование, смешивание, гранулирование, хранение и реализацию готового продукта.

При этом, на качество готового продукта оказывает влияние множество как управляемых так и случайных факторов.

Нашими исследованиями установлено, что наиболее рациональными и приемлемыми технологическими операциями получения гранулированной кормовой добавки на основе необезжиренной соевой муки (НСМ), а также отхода от переработки семян сои на НСМ и другого сырья животного и растительного происхождения, являются подача предварительно подготовленных (измельченных) компонентов, выравнивание колебаний качественного состава компонентов и, в первую очередь влаги, отделение от сформированного при загрузке в бункере монолита порций продукта, их перемещение и смешивание, формование гранул, а также сушка полученных гранул. На основе проведенного анализа разработана классификация технологических операций по производству кормовой добавки и технических средств для их осуществления.

Данная классификация позволила определиться с выбором условий, способов и технических средств, посредством которых возможно и целесообразно получение качественной гранулированной добавки на основе соевого компонента, а также другого сырья имеющего высокую кормовую и биологическую ценность.

При этом решение прблемы по повышению эффективности работы технологических линий и технических средств получения кормовых продуктов для сельскохозяйственных животных и птицы, с позиций классических подходов, сводится к минимизации материальных и трудовых затрат, при установлении определенных ограничений на критерии качества выполнения соответствующих операций.

С учетом данного факта, для процесса получения качественных кормовых добавок в виде гранулированных смесей, необходимо обеспечить выполнение следующих условий:

– наметить пути снижения материальных и трудовых затрат в виде удельных приведенных затрат - ПЗ$_y$ и убытков - У$_i$, поставить на решение и решить так называемую задачу по минимизации затрат и убытков;

– определить критерии оценки качества по осуществлению исследуемых процессов, выявить факторы, влияющие на данные критерии, а также раскрыть зависимости таких критериев от установленных факторов и определить области оптимальных значений исследуемых факторов.

С учетом приведенных выше подходов, можно записать
– для производителя кормовых добавок:

$$ПЗ_{yi} = (И_{yi} + E \cdot K_{yi}) \cdot Q_{лi} \cdot t_i \to min;$$
$$У_i = 0{,}01 \cdot K_{pi} \cdot (Q_{лi} \cdot t_i) \cdot Ц_i \cdot d \to min;$$

– для потребителя:

$$Э_{пот} = Д_{пот} \cdot k' \cdot Q_{лi} \cdot t_i \cdot d \cdot n \to max, \qquad (1)$$

где $И_{yi}$ – удельные эксплуатационные затраты по процессу получения гранулированных кормовых добавок; E – нормативный коэффициент эффективности; K_{yi} – удельные капитальные вложения в производство кормовой добавки; $Q_{лi}$ - часовая производительность технологической линии по i-му виду кормовой добавки; t_i - продолжительность работы линии в смену по i-му виду кормовой добавки; K_{pi} - крошимость гранул i-ого вида кормовой добавки; $Ц_i$ - стоимость 1 кг кормовой добавки i-ого вида; $Э_{пот}$ - экономический эффект, получаемый потребителем от адекватной замены одних кормовых компонентов на другие, с меньшей стоимостью; $Д_{пот}$ - доход потребителя от адекватной замены кормовых добавок;

k' - коэффициент, учитывающий налоговые отчисления; n – кратность кормления.

Производительность машин в линии $Q_{лi}$ обуславливает пропускную способность оборудования, согласно следующему неравенству

$$\sum_{i=1}^{k} Q_i \leq Q_{см} \leq Q_{гр} = Q_с \leq Q_{лi}, \qquad (2)$$

где Q_i – подача i-ого кормового компонента; $Q_{см}$ – пропускная способность линии; $Q_{гр}$ – пропускная способность смесителя-гранулятора; $Q_с$ - производительность сушилки.

Доход потребителя $Д_{пот}$, от адекватной замены одной кормовой добавки на другую, с меньшей стоимостью, определяется как

$$Д_{пот} = \sum_{i=1}^{m_i} C_i^{рациона} - \sum_{j=1}^{m_j} C_j^{рациона} \to max, \qquad (3)$$

где $C_i^{рациона}$ – стоимость заменяемых кормовых добавок по применяемому рациону; m_i – количество заменяемых кормовых добавок i-ого вида; $C_j^{рациона}$ – стоимость кормовых добавок, заменяющих существующие.

На основании проведенного анализа, авторами разработаны следующие научные направления по созданию кормовых добавок с высокой кормовой и биологической ценностью:
- получение соево-мясокостного и соево-кровяного гранулята;
- получение соево-рыбокостного гранулята;
- получение соево-ламинариевой кормовой добавки;
- получение соево-клеверного и соево-люцернового гранулята;
- получение белково-углеводной кормовой добавки на основе сапропеля и травяной муки;
- получение белково-минеральной кормовой добавки на основе соевого экструдата и сапропеля;
- получение белково-витаминной кормовой добавки на основе соевого и овощных компонентов, соевого компонента и корнеклубнеплодов (картофель, морковь, тыква и т.д.).

Разработанные методологические и технологические подходы позволяют проектировать новые технологии и технические средства нового поколения с более высокими технико-экономическими показателями.

Социологические науки

Клещева Е.Ф.
факультет социологии, 1 курс магистратуры
Черепанова М.И.
к.п.н., доц.

СОЦИАЛЬНОЕ РЕГУЛИРОВАНИЕ УСЛОВИЙ ЖИЗНЕДЕЯТЕЛЬНОСТИ ЛЮДЕЙ ТРЕТЬЕГО ВОЗРАСТА В НОВОЙ ГЕРОНТОЛОГИЧЕСКОЙ РЕАЛЬНОСТИ (НА ПРИМЕРЕ АЛТАЙСКОГО КРАЯ)

В течение последних десятилетий наблюдается тенденция увеличения смертности, сокращения продолжительности жизни, что сопровождается постоянным ростом численности людей пожилого возраста. В настоящее время люди пожилого возраста стали наиболее социально незащищенной категорией общества. Уровень обеспеченности пожилых граждан очень низкий. Социальный статус человека становится иным в старости, что вызвано, прежде всего, прекращением или ограничением трудовой деятельности, изменениями ценностных установок, образа жизни, психологической адаптацией к новым условиям. Таким образом, возникает необходимость выработки особых форм и методов социальной работы с пожилыми людьми.

Цель исследования: особенности социального регулирования условий жизнедеятельности людей третьего возраста в новой геронтологической реальности.

Эмпирическую базу составило социологическое исследование, которое было проведено в 2012-2013г.г.. Исследование было посвящено комплексному анализу демографической безопасности в регионах России. В исследовании приняли 2720 человек, в возрасте от 18 до 89 лет. Выборка многоступенчатая, квотная. Для анализа был выбран Алтайский край.

По предварительным данным исследования можно сделать следующие выводы:

1. В Алтайском крае по данным социологического опроса проблема старения является одной из основных проблем региона, но не самой острой (41,2%). Но стоит также отметить, что не менее большой процент респондентов ответили, что проблема старения не относится к числу важных проблем (39,4%), вероятно, это связано с тем, что в Алтайском крае также присутствуют такие проблемы как низкое социально-экономическое положение общества, низкий уровень культуры общества, низкое качество медицинского обслуживания, экологические проблемы.

2. Проанализировав мнение мужчин и женщин относительно того, что является долгом общества по отношению к старикам, можно сделать вывод о том, что и мужчины (56,9%) и женщины (51,2%) считают, что пожилых людей необходимо морально и материально поддерживать,

постараться обеспечить им спокойную старость (29,7% мужчин и 28,9% женщин) и не забывать о том, что наше отношение видят наши дети (31,2% мужчин и 33,2% женщин). Однако стоит отметить, что большее количество женщин (4%), чем мужчин (1,5%) считают, что пожилым людям не нужно навязывать свое мнение, свои интересы, а также они считают необходимым создание сети услуг для пожилых людей (17,4%), так как это позволит оказать необходимую поддержку гражданам, в условиях сложной жизненной ситуации, а также гарантированной индивидуальной помощи людям, оказавшимся в экстремальной ситуации.

3. Оценка мнения мужчин и женщин о видах помощи пожилым людям показала, что гендерная специфика в данном вопросе четко прослеживается. Данный факт проявляется в том, что такие виды помощи как денежные дотации (71,3% мужчин и 73,1% женщин), обеспечение лекарствами (65,5% мужчин и 68,8% женщин), помощь в введении домашнего хозяйства (28,4% мужчин и 31,8%женщин) считают примерно одинаковое количество как женщин, так и мужчин необходимыми, однако существуют и различия. Так женщины (43,1%) считают не менее важной такую помощь как возможность общения, помощь специалистов (34,9%) и психологическая поддержка (38,5%), мужчины (21,1%) же склонны утверждать, что помощь необходима в трудоустройстве. Таким образом, можно сделать вывод о том, что женщины считают более важным психологический аспект в помощи пожилым людям, что можно объяснить психологическими особенностями личности женщины.

4. Проанализировав материалы исследования, характеризующее положение пожилого населения в обществе можно сделать вывод о том, что большинство респондентов считают, что пожилые люди не защищены минимальной пенсией (28,2%). Здравоохранение считается не доступным (27,1%), также мало льгот в сельской местности (30,5%). Большинство респондентов согласны с тем, что «стариков бросили на произвол судьбы» (29,1%), отсутствует моральная поддержка (36,3%), система услуг для одиноких и инвалидов нуждается в улучшении (52,3%), также респонденты указывают на то, что права пожилых граждан не защищены на законодательном уровне (40,9%). Все это указывает на то, что система жизнеобеспечения людей третьего возраста нуждается в изменениях на всех уровнях власти.

5. На основе полученных данных о помощи пожилым людям можно сделать вывод о том, что большинство респондентов получали реальную помощь от своих детей (63,7%) и родственников (54,2%). Но стоит также отметить, что респондентам оказали помощь такие организации как Пенсионный фонд (40,2%), Комитет по социальной защите (31,1%), Местные власти (20,3%). Таким образом, в Алтайском крае существуют базы государственных учреждений социального обслуживания населения

и оказание адресной социальной помощи, что благотворно влияет на жизнедеятельность людей третьего возраста.

6. Проанализировав связь таких данных как оценка эффективности социальной политики государства по отношению к пожилым людям и реальной помощи близким таких организаций как:
1). Совет Ветеранов
2). Дома для престарелых и инвалидов
3). Пенсионный Фонд
4). Комитет по социальной защите
5). Политические партии
6). Профсоюзный Комитет
7). Правозащитные организации
8). Местные власти

можно сделать вывод о том, что среди организаций, которые оказали реальную помощь и оценка эффективности их действий не ниже пяти баллов находятся такие как совет ветеранов (17,4%), комитет по социальной защите (26,5%), пенсионный фонд (37,5%) и местные власти (17,5%). Также стоит отметить, что на оценку эффективности, вероятно, повлияло качество, оказываемой помощи властями. Средняя оценка эффективности в целом составляет пять баллов по школе от нуля до десяти. Данный факт указывает на то, что стратегии правовой помощи населению в Алтайском крае должны совершенствоваться, для достижения полной удовлетворенности населения деятельностью органов власти.

Проблема старения населения постоянно привлекает внимание учёных, политиков и общественности. В последние десятилетия доля пожилых людей увеличилась в общей популяции всего мира в целом и в Российской Федерации в частности. При таких условиях, социальная политика приобретает особую роль. В качестве ее приоритетов должны быть повышение уровня и качества жизни пожилых людей. Данное направление социальной политики должно осуществляться учреждениями социальной защиты и реабилитации, здравоохранения, общественными объединениями, учреждениями культуры. Проанализировав положение пожилого населения в России, можно сделать вывод о том, что система поддержки жизнедеятельности пожилых граждан нуждается в совершенствовании.

Список литературы:

1. Александрова М.Д. Отечественные исследования социальных аспектов старения // Психология старости и старения: Хрестоматия / Сост. О.В. Краснова, А.Г. Лидерс. - М.: Академия, 2003. - С.55-56.

2. Александрова М.Д. Старение: социально-психологический аспект // Психология старости и старения: Хрестоматия / Сост. О.В. Краснова, А.Г. Лидерс. - М.: Академия, 2003. - С.177-182.

3. Ананьев Б.Г. К проблеме возраста в современной психологии // Психология старости и старения: Хрестоматия / Сост. О.В. Краснова, А.Г. Лидерс. - М.: Академия, 2003. - С.112-118.

4. Анурин В. Некоторые проблемы социологии старости // Психология старости и старения: Хрестоматия / Сост. О.В. Краснова, А.Г. Лидерс. - М.: Академия, 2003. - С.87-90.

5. Елютина М.Э., Чеканова Э.Е. Социальная геронтология: Учеб. пособие. - Саратов : СГТУ, 2001. - 165 с.

6. Калькова В.Л. Старость: Реферативный обзор // Психология старости и старения: Хрестоматия / Сост. О.В. Краснова, А.Г. Лидерс. - М.: Академия, 2003. - С.77-86.

7. Лидерс А.Г. Кризис пожилого возраста: гипотеза о его психологическом содержании // Психология старости и старения: Хрестоматия / Сост. О.В. Краснова, А.Г. Лидерс. - М.: Академия, 2003. - С.131-134.

8. Лихницкая И.И., Бахтияров Р.Ш. Академик З.Г.Френкель и становление геронтологии в России // Психология старости и старения: Хрестоматия / Сост. О.В. Краснова, А.Г. Лидерс. - М.: Академия, 2003. - С.57-64.

9. Максимова С.Г. Социально-психологическая адаптация: особенности формирования и развития у лиц пожилого и старческого возраста. - Барнаул: Изд-во Алт. ун-та, 1999. - 145 с.

10. Обухова Л.Ф., Обухова О.Б., Шаповаленко И.В. Проблема старения с биологической и психологической точек зрения // Психологическая наука и образование. - 2003. - № 3.

Миргородский Л.С. – магистрант
Миргородский С.И. - кандидат технических наук, доцент
Восточно-Казахстанский государственный технический университет им. Д. Серикбаева mirgorodskiy_lev@mail.ru

ПЕРСПЕКТИВА ИСПОЛЬЗОВАНИЯ ПОРШНЕВЫХ КОМПРЕССОРОВ В ТЕПЛОВЫХ НАСОСАХ МАЛОЙ МОЩНОСТИ С ЭКОЛОГИЧЕСКИ БЕЗОПАСНЫМИ ХЛАДАГЕНТАМИ

Тепловой насос долгое время оставался термодинамической загадкой, которой интересовались только преподаватели и исследователи. Широкое применение тепловых насосов (ТН) с малой теплопроизводительностью до 20 кВт в развитых странах обусловлена двумя основными факторами – сохранение не возобновляемых энергоресурсов и сокращение выбросов в атмосферу продуктов сгорания. Практически все известные тепловые насосы осуществляют обратный термодинамический цикл на низкокипящем рабочем веществе, утилизируют низкопотенциальную теплоту естественных, промышленных и бытовых источников, генерируют теплоту в пределах от 40 ℃ до 110 ℃, затрачивая при этом в 1,2 – 2,5 раза меньше первичной энергии, чем при сжигании топлива. [1,9;2,298-303].

Выбор новых рабочих веществ (хладагентов) и создание конструкций эффективных тепловых насосов направлено на использование экологически безопасных хладагентов и конструкции компрессоров наиболее эффективно работающих в данном тепловом и температурном режиме. К экологически безопасным хладагентам относятся разрешенные Монреальским протоколом гидро-фтор-хлор углеродов (ГФХУ) или гидро-фтор углеродов (ГФУ), а также природные рабочие вещества: вода, аммиак, углеводороды и диоксидуглерода. Эти вещества имеют практически нулевые потенциалы негативного влияния на озоновый слой и глобальное потепление.

При этом работу компрессоров в тепловых насосах работающих по обратному термодинамическому циклу делят на три типа:
-парокомпрессионные (осуществляют парожидкостный термодинамический цикл), работающих на газообразных фазах хладона;
-абсорбционные (осуществляющие гидрожидкостный термодинамический цикл), где в качестве рабочих веществ используется вода и водяной раствор бромистого лития;
-газожидкостные тепловые насосы, осуществляющие термодинамический цикл на диоксиде углерода.

Диоксид углерода (R744) был одним из первых природных рабочих веществ, применявшихся в холодильной технике. В дальнейшем он был вытеснен аммиаком и фреонами, как более технологичными и универсальными хладагентами для выработки холода на различных температурных уровнях. В 80-х годах прошлого века диоксид углерода снова был востребован в качестве хладагента в основном в связи с его экологической безопасностью и в настоящее время получил достаточно широкое распространение. Уникальные термодинамические, теплофизические и другие свойства диоксида углерода потребовали создания и освоения производства специального базового оборудования и комплектующих элементов холодильных машин. Сейчас ряд фирм серийно выпускает поршневые (Bitzer, Dorin, Bock, Emerson, Embraco, Carrier и др.) и спиральные (Sanyo, Bitzer, Daikin, Emerson) компрессоры, рассчитанные на давление нагнетания до 140 бар. Осваивается производство винтовых компрессоров, способных работать при таких давлениях (GEA Grasso серии АС с давлением нагнетания до 130 бар). В августе 2012 г. успешно прошли испытания поршневого полугерметичного компрессора приводной мощностью 100 кВт.

Реализация газожидкостных циклов в тепловых насосах (ТН) создает условия для их высокой энергоэффективности. Так в парокомпрессионных тепловых насосах увеличение температуры нагрева теплоносителя однозначно влечет повышение температуры и, следовательно, давления конденсации, а значит, рост как разности, так и отношения давлений кипения и конденсации. Предельно во фреоновых парожидкостных тепловых насосах теплоноситель может быть нагрет до 80 °С. [3,22-25].

В результате высокого уровня давлений и плотности газообразного R744 возрастают коэффициенты теплоотдачи в теплообменных аппаратах благодаря высокой допустимой массовой скорости потока рабочего вещества.

В настоящее время в мире ежегодно вводится в строй около 300 тыс. тепловых насосов на диоксиде углерода, что составляет примерно 5 % годового выпуска всех теплонасосных установок. Преимущественно это тепловые насосы децентрализованного теплоснабжения теплопроизводительностью 5...20 кВт с температурой нагрева теплоносителя до 80 °С. Источником низкопотенциальной теплоты может служить наружный воздух, причем работоспособность ТН обеспечивается до температур –25 °С.

Среди компрессоров объемного типа широко применяемых в ТН наиболее известным является поршневой компрессор, который в настоящее время остается востребованным в диапазоне малых мощностей, где необходимо получить высокую степень сжатия в одной ступени. Получение аналогичного высокого давления в винтовом или спиральном компрессоре требует двухступенчатого сжатия, несмотря на высокие технологические возможности современного производства, а это приводит к увеличению стоимости и потери КПД. Обладая преимуществом в области получения высокого давления поршневой компрессор имеет ряд недостатков: сложность конструкции; наличие возвратно поступательных частей; низкий механический КПД, в сравнении со спиральными или винтовыми компрессорами. [4,131-185;5,258].

Современные достижения в области технологии производства поршневых компрессоров и качества применяемых масел значительно повысили их КПД и надежность. Следует учитывать условия работы в составе ТН для отопления индивидуальных зданий – регулирование теплопроизводительности в зависимости от температуры окружающего воздуха и других условий. Регулировка осуществляется включением-отключением компрессора автоматически в зависимости от программы поддержания теплового режима здания. Для поршневого компрессора данный режим предпочтителен, это приводит к увеличению эффективности его охлаждения, а максимальный отвод тепла от компрессора приближает процесс сжатия к изотермическому. Проблема охлаждения поршневого компрессора решается за счет отвода тепла от цилиндра, головки и поршня. Процесс охлаждения актуален для всех типов компрессоров. Так спиральный компрессор имея центрально расположенный выпускной клапан практически исключает возможность дополнительного подвода охлаждения в зону камеры сжатия. По этой причине в центральной части возникают локальные зоны высоких температурных термически-разлагающих масло или хладагент. В винтовых компрессорах процесс сжатия происходит между двумя вращающимися роторами и подвод дополнительного охлаждения затруднен аналогично спиральным компрессорам. Для улучшения охлаждения ряд фирм: Bitzer, Dorin, Bock, Emerson, Embraco, Carrier внедрили в свои конструкции экономайзеры впрыскивающие холодный хладагент на вход для снижения максимальных температур [6,18].

Поршневой компрессор один из первых изобретенных человечеством, остается актуальным и находит широкое применение там, где необходима малая мощность и высокое сжатие.

СПИСОК ЛИТЕРАТУРЫ

1. Д.Рей Д.Макмайкл «Тепловые насосы» Москва «Энергоатомиздат», 1982 г. – 224с.
2. П.И. Дячек «Холодильные машины и установки» Ростов-на-Дону «Высшее образование», 2007 г. – 421с.
3. Н.М.Калнинь «Масштабы и перспективы применения тепловых насосов на R 744» Москва «Холодильная Техника», 2013 г. – 22-25с.
4. М.С. Семидуберский «Насосы, компрессоры, вентиляторы» Москва «Высшая школа», 1974 г. – 232с.
5. В.М. Черкасский «Насосы, вентиляторы, компрессоры» Москва «Энергоатомиздат», 1984 г. – 416с.
6. А.К. Михайлов, В.П. Ворошилов «Компрессорные машины» Москва «Энергоатомиздат», 1989 г. – 288с.

Крючкова Л.Г.
доцент, к.т.н., кафедра «Высшая математика» ФГБОУ ВПО
«Дальневосточный государственный аграрный университет»;
lyudmila0511@mail.ru

Доценко С.М.
профессор, д.т.н., кафедра «Транспортно-энергетических средств и механизации АПК» ФГБОУ ВПО «Дальневосточный государственный аграрный университет»

РАЗРАБОТКА ТЕХНОЛОГИЧЕСКИХ И КОНСТРУКТИВНО-ТЕХНОЛОГИЧЕСКИХ СХЕМ ЛИНИИ ПРИГОТОВЛЕНИЯ И РАЗДАЧИ КОРМОВЫХ СМЕСЕЙ СВИНЬЯМ

В работе представлена классификация приготовления и раздачи кормовых смесей свиньям. Разработана конструктивно-технологическая схема подготовки корнеклубнеплодов к скармливанию животным с помощью предложенной линии и технических средств.

При оценке эффективности функционирования системы механизированного кормления свиней одной из составляющих ЭММ можно принять доход производителя свинины, от замены картофеля на кормовую брюкву куузику:

$$Э = (C_к - C_{ку}) \cdot q \cdot N \cdot D, \qquad (1)$$

где $C_к$ — себестоимость производства картофеля, руб/кг;

$C_{ку}$ — себестоимость производства кормовой брюквы, руб/кг;

q — суточная норма выдача корнеклубнеплодов, кг/сутки;

N — количество голов свиней, гол.;

D — количество дней откорма, дн.(сутки);

В качестве второй составляющей ЭММ необходимо принять min приведённых затрат по предлагаемому варианту технологии и входящих в её состав технических средств

$$\sum_{i=1}^{n} ПЗ_i^н = ПЗ_{обркп} + ПЗ_{см} + ПЗ_р \to min, \qquad (2)$$

где $ПЗ_{обркп}$ — приведённые затраты по обработке корнеплодов;

$ПЗ_{см}$ — приведённые затраты по процессу смешивания;

$ПЗ_р$ — приведённые затраты по процессу раздачи кормовых смесей;

n – число процессов.

Разработанная классификация способов приготовления и раздачи кормовых смесей свиньям, а также технических средств для их реализации (рис.1) показывает, что наиболее рациональными способами обработки и подготовки корнеклубнеплодов(ККП) к скармливанию, является способ их сухой очистки с применением специальных измельчителей, обеспечивающих высокую пропускную способность. Данный

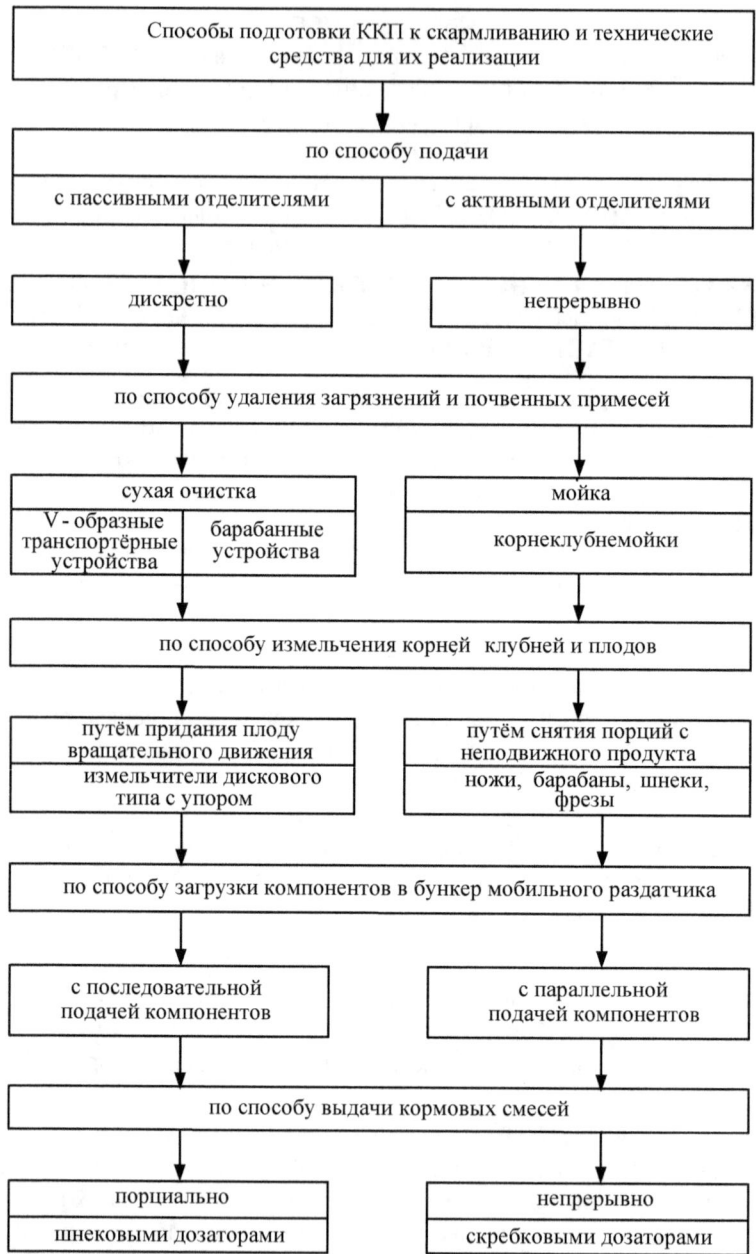

Рисунок 1 Схема классификации способов по подготовке ККП к скармливанию свиньям и технических средств для их реализации

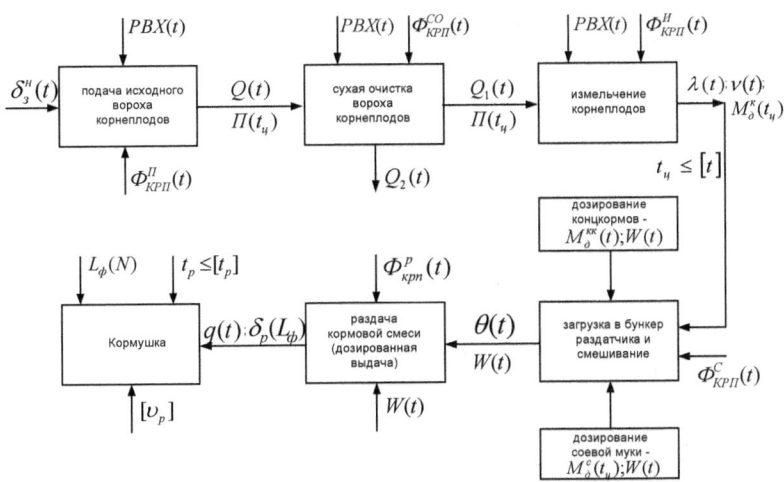

Рисунок 2 Формализованная схема процесса приготовления и раздачи полнорационных кормовых смесей свиньям

технологический подход позволяет снизить, как эксплуатационные, так и капитальные затраты, а также энергоёмкость процессов подготовки кормовой брюквы к скармливанию животным.

При этом, снижения энергоёмкости, металлоёмкости и капитальных затрат возможно, путём совмещения операций по смешиванию и раздаче кормов свиньям в одной машине.

В соответствии с классификацией (рис.1) и ЭММ разработана структурная схема процесса механизированного кормления свиней на откорме (рис.2). Данная схема позволяет рассмотреть поставленные на исследование процессы во взаимной их связи, с учётом перехода состояний исходного сырья и компонентов рациона во временном интервале

$$t \leq [t_ц],$$

где $[t_ц]$ – допустимое время цикла приготовления и раздачи кормовых смесей.

На рис.3 и 4 представлены технологическая и конструктивно-технологическая схемы по реализации процесса механизированного кормления свиней полнорационной кормовой смесью.

Вывод: Предложенная конструктивно-технологическая схема подготовки корнеклубнеплодов к скармливанию животным, позволяет с помощью разработанной линии и технических средств получить повышение эффективности при приготовлении и раздаче кормовых смесей свиньям.

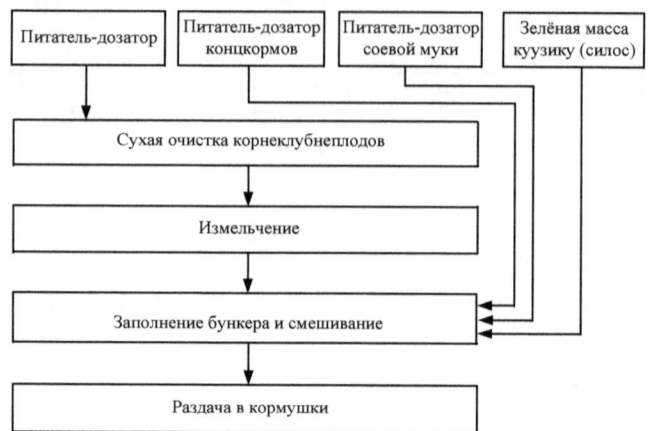

Рисунок 3 Технологическая схема приготовления и раздачи полнорационных кормовых смесей свиньям

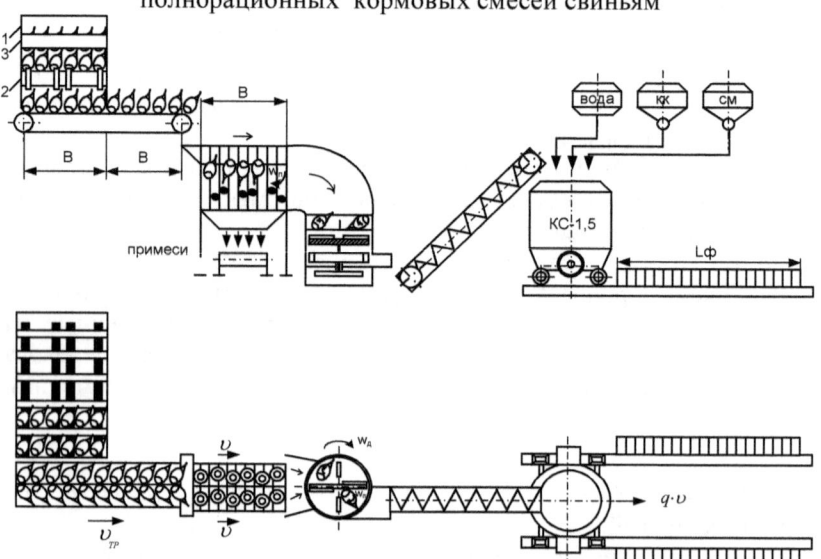

Рисунок 4 Конструктивно-технологическая схема линии приготовления и раздачи полнорационных кормовых смесей свиньям

Литература

1. Справочник по кормлению сельскохозяйственных животных/ Сост. А.М.Венедиктов и др.-М.:Россельхозиздат,1983.-303 с.
2. Доценко С.М., Крючкова Л.Г. Совершенствование технологии кормления свиней / Механизация и электрификация сельского хозяйства №5.-2012.-с.18-20.

Чукарин А.Н. - д.т.н., профессор, Кадубовская Г.В. - аспирант
ФГБОУ ВПО Ростовский государственный
университет путей сообщения

ВИБРОАКУСТИЧЕСКИЕ ХАРАКТЕРИСТИКИ ВЫСОКОСКОРОСТНЫХ ТОКАРНЫХ СТАНКОВ

В статье приведены исследования спектров шума и вибрации по всей конструкции станка ТВ-118. На рис. 1 показаны измерения общих уровней виброскорости, которые включали следующие этапы:
- измерение шума на рабочем месте оператора станка;
- измерение виброскорости в различных точках шпиндельной бабки и станины;
- оценка вибропередачи от шпиндельных опор на несущие элементы станка.

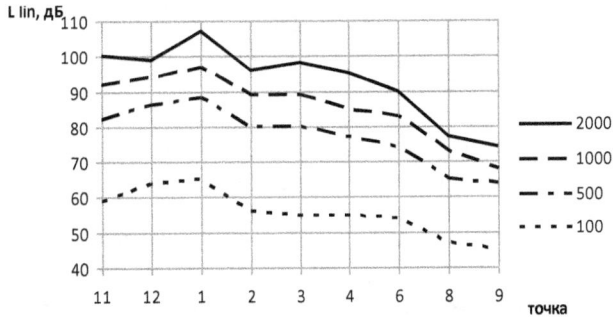

Рисунок 1 – Общие уровни виброскорости:
11 – на крышке над передней опорой; 12 – на крышке над задней опорой; 1 – на передней стенке возле задней опоры; 2 – на лапе корпуса ниже задней опоры; 3 – на станине под лапой корпуса; 4 – на станине под патроном; 6 – на продольном суппорте слева спереди; 8 – на поперечном суппорте слева; 9 – на резцедержке

Экспериментальные исследования согласно данным [2-5] проводились в лаборатории экспериментальных станков ЗАО «КОМТЕХ» на станке модели ТВ-118. Шум станка измерялся на рабочем месте при обработке детали на различных токарных операциях прибором ША-1В. Виброскорость измерялась при помощи вибродатчика Д3-16 прибором ВШВ-1-М2 в октавных полосах частот от 31,5 до 8000 Гц. На станке устанавливались последовательно следующие числа оборотов шпинделя: 2000, 1000, 500, 100 об/мин.

Таблица 1 – Шум на рабочем месте при обработке втулки из стали 12Х18Н10Т

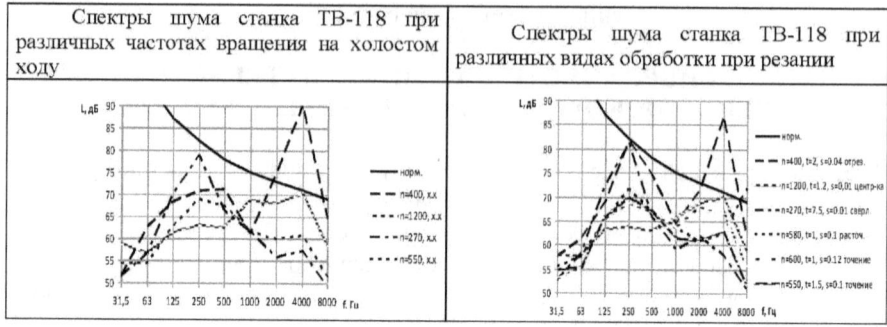

f, Гц	норм	n=400, х.х	n=400, t=2, s=0.04 отрез.	n=1200, х.х	n=1200, t=1,2, s=0.01 центр-ка	n=270 х.х	n=270 t=7,5, s=0.01 сверл.	n=550, х.х	n=550, t=1,5, s=0.1 точение	n=600, t=1, s=0.12 точение	n=580, t=1, s=0.1 расточ
L, дБА	80	76,2	96,1	78	77	80,1	82,8	75,7	74,4	81,6	83,6

Таблица 2 – Уровни звука станка ТВ-118

Уровни звукового давления практически не превышают нормируемые величины, однако уровни звука не превышают норму только на холостом ходу и при незначительных усилиях резания (см. табл. 2). При точении, растачивании и отрезке нормируемое значение превышается. Следует обратить внимание на частоты 250 и 4000 Гц, на которых наблюдаются значительные пики спектра как холостого хода, так и при резании. Можно предположить, что этот факт объясняется резонансами воздушного объема, образованного ограждением зоны резания. При частоте вращения *n* = 400 об/мин наблюдается резонанс колебаний воздушного объема на частоте 4000 Гц, значительно превышающий нормируемую величину.

Экспериментальные исследования показали, что основным источником возникновения вибрации является шпиндельная бабка, при этом на фронтальной стенке корпуса бабки происходит интеграция вибропотоков от передней и задней опор шпинделя. Далее, учитывая протяженность, массу станины и стыки между узлами, происходит ослабление общего уровня вибрации. Эта тенденция наблюдается по всем частотам вращения шпинделя.

При анализе спектрального состава виброскорости в различных точках измерения (таблица 3) обращают на себя внимание повышенные уровни виброскорости в высокочастотной части спектра 1000 – 8000 Гц, причем на всех узлах станка.

Таблица 3 – Спектры виброскорости элементов несущей системы станка модели ТВ-118 при частоте вращения 2000 об/мин.

Точка измерения	Уровни виброскорости (дБ) в октавных интервалах частот (Гц)								
	31,5	63	125	250	500	1000	2000	4000	8000
На крышке над передней опорой	60	45	49	64	74	72	94	92	93
На корпусе под задней опорой	59	57	54	76	76	82	90	102	104
На станине под задней опорой	48	50	55	63	72	71	80	88	100
На станине под патроном	52	54	59	64	62	73	80	88	92
На продольном суппорте	51	37	41	61	67	73	81	86	84
На поперечном суппорте	46	46	46	60	65	69	74	60	51
На резцедержке	48	46	45	58	64	66	69	63	66

Таким образом, проведенные экспериментальные исследования виброакустических характеристик токарного станка ТВ-118 на холостом ходу подтвердили правильность предположений об источнике возникновения вибрации и формировании шума станка в целом.

В отличие от исследования токарных станков [1] на рассматриваемом оборудовании зафиксированы существенные изменения характера спектра виброскорости. Действительно, как показали результаты эксперимента, спектр виброскорости носит ярко выраженный высокочастотный характер. Максимальные уровни вибраций расположены в широком частотном диапазоне 500 – 8000 Гц. Причем наблюдается тенденция увеличения уровня виброскорости по мере роста частоты. В частности, увеличение уровней виброскорости в этом диапазоне частот составляет 3-7 дБ на октаву при частоте вращения 2000 об/мин. Этот факт объясняется несовершенством шпиндельных опор.

Библиографический список

1. Чукарин А.Н. Теория и методы акустических расчетов и проектирования технологических машин для механической обработки. - Ростов н/Д: Изд. Центр ДГТУ, 2004. – 152 с.

2. ГОСТ 12.1.050-86 «ССБТ. Методы измерения шума на рабочих местах».

3. ГОСТ 23023-85 «Шум. Методы установления значений шумовых характеристик стационарных машин».

4. ГОСТ 27408-87 (СТ СЭВ 5711-86) «Шум. Методы статистической обработки результатов определения контроля уровней шума, излучаемого машинами».

5. ГОСТ Р 51402-99 (ИСО 3746-95). Шум машин. Определение уровней звуковой мощности источников шума по звуковому давлению. Ориентировочный метод с использованием измерительной поверхности над звукоотражающей плоскостью.

Морозова А.И. - аспирант ФГАОУ ВПО Северо-Восточный федеральный университет им. М.К. Аммосова. yaunaa89@mail.ru
Ишков А.М. - профессор ОРЭСТ Якутский научный центр Сибирского отделения РАН. a.m.ishkov@pzez.ysn.ru

ВЛИЯНИЕ ЭРГОНОМИЧЕСКИХ МЕРОПРИЯТИЙ НА НАДЕЖНОСТЬ ТЕХНИКИ В УСЛОВИЯХ ЭКСПЛУАТАЦИИ

В настоящее время в мире открытым способом разрабатывается большая часть месторождений полезных ископаемых: более чем на 1000 крупных карьерах добывается 1,5 млрд. тонн угля, 80% медной руды, две трети золота, более 50% бокситов, фосфатов, свинца, цинка и других металлов и минералов. При этом устойчивой тенденцией является рост единичной мощности и глубины карьеров, что влечет за собой повышенный спрос на высокопроизводительную горную и транспортную технику.

По данным Parker Bay Company на 760 карьерах в 63 странах мира работают около 14000 единиц техники стоимостью более 30 млрд. долларов США (в ценах 1998 г.), в т.ч. порядка 10000 карьерных большегрузных автосамосвалов грузоподъёмностью более 90 т., 450 драглайнов с ковшом вместимостью более 10 $м^3$, 1335 канатных экскаваторов с ковшом емкостью 10-50 $м^3$, более 950 гидравлических экскаваторов с рабочей массой более 140 т. и около 1000 фронтальных погрузчиков с двигателем мощностью 600 л.с. и более. [1,22]

На данном этапе развития, а также в ближайшем будущем, именно технологические характеристики техники определяют и будут определять реализацию уже разработанных способов ведения горных работ и обеспечивать создание новых технологий разработки и управления горным производством.

В свою очередь технологические параметры горного оборудования определяются техническим прогрессом в совершенствовании их конструкций, основанных на использовании новых конструкционных материалов и систем автоматизации управления, как самих машин, так и технологических операций горных работ. [2,22]

Надежность работы карьерного оборудования обеспечивается его правильной эксплуатацией – совокупность процессов по использованию оборудования в соответствии с его значением и осуществлением мероприятий по максимальному сохранению и восстановлению свойств, установленных нормативно – технической документацией, для достижения максимальной производительности машин при минимальных эксплуатационных затратах. [3,5]

В условиях рыночной экономики основными требованиями, предъявляемыми к эксплуатации горных машин, является гарантированное выполнение производственного задания с минимальными издержками на содержание техники. Однако существующие технологии технической эксплуатации горного оборудования не обеспечивают выполнение предъявляемых требований. Следовательно, проблема обоснования параметров технической эксплуатации карьерного оборудования, особенно в условиях холодного климата, является актуальной. [4,135]

Таким образом, из соответствующих условий эксплуатации вытекают особые требования к конструкции машин и механизмов. Работа горного оборудования связана с нестабильностью горнотехнических условий, с нагрузками, имеющими знакопеременный и ударный характер, с наличием вибраций, высокими влажностью и запыленностью воздуха, а также резкими перепадами температуры. Все перечисленные условия работы оборудования приводят к снижению производительности, а также повышению трудоемкости технического обслуживания и ремонта техники.

Управление горными машинами связано с постоянным нервным напряжением и значительными нагрузками на органы слуха, зрения, обоняния и осязания человека. Поэтому современные машины должны иметь такие конструктивные решения, которые бы обеспечивали высокую работоспособность и безопасность человека при наименьшей его утомляемости. Эти решения вытекают из знания эргономических свойств машин, которые определяются показателями, оказывающими влияние на функциональное состояние человека.

Отдельной областью общей надежности машин является надежность техники в условиях эксплуатации при низких климатических температурах, которая также базируется на основных положениях общей теории надежности. [3,168]

Важной составляющей надежности техники являются эргономические параметры в системе «оператор — машина», которые учитываются на стадиях создания техники, но оценке их экономической эффективности для машин при эксплуатации на Севере уделяется недостаточное внимание.

На современном этапе в процессе проектирования техники учитываются комплексные показатели (физиологический, психофизический, антропометрический и гигиенический) системы «оператор - машина», однако их учет производится по усредненным параметрам для условий эксплуатации, в основном, в природно-климатических зонах средней полосы России. Поэтому при эксплуатации техники в условиях крайнего Севера пространственные и временные характеристики техники выходят за рамки установленных требований и норм, что и вызывает необходимость разработки эргономических требований с учетом количественного деления региональных потерь с последующим выявлением затрат на их устранение и соответствующей сравнительной экономической оценки с учетом региональных условий.

При коррекции эргономических мероприятий для оптимизации работы системы «оператор - машина» необходимо проводить анализ «стоимость – эффективность», чтобы получить сравнительную оценку затрат и получаемый экономический эффект. На наш взгляд, если получаемая эффективность в стоимостном выражении меньше, чем вложенные затраты, целесообразно учитывать социальный аспект для принятия окончательного управленческого решения. [5,13]

В общем виде оценка оптимальности системы после корректировки за время t определяется следующей моделью:

$$СЭ(t,v) = \frac{C(t,v)}{E(t,v)P_C(t,v)} \qquad (1)$$

Где СЭ (t, v) - «стоимость - эффективность» выполнения мероприятий за время t при наборе условий v;

C(t, v) - затраты на выполнение мероприятий за время t при наборе условий v;

E(t, v) - эффективность после проведения мероприятий, выполненных за время t при наборе условий v;

Рс (t,v) - вероятность выполнения мероприятий за время t при наборе условий v.

Наилучшим или оптимальным вариантом при этом будет сведение к минимуму затрат на единицу эффективности, т.е.

$$СЭ(v) = \min_{t_{min} \leq t \leq t_{max}} \left[\frac{C(t,v)}{E(t,v)P_C(t,v)}\right] \qquad (2)$$

Применительно к установленным комплексным показателям (физиологический, психофизический, антропометрический) зависимость СЭ (v) будет осуществляться следующим образом:

Физиологический комплексный показатель включает, в основном, параметры физических усилий на рычагах, педалях и длину их хода, которые рассчитаны согласно требованиям безопасности при эксплуатации машин. При несоответствии этих усилий установленным нормам, во-первых, снижается производительность, уменьшается дневная (и соответственно, последующая) норма выработки, уменьшаются доходы и возрастает угроза безопасной работы.

Обозначим

$$Пф = Пн - \Delta П, \qquad (3)$$

Где Пф – фактическая производительность;
Пн - нормативная производительность;
ΔП – величина снижения производительности при несоответствии физических условий нормам;

$$Уф = Ун + \Delta У \qquad (4)$$

Где Уф – фактическое усилие;
Ун – нормативное усилие;
ΔУ – величина превышения фактического усилия над нормативным;

Повышение усилий на рабочие органы техники приводит к увеличению расходования энергетических ресурсов оператора и может привести к заболеваемости, т.е. этот процесс можно описать следующим алгоритмом:

$$У\uparrow \rightarrow \downarrow П \rightarrow \downarrow Д \rightarrow \uparrow З \rightarrow \uparrow Б[\downarrow\downarrow П \rightarrow \downarrow\downarrow Д \uparrow Зб] \qquad (5)$$

Увеличение усилий на рабочих органах машины может привести:
- к снижению производительности в смену, месяц, квартал и т.д.
- к заболеванию, которое вызовет простой техники и резкому снижению производительности ($\downarrow\downarrow$П) и доходов ($\downarrow\downarrow$Д), а также к увеличению затрат ($\uparrow$Зб) на обеспечение лечения оператора.

Региональный аспект проявляется в увеличенной продолжительности болезней и повышенных затратах на излечение оператора (с учетом соответствующего коэффициента и величины северных надбавок).

Главным в психофизическом комплексном показателе являются хорошая обзорность фронта работ с рабочего места оператора. Ее падение ниже оптимальной вызывает у оператора нервную реакцию, беспокойство, неуверенность, что самым прямым образом снижает производительность и может привести к угрозе аварий и даже катастроф.

Эта ситуация может быть формализована в следующем алгоритме:

$$ОО\downarrow \rightarrow \downarrow, П \rightarrow \downarrow Д \qquad (6)$$

где ОО- оптимальная обзорность;
П - производительность;
Д – доходы;

В природно-климатических условиях Севера оптимальная обзорность имеет важное значение, особенно в период осенних дождей, зимних туманов и работы техники в карьерах. Поэтому для достижения необходимого социально-экономического эффекта и обеспечения безопасности эксплуатации машин целесообразно идти на соответствующие затраты.

Антропометрические показатели включают в себя:
- оптимальное расположение рук на рычагах управления (Орп);
- правильную осанку оператора (Оп);
- удобную (комфортную) позу (Пу).

Это имеет немаловажное значение, так как отсутствие или недостаточность указанных параметров вызывает беспокойство оператора, его нервозность, и т.д. В этом случае снижается производительность, и соответственно, уровень доходов:

$$(Орп + Оп + Пу)\downarrow \rightarrow \downarrow П \rightarrow \downarrow Д \qquad (7)$$

Уже подсчитано, что в среднем это снижает производительность на 15%, т.е.

$$Пу = Пн - \Delta П \qquad (8)$$

Где ΔП = 0,15 Пн

Согласно международным стандартам SAE установлены основные размеры человека-оператора с учетом его роста (малорослый, крупный в одежде и крупный в арктическом костюме) в положении стоя и в положении сидя.

Опыт эксплуатации техники в северных условиях показал необходимость полного учета региональных факторов «внешней среды» (низкие климатические температуры, длительность зимнего периода, специфика горных разработок и т.д.).

Непосредственное влияние «внешней среды» негативно отражается на состоянии оператора, способствуя увеличению количества как обычных, так и профессиональных заболеваний. Экономическая оценка потери производительности и доходов от заболеваний различного рода определяется в общем виде, как и в предыдущих случаях, по алгоритму

$$\uparrow Б \to \downarrow П \to \downarrow Д \qquad (9)$$

Эффективность технико-экономических мероприятий определяется выражением

$$Зб \leq Д_{доп} \qquad (10)$$

где Зб — затраты на излечение оператора (с учетом возможных последствий и т.д.);

Ддоп — получение дополнительных доходов после применения необходимых технических, экономических и социальных мероприятий с целью улучшения эргономических показателей.

Таким образом эргономические мероприятия оказывают существенное влияние на работоспособность техники, эффективность и безопасность эксплуатации машин. Общие экономические потери производительности и доходов до проведения корректирующих эргономических мероприятий, а также от заболеваний операторов оцениваются через потери рабочего времени на основании стоимостной оценки одного часа простоя. Например, стоимость 1 ч простоя на Удачнинском ГОКе в начале 2000-х годов составляли 13—15 млн. руб. Это показывает актуальность и необходимость проведения экономической оценки региональной специфики условий эксплуатации техники и характера условий труда операторов в системе «человек—машина-среда», что в целом будет способствовать повышению надежности строительной техники на Севере. [5,13]

Литература:

1. Обзор мировых производителей карьерных самосвалов. Тенденции развития. М.: Журнал «Горная промышленность» №1 2000г. стр. 22

2 Анистратов К.Ю. Мировые тенденции развития структуры парка карьерной техники. М.: Журнал «Горная промышленность» №6(100) 2011, стр. 22
3 Квагинидзе В.С. , Петров В.Ф. , Корецкий В.Б. Эксплуатация карьерного оборудования. Изд. Горная книга. МГГУ серия: Освоение северных территорий. 2009., стр. 5, 168
4 Ишков А.М. , Кузьминов М.А. , Зудов Г.Ю. Теория и практика надёжности техники в условиях Севера. Якутск: ЯФ ГУ. Изд. СО РАН, 2004., стр. 135
5 Ишков А.М. Жариков О.Н. Экономическая оценка эргономических мероприятий, как фактор повышения надежности строительной техники в условиях Севера. М.: журнал «транспортное строительство» №1., 2011., 13-16 с.

Грибова В.В.
д.т.н.
Институт автоматики и процессов управления Дальневосточного отделения РАН, Россия, 690041, Владивосток, ул. Радио, 5
gribova@iacp.dvo.ru

Клещев А.С.
д.ф.-м.н.
Институт автоматики и процессов управления Дальневосточного отделения РАН, Россия, 690041, Владивосток, ул. Радио, 5
kleschev@iacp.dvo.ru

Романов В.А.
д.т.н.
Институт кибернетики имени В.М.Глушкова НАН Украины, +38(044)526-3204, Украина, 03680, Киев, просп. Академика Глушкова, 40,
VRomanov@i.ua

КОНЦЕПЦИЯ БАНКА ЗНАНИЙ ПО ЭКСПРЕСС-ДИАГНОСТИКЕ СОСТОЯНИЯ СЕЛЬСКОХОЗЯЙСТВЕННЫХ КУЛЬТУР

Введение

Своевременная диагностика растений, особенно сельскохозяйственных культур, имеет огромное значение для принятия точных и грамотных агротехнологических управленческих решений. Для диагностики растений применяются различные методы и средства. Одним из перспективных решений является использование метода индукции флуоресценции хлорофилла для экспресс-диагностики растений [1, 73]. Кроме лабораторных исследований, этот метод начал активно использоваться в сельском хозяйстве, включая прецизионное земледелие, для обеспечения максимальной производительности сельского хозяйства. Для получения информации о состоянии растений на основе метода индукции флуоресценции хлорофилла, в Институте кибернетики имени В.М.Глушкова НАН Украины разработана многоуровневая сенсорная сеть для сбора и обработки данных о состоянии растений с больших площадей сельскохозяйственных угодий [2, 24]. Для диагностики состояния растений по полученным с датчиков данным и выдачи рекомендаций агрономам, необходимы системы поддержки принятия решений, основанные на базах знаний, которые должны постоянно развиваться и совершенствоваться. Для их создания необходимы средства поддержки накопления, систематизации наборов данных о состоянии различных сельскохозяйственных культур для формирования новых знаний о влиянии стрессовых факторов природного и техногенного происхождения на состояние растений. Целью данной работы является описание концепции сетевого ресурса - банка знаний по экспресс-диагностике сельскохозяйственных культур.

Основные требования и принципы разработки банка знаний

Необходимость создания компьютерного банка знаний по экспресс-диагностике сельскохозяйственных культур обусловлена двумя основными задачами:

- оказанию помощи агрономам в экспресс-диагностике состояния сельскохозяйственных культур и получению рекомендаций, направленных на устранение негативных последствий, связанных с воздействием на них различных стрессовых факторов;

- накоплению, систематизации данных экспресс-диагностики растений, их анализу, обработке и получению новых знаний о влиянии стрессовых факторов на развитие растений, а также знаний о том, какие мероприятия и с какими наборами параметров необходимо провести для повышения урожайности сельскохозяйственных культур и предупреждения возможных потерь урожая из-за воздействия стрессовых факторов природного и техногенного происхождения.

Указанные задачи определяют основные требования к банку:

- возможность удаленно получать информацию о состоянии сельскохозяйственных культур и рекомендации по их дальнейшему уходу;

- удаленно и автоматизированно вносить и анализировать информацию, полученную от сенсорных датчиков;

- предоставить экспертам предметной области набор понятных и удобных для них средств формирования знаний о состоянии сельскохозяйственных культур на основе результатов измерений и описания рекомендаций по их дальнейшему уходу;

- обеспечить контролируемый и управляемый доступ ко всем компонентам системы для пользователей банка знаний - агрономов, инженеров по знаниям, программистов и экспертов в области сельского хозяйства;

- возможность удаленно (независимо от географического расположения) вносить, редактировать и просматривать знания и данные о состоянии сельскохозяйственных культур и рекомендации по их дальнейшему уходу.

На основе требований к банку можно сформулировать основные принципы его создания.

Для доступности широкому кругу агрономов результатов диагностики и рекомендаций, привлечения к разработке баз знаний как можно больше специалистов также независимо от их географического расположения, предоставить доступ ко всем компонентам банка как к облачным сервисам. Такой подход к реализации не потребует установки компонентов сервиса на компьютере пользователей и разработчиков, не будет предъявлять никаких дополнительных условий к операционной системе, оперативной памяти и др. техническим требованиям их компьютеров. Очень важно использование данной технологии для обеспечения жизнеспособности всех компонентов компьютерного банка, поскольку в процессе всего жизненного цикла все его компоненты будут доступны для сопровождения. Практически только эта технология и позволяет обеспечить систематическое накопление знаний в банке знаний и постоянное его развитие в процессе использования.

Для обеспечения понятности и доступности баз данных, средств разработки баз знаний и их модификации предлагается разработать онтологии соответствующих информационных ресурсов, описывающих системы понятий, связей между ними и ограничений целостности. Использование онтологий направлено на упрощение создания информационных компонентов [3, 43; 4, 28], поскольку разработчикам не надо изучать какой-либо формализм для описания данных и знаний (особенно это важно для экспертов предметной области, не знакомых с языками программирования и технологией разработки программных систем). Использование редакторов, управляемых онтологиями, также направлено на снижение трудоемкости разработки информационных ресурсов.

В качестве среды для реализации банка знаний по экспресс-диагностике сельскохозяйственных культур будет использована облачная платформа IACPaaS [5, 27], которая в полной мере реализует поставленные требования.

Концептуальная архитектура банка знаний

Архитектура банка знаний по экспресс-диагностике сельскохозяйственных культур представлена на рис. 1. Банк знаний состоит из компонентов двух типов - информационных и программных.

<u>Информационными компонентами</u> являются: онтология наблюдений, онтология проведения измерений, онтология прецедентов, а также базы измерений и прецедентов для каждой культуры растений.

Онтология наблюдений описывает структуру наблюдений и их значений. К наблюдениям относятся описание стрессовых факторов и результатов проведения измерений растений с помощью сенсоров, принцип действия которых основан на измерении интенсивности процесса фотосинтеза в растениях. Возможность оценки состояния растений по изменению интенсивности процесса фотосинтеза или изменению формы кривой Каутского подтверждена экспериментально [1,74]. К стрессовым факторам относятся абиотические (экологические), биотические и климатические наблюдения. Абиотическими наблюдениями, влияющими на развитие растений, являются: техногенное загрязнение углеводородами, сернистым ангидридом, озоном, радионуклидами, фтористым водородом, катионами тяжелых металлов, пестицидами и др. Биотические наблюдения описывают присутствие в зоне произрастания растений различных микроорганизмов, животных, грибов и др. Наконец климатические наблюдения описывают возможные значения погодных условий, которые влияют на развитие сельскохозяйственных культур: осадки, влажность, свет и др.

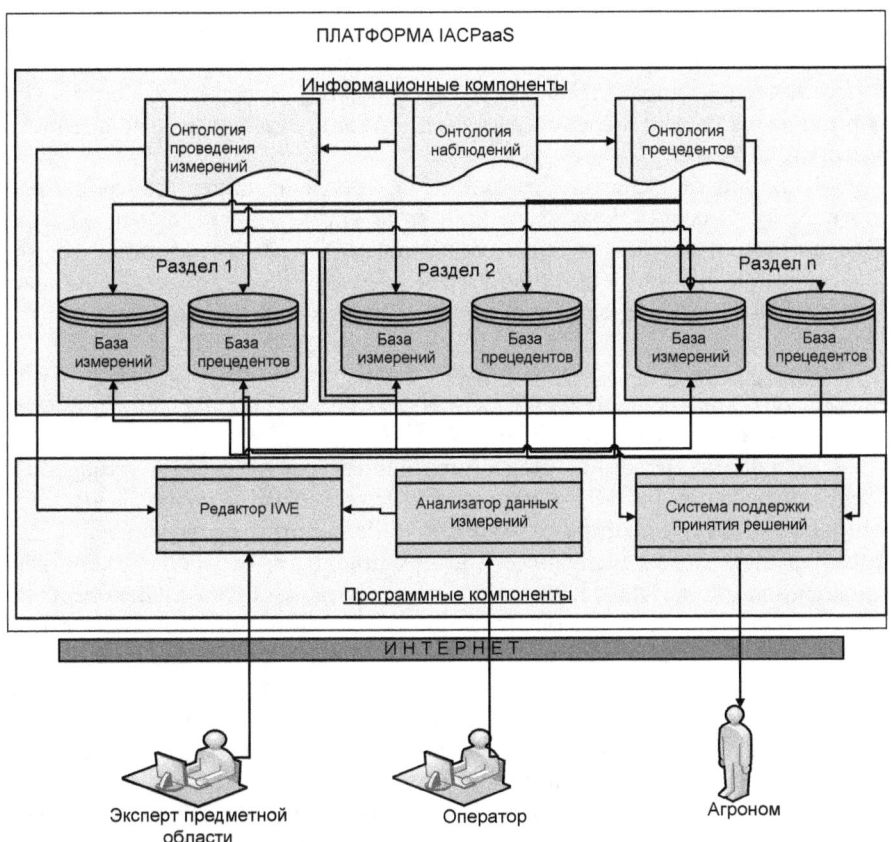

Рис. 1. Архитектура банка знаний по экспресс-диагностике сельскохозяйственных культур

Вторая часть онтологии наблюдений включает описание наборов параметров кривой Каутского, влияющих на принятие решений о состоянии растений: уровень флуоресценции, скорость увеличения и спада флуоресценции, коэффциент корреляции между показателями медленной и быстрой фазы индуцированной флуоресценции хлорофилла, коэффициент фотосинтетической активности и др. Онтология наблюдений выделена в отдельный информационный ресурс, поскольку результаты наблюдений использует онтология проведения измерений и онтология прецедентов.

Онтология прецедентов описывает диагноз растения, значения его наблюдений, по которым этот диагноз может быть поставлен, а также рекомендации по набору мероприятий, которые необходимо провести по дальнейшему уходу за растением.

Онтология проведения измерений включает название сельскохозяйственной культуры, ее сорт, а также дату, время проведения наблюдений и наборы значений, относящихся к стрессовым факторам, а также значения параметров кривой Каутского. В терминах онтологии формируются базы измерений растений и база прецедентов (накопленного опыта).

Банк знаний состоит из разделов; каждый раздел банка знаний соответствует сельскохозяйственной культуре. Разделы банка в свою очередь могут содержать подразделы, соответствующие сорту сельскохозяйственной культуры. Таким образом, в каждом разделе банка содержатся базы измерений некоторой сельскохозяйственной культуры и база прецедентов.

<u>Программными компонентами</u> банка являются: редактор IWE, анализатор данных измерений, а также система поддержки принятия решений на основе базы прецедентов.

В качестве редактора информационных ресурсов (баз измерений, прецедентов и онтологий) используется Редактор IWE, который является компонентом платформы IACPaaS. Редактор предназначен для формирования и модификации информационных ресурсов различных уровней общности, представленных семантическими сетями. Инженеры по знаниям формируют с помощью данного редактора онтологии на языке ИРУО. Затем сформированные онтологии подаются на вход этому же редактору, автоматически генерируется интерфейс редактора, управляемый онтологией, далее эксперты предметной области, операторы и агрономы формируют компоненты базы измерений (дату проведения измерения, время, район, название сельскохозяйственной культуры, ее сорта) и базы прецедентов напрямую, без посредников. Все информационные ресурсы - онтологии, базы прецедентов и измерений представляются в едином унифицированном формате – семантическими сетями.

Анализатор данных измерений информацию, полученную от сенсоров в цифровом формате, автоматически преобразует во множество параметров (параметров кривой Каутского), которые являются существенными для принятия решений. Полученные параметры автоматически преобразуются в формат представления базы измерений и записываются в нее.

Система поддержки принятия решений по данным измерений сельскохозяйственной культуры и базы прецедентов определяет диагноз растения и формирует набор рекомендаций для агрономов.

Использование метода принятия решений по прецедентам (накопленному опыту), которые уже имели место в прошлом, активно используется в диагностических системах. Основными его преимуществами являются [6, 322]:

- Возможность напрямую использовать опыт, накопленный системой без интенсивного привлечения экспертов, т.е. не требуются такие трудоемкие этапы как получение, формализация и обобщение экспертных знаний, верификация системы на корректность и полноту; приобретение знаний происходит путем формального описания случаев из практики;

- Возможность сокращения времени поиска решения поставленной задачи за счет использования уже имеющегося решения для подобной задачи; возможность объяснения полученного решения (в противоположность системам, основанным на нейронных сетях);

- Возможность работы в предметных областях, которые невозможно полностью понять, объяснить или смоделировать;

- Возможность обучения в процессе работы. Причем обучение будет происходить только в определенных направлениях, которые реально встречаются на практике и востребованы (нет избыточности).

Заключение

В работе описана концепция банка знаний по экспресс-диагностике сельскохозяйственных культур. В качестве средства реализации банка выбрана облачная платформа IACPaaS, которая поддерживает все технологические принципы создания, сопровождения, накопления, совместного развития информационных и программных компонентов систем, основанных на знаниях, а также их использования удаленно, независимо от географического положения разработчиков и пользователей. В настоящее время коллективами Института кибернетики НАН Украины и Институтом автоматики и процессов управления ДВО РАН начата реализация банка знаний.

Работа выполнена при финансовой поддержке РФФИ, грант 14-07-90400

Литература

1. О.В. Ковирьова Моделі фотосинтезу та комп'ютерна оцінка стану рослин// Комп'ютерні засоби, мережі та системи. 2010, № 9. с 72-81

2. Романов В.А., Галелюка И.Б., Груша В.М., Ковырёва А.В., Грибова В.В.Особенности применения биосенсорных приборов и сенсорных сетей в прецизионном земледелии и экологическом мониторинге// 6th International Conference "Sensor Electronics and MicroSystems Technologies".2014. с 24.

3. Клещев А.С. Роль онтологии в программировании. Ч. 1. Аналитика // Информационные технологии. – 2008. – №10. – С. 42 – 46

4. .Клещев А.С. Роль онтологии в программировании. Ч. 2. Интерактивное проектирование информационных объектов // Информационные технологии. – 2008. – №11. – С. 28 – 33

5. Грибова В.В. Клещев А.С., Крылов Д.А., Москаленко Ф.М., Смагин С.В., Тимченко В.А., Тютюнник М.Б., Шалфеева Е.А Проект IACPaaS. Комплекс для интеллектуальных систем на основе облачных вычислений// Искусственный интеллект и принятие решений. 2011. № 1. С.27-35.

6. П.Р. Варшавский Механизмы правдоподобных рассуждений на основе прецедентов (накопленного опыта) для систем экспертной диагностик// 11 национальная конференция по искусственному интеллекту. Труды конференции. Т2. -М.: Ленанд-2008ю - ..с 321-329

Мелихова Е.В.
кандидат технических наук, ФГБОУ ВПО Волгоградский ГАУ

ЭЛЕМЕНТЫ ТЕХНИКИ ПОЛИВА ПРИ КАПЕЛЬНОМ ОРОШЕНИИ

Тем не менее есть некоторые технические особенности при использовании капельного орошения. Элементарная норма, продолжительность ее выдачи, расход и количество капельниц в очаге и на единице длины полосы увлажнения также являются элементами техники капельного орошения. Все эти величины зависят от биологических особенностей культур, водно-физических свойств почв, характеристик капельниц. Ширина полосы, наибольший диаметр контура увлажнения, его горизонтальная площадь и глубина промачивания зависят от разности корневой системы культуры и находятся опытным путем. Очаг увлажнения с соответствующими параметрами формируется за счет применения тех или иных элементов техники капельного орошения.

При капельном орошении скорость подачи воды на поверхность почвы не должна превышать её впитывающей способности. В противном случае образуются лужицы, формируется поверхностный сток и имеет место водная эрозия почвы, ухудшаются условия водоснабжения растений и непроизводительно расходуется оросительная вода. Учитывая водно-физические свойства почв, главным образом их водопроницаемость, подача применяющихся капельниц находится в пределах 2,0-12,0 л/ч. Каждая капельница конструктивно выполнена так что обеспечивает при работе определенную водоподачу, находящуюся в указанном диапазоне. На легких, хорошо проницаемых почвах применяют капельницы с максимальной водоподачей, на тяжелых - с минимальной. Участки со значительными уклонами, более 0,05, следует поливать капельницами с водоподачей не более 8 л/ч. На ровных, без уклонных площадях применяют капельницы максимально допустимой водоподачей до 12 л/ч. При работе капельницы образуется контур увлажнения, форма и размеры которого зависят от водно-физических свойств почв, интенсивности и времени водоподачи. Однако, размеры горизонтальной, плоскости контура увлажнения, его диаметр ограничены капиллярными свойствами почв. [1,3] Исследования, проведенные на светло-каштановых почвах показали, что боковое капиллярное растекание воды в горизонтальной плоскости происходит очень медленно и быстро затухает. Глубина распространения основной массы корней принималась - 0,4…0,5м. При этом площадь питания равна 0,1…0,2 м^2, ширина увлажняемой полосы - 0,7м, увлажняющая часть площади питания ($K_к$) равна 0,9…1,0 м.

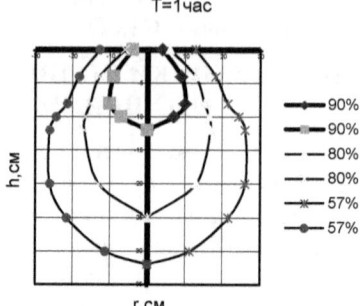

Рис.1 - Распространение влажности почвы в контурах, % от НВ

Средние скорости движения воды по горизонтальным капиллярам на различных почвах близки друг к другу и колеблются в пределах от 0,50 до 0,74 мм/мин. При подаче воды через капельницу на поверхность почвы в течение семи-восьми часов скорость капиллярного растекания воды, по горизонтальным капиллярам резко падает до 0,03-0,17 мм/мин. Такие скорости капиллярного растекания воды в горизонтальной плоскости наблюдаются в том случае, когда подача воды на почву соответствует её впитывающей способности и не сопровождается образованием лужиц. Исследования, проведенные на светло-каштановых почвах, показали, что при подаче воды через капельницу от 2,0 до 12,0 л/ч и отсутствии неглубоко залегающего водоупора или зеркала грунтовых вод, один водовыпуск создает контур увлажнения с горизонтальной площадью, изменяющейся в пределах от 1,0 до 1,3 м². Глубина контура увлажнения по мере увеличения поливной нормы возрастает, благодаря образованию гравитационных токов воды, при временном снижении скорости бокового оттока.

Наибольший диаметр горизонтальной плоскости контура увлажнения, при отсутствии уклона, составил 0,52 м, что видно из сечения, сделанного в сторону междурядий. В среднем влажность почвы контуре увлажнения поддерживалась благодаря проведению поливов и падающим осадкам не ниже 85 % НВ. В зоне подачи воды капельницами почва до глубины 40...50 см. находилась в переувлажненном состоянии. Переувлажнялось 22,3 % почвы от общего объема увлажнения, который был 1,15 м³. Вокруг этой зоны располагался слой почвы, составляющий объёма контура увлажнения, влажность которого находилась в пределах 100,0-80,0% НВ. И лишь 8,2 % объёма контура увлажнения почвы менее 80,0 % НВ. При увеличении поливной нормы и проведении 26 поливов общие закономерности распределения влаги в почве остались такими же. Однако, ряд показателей, характеризующих очаг увлажнения, видоизменились. В первую очередь, возросла на 0,33 м или на 26,2% глубина промачивания. Длина и ширина контура увлажнения, а, следовательно, и его горизонтальная площадь, практически не увеличились. В контуре увлажнения осреднённая влажность почвы составила 85,0 % НВ на 5,0 % НВ меньше, чем при частых поливах малыми нормами. Переувлажненная зона составила 17,2 % от объема контура увлажнения, который равен 5,0 м³ Оптимальная влажность от НВ до 80,0 % НВ была зафиксирована в почве, составляющей 42,6 % от объема контура увлажнения. Недоувлажненная часть контура составляла 41,5%. Общий объем контура увлажнения при меньшем количестве поливов был на 2,12 м³/га или 73,6 % больше, чем при частой подаче оросительной воды малыми нормами. Оптимально увлажненные части контуров увлажнения при различных нормах полива были практически одинаковы. Это объясняется тем, что оросительные нормы на этих вариантах были близки друг к другу.

При выборе количества капельниц, которое необходимо устанавливать на одно растение, следует учитывать оптимальные параметры очага увлажнения для различных культур и закономерности движения влаги в почве в горизонтальной и вертикальной плоскостях. Для конкретных почвенно-климатических условий, видов и сортов с.-х. растений техники капельного орошения следует уточнять по опытным данным [2,37].

Расчет поливного режима при капельном орошении начинают с определения величины оросительной нормы. Рассчитывать. ее следует на год 95 или 75 % обеспеченности осадками периода оптимального увлажнения культуры. Для большинства с-х. культур период оптимального увлажнения длится три-четыре месяца с мая по август. Более точно сроки можно установить по зональным справочникам или опытным путём.

Значение поливной нормы при капельном орошении с учётом эллипсовидной формы контура увлажнения определяют следующим образом:

$$m = 11{,}5 \cdot H \cdot R \cdot \gamma_{o\!\delta} \cdot (\beta_{HB} - \beta_{\Pi\Pi}) \tag{1}$$

где H-расчётная глубина увлажняемого слоя почвы, м;

R-радиус увлажнения, м; $\gamma_{o\!\delta}$-объёмная масса, т/м3

11,5- коэффициент, полученный в результате действий $11\pi/3$.

Математическая обработка экспериментальных данных показала (рис.1), что радиус контура увлажнения коррелируется с глубиной увлажнения по формуле:

$$R = 0{,}431 H \tag{2}$$

Подставив выражение (2) в формулу (1) получим:

$$m = 4{,}96 \cdot H^2 \cdot \gamma_{об} \cdot (\beta_{НВ} - \beta_{ПП}) \cdot n \tag{3}$$

где m- значение поливной нормы, л/га;

n-количество капельниц на га.

Умножив полученное выражение на количество капельниц, получаем формулу для вычисления поливной нормы:

$$m = 96{,}36 H^2 \gamma_{об} \cdot (\beta_{НВ} - \beta_{ПП}) \tag{4}$$

Расчёты по формуле (4) для различной глубины увлажнения приведены в таблице 1.

Для сравнения значения поливной нормы, рассчитанной по формуле, предложенной нами в таблице 1 представлены различные зависимости поливной нормы при капельном орошении и формулы, принятой за основу.

$$m = 100 \cdot h\alpha \frac{K_k}{(2{,}0 - 2{,}0 K_k + K_k^2)^{0{,}5}} (\beta_{НВ} - \beta_{ПП}) \tag{5}$$

где α- объёмная масса расчётного слоя почвы, т/м³;

K$_к$- увлажняющий участок, выраженный в частях от площади питания растения.

Таблица 1 - Сравнение величин поливной нормы по различным формулам

Глубина прома-чивания, м	Величина поливной нормы, м³/га		Расчетная формула
	70% НВ	85% НВ	
0,2	195	98	$m = 100 \cdot \gamma \cdot H(\beta_{НВ} - \beta_{ПП})$
0,3	283	150	
0,4	340	170	
0,5	423	211	
0,2	88	44	$m = 100 \cdot h\alpha \frac{K_k}{(2{,}0 - 2{,}0 K_k + K_k^2)^{0{,}5}} (\beta_{НВ} - \beta_{ПП})$
0,3	190	95	
0,4	267	134	
0,5	378	189	

0,2	32	14
0,3	67	34
0,4	108	47
0,5	168	84

$$m = 96{,}36 H^2 \gamma_{o6} \cdot (\beta_{HB} - \beta_{\Pi\Pi})$$

Поливные нормы, найденные по формуле (4) для различных порогов начальной влажности почв опытного участка и глубины увлажняемого слоя составили 14 … 168 м3/га в зависимости от глубины увлажняемого слоя (таб. 1.). Полученных значений величины поливной нормы по формуле (4) показало, что назначение режима орошения с использованием выведенной зависимости для определения величины поливной нормы при капельном орошении, учитывающей пространственную форму области увлажнения почвы, приводит к более экономичному использованию оросительной воды. При этом величина поливной нормы по вычислению с формулой А.Н.Костякова, уменьшается в 3,6…7 раза, а с формулой (5) в 2,2…3,2 раза меньше.

Таким образом, при проведении полевых исследований нами был принят режим орошения столовой свеклы, рассчитанный на основе формулы (4), предложенной нами для определения поливной нормы при капельном орошении.

Используемая литература

1. Салдаев А.М., Рогачев А.Ф. Дождевально-опрыскивающий агрегат/ Патент РФ на изобретение RUS № 2222940. 2004. Бюл. №4.
2. Мелихова Е.В. Дифференцированный режим орошения и питания столовой свеклы на светло-каштановых почвах волго-донского междуречья / Е.В. Мелихова // Известия Нижневолжского агроуниверситетского комплекса: Наука и высшее профессиональное образование. 2007. № 3. С. 35-41.

Крукович М.Г.
д.т.н., профессор, Московский государственный университет путей сообщения (bormag@miit.ru)
Бадерко Е.А.
д.т.н., профессор Московский государственный университет им. М.В. Ломоносова

РАСЧЕТ ЭВТЕКТИЧЕСКИХ ТЕМПЕРАТУР И КОНЦЕНТРАЦИЙ МНОГОКОМПОНЕНТНЫХ СИСТЕМ И ПОСТРОЕНИЕ СХЕМ ДИАГРАММ СОСТОЯНИЯ

Решение ряда теоретических, технологических и эксплуатационных проблем металлургии, литейного производства, термической и химико-термической обработок, порошковой металлургии, сварки и наплавки, химического производства и т.п., связанных с расплавлением металлических, окисных и солевых систем, требует знания диаграмм состояния или, по крайней мере, температур эвтектических реакций этих систем. В то же время для многих систем, в особенности многокомпонентных, экспериментальные диаграммы состояния еще не построены. Для компьютерного построения квазибинарных разрезов реальных многокомпонентных систем требуется соответствующее программное обеспечение и банк данных, который пока еще не составлен для большинства систем. Расчет же двухкомпонентных диаграмм состояния сплавов по термодинамическим критериям связан с большой погрешностью.

Проведенный статистический анализ более 200 двойных и тройных систем, имеющих эвтектические реакции, показал взаимосвязь эвтектической температуры с температурами плавления компонентов, входящих в состав эвтектики, и позволил с использованием геометрических и алгебраических преобразований, разработать формулы для расчета коэффициента эвтектической температуры и самой эвтектической температуры в двух и многокомпонентных системах.

Для уменьшения погрешности расчета в работе использовалась классификация элементов по физико-химическим свойствам и электронному строению в соответствии с периодической системой элементов Д.И. Менделеева. Это позволило построить тарировочные зависимости коэффициента эвтектической температуры и масштабного температурного параметра для различных групп элементов и их соединений и отыскать математические выражения этих зависимостей.

Масштабный температурный параметр разработан с целью более равномерного распределения колебаний значений коэффициента эвтектической температуры на тарировочных графиках. При моделировании закономерностей образования эвтектики в многокомпонентных системах использовалось правило подобия, согласно которому двойные эвтектики рассматривались как «компоненты» при последующем расчете эвтектических температур и концентраций в новых системах. Результаты расчета по разработанной методике имеют погрешность менее 10% по сравнению с экспериментальными данными. При этом данная методика применима для любых эвтектических металлических и солевых систем [1, 235; 2, 12].

Базовыми данными методики расчета являются температуры плавления компонентов, входящих в состав эвтектики, выраженные в Кельвинах. Компонентами эвтектик могут быть чистые элементы, химические соединения или твердые растворы предельной растворимости. Для твердых растворов предельной растворимости берется температура ликвидус этого раствора.

Для двухкомпонентной системы расчетная формула имеет вид:

$$T_{эвт} = K_{эт} (T_1 + T_2), К. \qquad (1)$$

Эвтектические смеси образуются в системах с нонвариантным эвтектическим равновесием, в системах с конгруэнтно и инконгруэнтно плавящимися двойными и тройными соединениями, часто образующими на диаграммах многокомпонентных систем несколько эвтектических плоскостей. В последнем случае триангуляцию системы целесообразно проводить в соответствии с рекомендациями работ [3, 185; 4, 170; 5, 215].

В ряде работ предлагается методика расчета эвтектических температур и эвтектических концентраций многокомпонентных систем, принимающей во внимание только термодинамические характеристики чистых исходных элементов [6, 294; 7, 119]. При таком рассмотрении игнорируются металловедческие факторы, которые заключаются в возможности образования в металлических системах химических соединений и растворов, составляющих эвтектические смеси, что приводит к ошибочным результатам. Об этом свидетельствуют данные, приведенные в работе [7, 121], когда температура эвтектической реакции незначительно отличается для различных систем. В то же время в описанных системах имеет место образование нескольких химических соединений и нескольких эвтектических смесей.

Нами предлагается вести прямой или последовательный расчет эвтектических температур. В обобщенном виде прямой расчет эвтектической температуры (т.е. при одинаковом значении $K_{эт}$) проводят:

▶ для четного числа (2n) компонентов эвтектики -

$$T_{эвт} = K_{эт}^{\frac{n}{2}} \sum_{i=1}^{n} T_i \qquad (2)$$

▶ для нечетного числа (2n + 1) компонентов -

$$T_{эвт} = K_{эт}^{\frac{n+1}{2}} \sum_{i=1}^{n-1} T_i + K_{эт} * T_n \qquad (3)$$

Этот метод упрощает расчет, но в то же время дает максимальную погрешность. Он может быть использован при первичной оценке $T_{звт}$.

При последовательном (поэтапном) определении эвтектической температуры многокомпонентной системы на каждом этапе проводится уточнение коэффициента эвтектической температуры ($K_{эт}$). На первом этапе проводится расчет эвтектической температуры компонентов, разбитых по парам в порядке убывания температуры плавления, с собственным коэффициентом эвтектической температуры по формуле (1). На следующем этапе расчет эвтектической температуры между эвтектиками или с включением в расчет оставшихся непарных компонентов проводится с новыми уточненными значениями этого коэффициента. Такой путь определения искомых параметров может быть использован для любых систем (металлических, солевых, окисных) и он дает минимальную погрешность.

Для уменьшения разброса коэффициентов эвтектической температуры ($K_{эт}$) в зависимости от сочетания температур плавления компонентов эвтектической смеси нами разработан масштабный температурный параметр (X). В качестве основы для расчета масштабного температурного параметра принята объективная характеристика каждой многокомпонентной системы. Такой характеристикой является сумма модулей разности температур плавления компонентов, составляющих эвтектические смеси.

$$X = \frac{\sum_{1 \leq i < j \leq n}^{n} |T_i - T_j|}{(\sum_{i=1}^{n} T_i)^{0,74}} \qquad (4)$$

Построенные тарировочные зависимости связывают интервал изменения коэффициента эвтектической температуры ($K_{эт}$) и масштабный температурный параметр (X). При этом весь интервал колебаний коэффициента эвтектической температуры был разбит на три уровня: максимальный (max), средний (midl) и минимальный (min). Вычисление значения коэффициента $K_{эт}$ проведено с учетом рекомендаций, основанных на статистической вероятности:

▶ для чистых элементов (металлов или неметаллов), образующих эвтектику, он выбирается, равным середине интервала между средним и минимальным значениями ($K_{эт}^{midl}$ и $K_{эт}^{min}$).

▶ для химических соединений и для сочетаний вида чистый элемент (металл или неметалл) – химическое соединение, он выбирается равным середине интервала между максимальным и средним значениями ($K_{эт}^{max}$ и $K_{эт}^{midl}$).

Учет указанных особенностей позволил снизить разброс значений коэффициента $K_{эт}$ до ± 0,015.

Компьютерная аппроксимация тарировочных зависимостей обеспечила получение формул для расчета $K_{эт}$ с достоверностью $R^2 > 0,9$:
- для сочетания простых металлов с простыми и их соединениями

$K_{эт} = 0,4608 exp(-0,1473X),\ R^2 = 0,90$ \hfill (5)

- для сочетаний простых металлов с переходными и их соединениями

$K_{эт} = 0,4847 exp(-0,1782X),\ R^2 = 0,9229;$ \hfill (6)

- для сочетания переходных металлов с переходными и их соединениями

$K_{эт} = 0,0022 \cdot X^3 + 0,0214 \cdot X^2 + 0,0944 \cdot X + 0,4804,\ R^2 = 0,9357;$ \hfill (7)

- для сочетания простых металлов с неметаллами или с промежуточными элементами

$K_{эт} = 0,4792 exp(-0,1818X),\ R^2 = 0,9418;$ \hfill (8)

- для сочетания переходных металлов с неметаллами или с промежуточными элементами

$K_{эт} = 0,497 exp(-0,2657X),\ R^2 = 0,9183.$ \hfill (9)

В качестве примера приведен тарировочный график для определения коэффициентов эвтектической температуры ($K_{эт}$) при сочетании простых металлов с простыми и их соединениями (Рис.1).

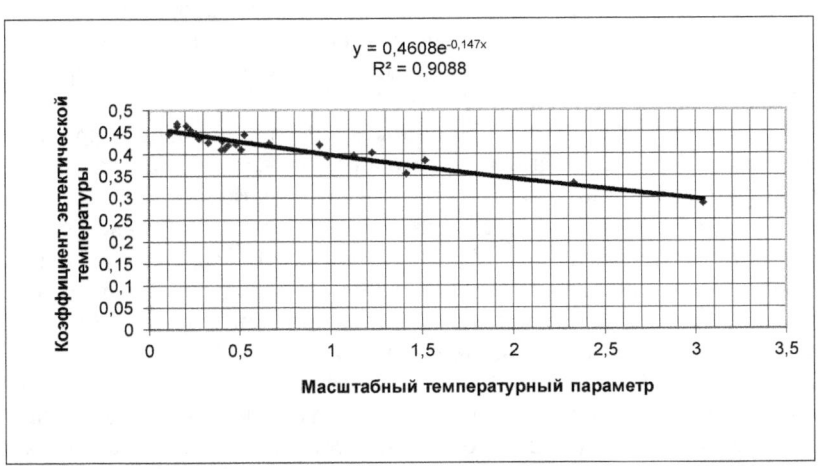

Рисунок 1 Тарировочные зависимости для определения коэффициентов эвтектической температуры ($K_{эт}$) при сочетании простых металлов с простыми и их соединениями, образующими эвтектические смеси.

Расчет эвтектической концентрации (С, % по массе) проводили по формулам, при известных температурах плавления компонентов (T_1 и T_2, К) и вычисленных значениях эвтектической температуры ($T_{эвт}$):

$$C^{T1}_{эвт} = [(T_2 - T_{эвт}) / (T_1 + T_2 - 2 T_{эвт})] \, 100\%. \qquad (10)$$

$$C^{T2}_{эвт} = [(T_1 - T_{эвт}) / (T_1 + T_2 - 2 T_{эвт})] \, 100\%. \qquad (11)$$

С использованием полученных значений эвтектических температур и концентраций были построены схемы четырех- и пятикомпонентных диаграмм состояния сплавов на никелевой основе и быстрорежущих сталей в традиционных координатах «концентрация – температура». Эти диаграммы использовались при определении оптимальной температуры борирования для получения псевдоэвтектической структуры слоев, которая формируется по диффузионно-кристаллизационному механизму [1, 164; 8, 119].

В основе представления схем многокомпонентных диаграмм состояния лежит общепринятый метод размещения их в трехмерном пространстве, две координаты которого описывают изменение концентраций компонентов. Эти оси координат не перпендикулярны при количестве элементов не равных четырём, т.е. образуют расходящуюся (дивергентную) координатную систему. Третьей координатой является температура, ось которой перпендикулярна другим осям. Таким образом, в основании подобных схем диаграмм состояния находятся правильные плоские геометрические фигуры - квадраты, пятиугольники, шестиугольники и т.п. Вершины многоугольников принадлежат определенным компонентам, а стороны объёмной фигуры (призмы) являются основаниями двойных диаграмм состояния.

В частности, содержание компонента *A* (Рис. 2) изменяется от 100% до 0 % по сторонам AB и AD. При этом его содержание на остальных сторонах n - угольника соответствует нулевому значению. Следовательно, компонент *A* по площади концентрационного многоугольника распространяется от двух сторон при n = 4 от AB и AD, при n = 5 от AB и AE и при n = 6 от AB и AF, а по объёму всей диаграммы – от двух соответствующих боковых граней n - угольной призмы. Такая трактовка позволяет сделать вывод, что закономерность распределения каждого компонента системы описывается некоторыми площадями в изотермическом сечении n - угольника, которые могут быть определены по единому для всех систем правилу площадей [1, 115; 8, 58].

Согласно этому правилу суммарное содержание всех элементов в любой точке концентрационного многоугольника соответствует площади этого многоугольника, а содержание конкретного элемента в фигуративной (рассматриваемой) точке соответствует части всей площади, выраженной в процентах. То есть площади фигуры, противолежащей вершине искомого элемента и заключенной между линиями координатной сетки, проходящими через эту фигуративную точку, и сторонами многоугольника. Эта площадь выражается в процентах от всей площади многоугольника. Количество элемента *A* в рассматриваемой точке М для четырёхкомпонентной системы соответствует площади квадрата МОСТ (Рис. 2) и составляет 12% (0,4·0,3·100%). Количество других элементов в этой точке составляет: *B*=28% (0,7·0,4·100%); *C*=42% (0,6·0,7·100%); *D*=18% (0,6·0,3·100%).

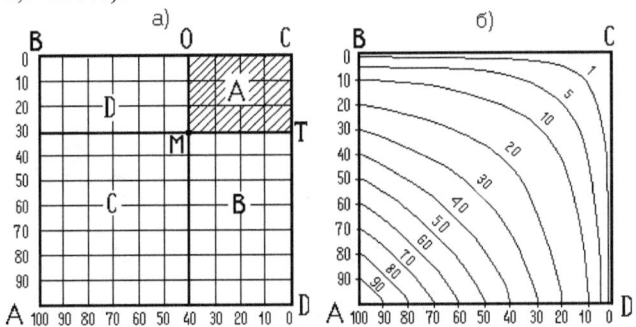

Рисунок 2 Основание схемы четырехкомпонентной диаграммы состояния (а) и концентрационное распределение компонента *A* (б) (трафарет распределения для любого элемента).

Для пяти и шести компонентных систем количество компонента *A* в точке М соответствует площади заштрихованной области (Рис. 3 а). Эта площадь рассчитывается геометрическим путём, разбивая заштрихованный многоугольник на простые фигуры (например, треугольники). Рассчитанное таким образом распределение компонента *A* по площади концентрационных многоугольников может быть представлено в виде изоконцентрационных линий, т.е. в виде трафарета, который естественно одинаков для всех элементов каждой системы (Рис. 3 б). Прикладывая трафарет к каждой вершине, определяют содержание элементов в заданной точке.

Угол расхождения (α) каждой координатной линии от предшествующей линии в дивергентной системе рассчитывают по формуле:

$$\alpha = \left(1 - \frac{4}{n}\right) * \frac{180}{c}, \qquad (12)$$

где *n* - число компонентов в системе (сторон многоугольника);
c - количество делений равномерной концентрационной шкалы.

Очевидно, что при n = 4 угол расхождения равен 0, т.е. для четырехкомпонентной системы концентрационная сетка является прямоугольной и параллельна сторонам квадрата.

Недостатками дивергентной системы координат являются: неравномерное распределение элементов по площади концентрационного многоугольника; отсутствие некоторых сплавов с равным соотношением трёх элементов для n =4, четырёх элементов для n =5 и т.д.

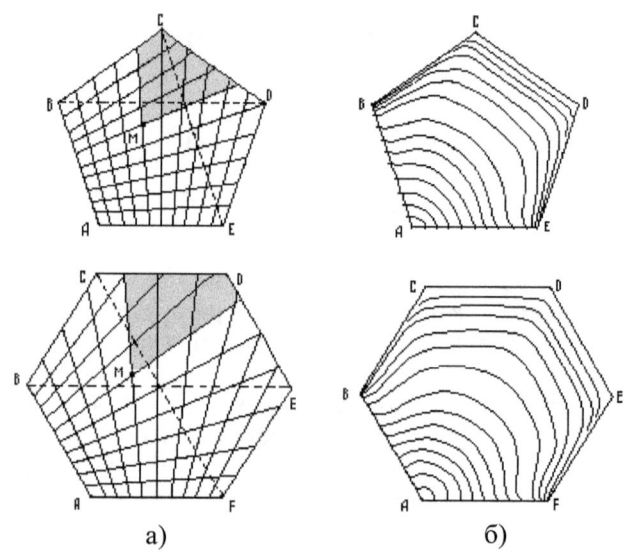

а)   б)

Рисунок 3 Основания схем пяти- и шестикомпонентных диаграмм состояния с двухмерной дивергентной координатной сеткой (а) и закономерность концентрационного распределения компонента *A* (б) (трафареты для распределения всех элементов).

В соответствии с вышеизложенными правилами построения схем многокомпонентных диаграмм состояния и, учитывая закономерности структурообразования в двойных и тройных Fe-B, Ni-B, Cr-B, Cr-B-Fe, Cr-Ni-B, Ni-Fe-B системах, а также закономерности структурообразования при диффузном насыщении бором Fe- Ni - Cr сплавов, была построена схема четырехкомпонентной диаграммы состояния сплавов Fe- Ni - Cr -B. Главной особенностью полученной схемы диаграммы является её однозначная взаимосвязь с концентрационным распределением бора, вследствие высокого сродства к нему Cr, Ni, Fe.

Схема пятикомпонентной диаграммы Cr – Mo – Fe – W – B, необходимая для анализа структурообразования при борировании быстрорежущих сталей, строилась с использованием разработанных принципов. Так же как и для четырехкомпонентной диаграммы, характер поверхности ликвидус тесно связан с концентрационным распределением бора, вследствие присутствия в стали сильных боридообразователей Cr, W, Fe, Mo (Рис. 4.16, 4.17)

Принимая во внимание, что углерод в быстрорежущей стали находится в связанном состоянии в виде карбидов, которые сохраняются в структуре даже при нагреве под закалку, следует предположить, что его влияние на боридообразование окажется незначительным. Поэтому он не учитывался при построении схемы диаграммы и при расчёте критических точек.

Следует также отметить, что вольфрам, самый тугоплавкий элемент системы и сильный карбидообразователь, в отожженной стали находится в основном в карбидах. В твердом же растворе стали Р6М5 содержится только 0,3% W (по массе). Поэтому расчёт эвтектической температуры, определяющей температуру борирования, был проведен, как с учётом вольфрама, так и без учёта его участия в боридообразовании. В первом случае $T_{эвт}$ составляла ~ 1100^0C, во втором ~ 1157^0C. Практическое проведение борирования подтвердило правильность расчёта без учёта вольфрама.

Молибден также при температуре борирования в основном остаётся в карбидах. Однако в твердом растворе его содержится больше. Следует отметить, что молибден и вольфрам являются близкими по свойствам боридообразования, образуют изоморфные структуры и легко замещают друг друга в решетке боридов. Поэтому при расчёте температуры плавления (эвтектики) при борировании достаточно учёта одного из этих элементов. В работе при анализе, боридообразования учитывался молибден.

Построенная схема диаграммы Cr – Mo – Fe – W – B (Рис. 4, 5) с учётом образующихся взаимных растворов изоструктурных боридов Me_2B и MeB и возможного взаимодействия эвтектик, а также построенный политермический разрез позволили разработать условия получения псевдоэвтектических структур при борировании быстрорежущих сталей.

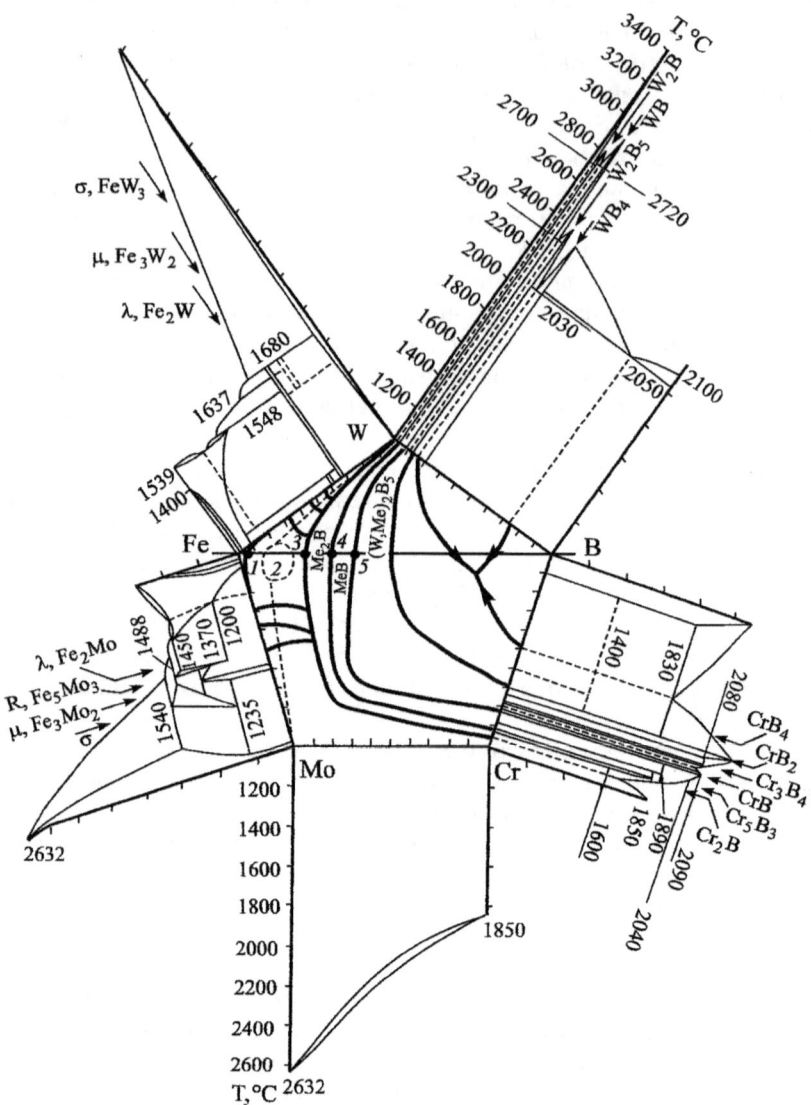

Рис. 4 Общий вид сверху поверхности ликвидус схемы диаграммы Cr – Mo – Fe – W – B и вид двойных диаграмм состояния.

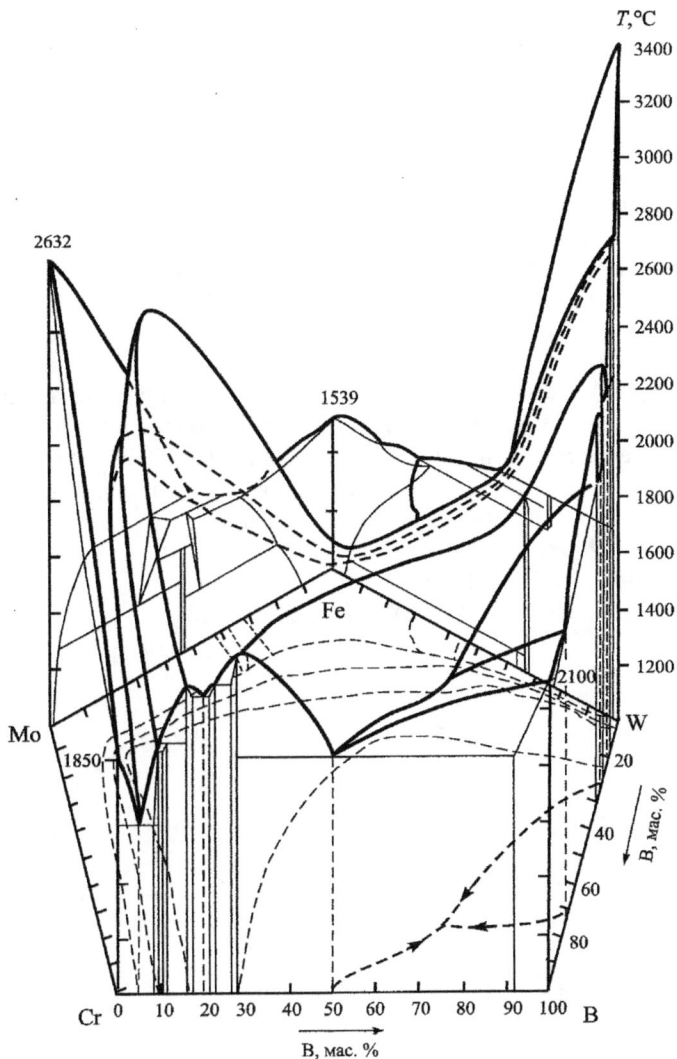

Рис. 5 Схема пяти компонентной диаграммы состояния Cr – Mo – Fe – W – B.

Список литературы

1. Крукович М.Г. Разработка теоретических и прикладных аспектов управления структурой и свойствами борированных слоев и их использование при производстве транспортной техники. //Дисс..... докт. техн. наук: - Москва, 1995. – 416 с.
2. Крукович М.Г. Расчет эвтектических концентраций и температуры в двух и многокомпонентных системах. // МиТОМ, 2005, № 10, С. 9-17.
3. Воздвиженский В.М. Прогноз двойных диаграмм состояния. - М.: Металлургия. -1975, 224 С.
4. Захаров А.М. Диаграммы состояния двойных и тройных систем. Учебное пособие для вузов. – М.: Металлургия, 1990. 240 С.
5. Петров Д.А. Двойные и тройные системы. – М.: Металлургия, 1986, - 256 С.
6. Ганеев А.А. Расчет температур и концентраций упрочняющей фазы для получения композиционных материалов методом инфильтрации. // Инновационные технологии в машиностроении. 2007, С. 291-297.
7. Ганеев А.А., Халиков А.Р., Кабиров Р.Р. Разработка методики расчета эвтектических концентраций и температур диаграмм состояния. // Вестник УГАТУ, 2008, Т.11, № 2 (29), С. 116-122.
8. Крукович М.Г., Прусаков Б.А., Сизов И.Г. Пластичность борированных слоев. – М.: ФИЗМАТЛИТ, 2010. – 384 с.

Магомедов Г.О.
профессор, д.т.н., заведующий кафедрой Технологии хлебопекарного, кондитерского, макаронного и зерноперерабатывающего производств, ВГУИТ, г. Воронеж, Россия
209777@mail.ru

Магомедов М.Г.
доцент, к.т.н., кафедра ТХКМКиЗП, ВГУИТ, г. Воронеж, Россия
mmg@inbox.ru

Журавлев А.А.
доцент, к.т.н., кафедра ТХКМКиЗП, ВГУИТ, г. Воронеж, Россия
zhuraa1@rambler.ru

Плотникова И.В.
доцент, к.т.н., кафедра ТХКМКиЗП, ВГУИТ, г. Воронеж, Россия
plotnikova_2506@mail.ru

Шевякова Т.А.
доцент, к.т.н., кафедры ТХКМКиЗП, ВГУИТ, г. Воронеж, Россия
209777@mail.ru

Чернышева Ю.А.
аспирант кафедры ТХКМКиЗП, ВГУИТ, г. Воронеж, Россия
chernish-ul@yandex.ru

Мазина Е.А.
магистрант кафедры ТХКМКиЗП, ВГУИТ, г. Воронеж, Россия
lizanamazi@mail.ru

АНАЛИЗ РАВНОМЕРНОСТИ РАСПРЕДЕЛЕНИЯ РЕЦЕПТУРНЫХ КОМПОНЕНТОВ ПРИ ЗАМЕСЕ БИСКВИТНОГО ТЕСТА

При производстве мучных кондитерских изделий, таких как бисквит, сахарное печенье и пр. основной технологической стадией является замес теста.

Целью замеса является обеспечение равномерного распределения рецептурных компонентов и получения полуфабриката с заданными физико-химическими и структурно-механическими свойствами.

На равномерность распределения рецептурных компонентов оказывает влияние параметры замеса (продолжительность перемешивания и частота вращения месильного органа), конфигурация сбивальной камеры и рабочих органов.

Целью исследования явилось изучения влияния параметров замеса на равномерность распределения рецептурных компонентов.

Объектами исследования явились бисквитное тесто и экспериментальная установка, предназначенная для разрыхления теста механическим способом.

Для проверки равномерности распределения компонентов в тесто был введен индикатор прозрачно-красный «Colour Bright Red», который в процессе перемешивания распределялся по всему объему теста. По окончанию работы экспериментальной установки отбирали пробы в 9 точках сбивальной камеры (рис.1). Оценку равномерности распределения компонентов проводили путем анализа цветового спектра поверхности сканированных проб.

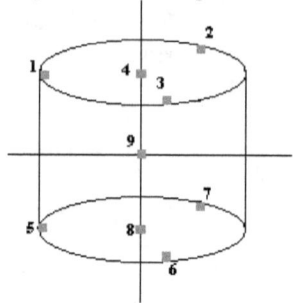

Рисунок 1 – Места отбора проб в сбивальной камере

В качестве входных переменных были приняты x_1 – параметры замеса (сочетание частоты вращения месильных органов и продолжительности замеса), x_2 – точка отбора пробы (рис 1). Критерием равномерности распределения рецептурных компонентов Y, явилась дисперсия светлоты. В табл. 1 представлены значения критерия равномерности распределения при различных сочетаниях уровней факторов x_1 и x_2.

Таблица 1 – Матрица двухфакторного эксперимента

Фактор x_1		Фактор x_2									Дисперсия светлоты, Y
$\tau_{зам.}$, мин	$v_{вращ.}$, мин$^{-1}$	1	2	3	4	5	6	7	8	9	
1,6	158,2	18,7	19,9	2,9	18,7	22,5	20,2	24,6	22,6	14,9	40,9
6,9	158,2	7,8	2,8	8,51	16,3	6,3	14,8	10,1	9,8	17,4	23,5
1,6	441,8	11,9	7,2	16,15	10,9	20,7	13,2	18,2	23,6	7,2	33,2
6,9	441,8	12,1	9,8	12,38	7,3	11,6	5,9	18,8	18,6	19,1	24,7
0,5	300	15,8	11,2	15,87	19,8	21,1	29,1	21,8	10,2	13,7	35,3
8,0	300	9,5	15,7	12,17	14,2	17,9	9,2	16,9	18,7	6,1	19,2
4,25	100	17,1	9,4	26,97	18,4	18,4	27,7	13,9	20,4	14,1	35,7
4,25	500	19,3	6,6	10,06	18,1	12,8	20,3	21,9	11,7	21,1	30,9
4,25	300	23,2	18,5	18,36	15,9	18,1	10,6	24,6	12,1	13,2	22,8
4,25	300	11,1	19,3	14,05	12,8	20,3	18,6	11,7	10,1	6,6	21,7
4,25	300	18,1	21,6	19,06	18,7	25,8	19,7	10,3	17,0	11,1	23,2
4,25	300	16,0	12,7	15,06	17,7	17,1	21,1	9,7	25,0	18,3	20,2
4,25	300	11,7	26,1	17,1	20,1	22,8	17,4	18,7	12,2	20,3	21,5

Результаты эксперимента показали (табл. 1), что при изменении параметров замеса (фактор x_1), а также при изменении точки отбора пробы (фактор x_2) равномерность распределения рецептурных компонентов в отобранных образцах теста изменяется. Однако проведенные эксперименты не позволяют однозначно сказать, что является причинами изменчивости равномерности распределения – неконтролируемые изменения технологических параметров замеса, случайные ошибки измерений или изменение параметров замеса и точек отбора пробы.

В связи с этим, для количественной оценки влияния исследуемых входных переменных на равномерность распределения рецептурных компонентов при замесе теста был использован математический аппарат многофакторного дисперсионного анализа (МДА) [1,41], основанный на свойстве аддитивности дисперсии:

$$S_0^2 = S_\varepsilon^2 + S_{x_1}^2 + S_{x_2}^2 + S_{x_1 x_2}^2 \qquad (1)$$

где S_0^2 – оценка «общей дисперсии»; S_ε^2 – оценка остаточной дисперсии; $S_{x_1}^2$ – оценка дисперсии рассеивания «между строками», обусловлена влиянием фактора x_1; $S_{x_2}^2$ – оценка дисперсии рассеивания «между столбцами», обусловлена влиянием фактора x_2; $S_{x_1 x_2}^2$ – оценка дисперсии рассеивания «между сериями», обусловлена совместным влиянием факторов x_1 и x_2.

В соответствии с вычислительным алгоритмом МДА были рассчитаны средние арифметические и оценки дисперсий для всех уровней факторов x_1 и x_2, а также расчетные значения критерия Фишера для каждой входной переменной (табл. 2)

Таблица 2 – Результаты многофакторного дисперсионного анализа

Входная переменная	Значение критерия Фишера		Влияние на выходную величину
	расчетное $F_р$	табличное $F_т$	
x_1	2,296	1,854	значимое
x_2	1,167	2,036	не значимое

Сравнение каждого расчетного значения критерия Фишера с табличным показало, что для входной переменной x_1 выполняется условие $F_p > F_т$, что указывает на значимое влияния переменной x_1 (параметры замеса) на равномерность распределения рецептурных компонентов. Для входной переменной x_2 выполняется условие $F_p < F_т$, что указывает на незначимое влияние переменной x_2 (точки отбора пробы).

Таким образом, проведенные исследования позволяют сделать вывод о том, что параметры замеса (частоты вращения месильных органов и продолжительность замеса) существенно влияют на равномерность распределения рецептурных компонентов, а конфигурация сбивальной камеры исключает образование застойных зон, тем самым обеспечивает высокую степень однородности теста.

Литература:

1. Дерканосова, Н.М. Моделирование и оптимизация технологических процессов пищевых производств. Практикум [Текст]: учеб.пособие / Н.М. Дерканосова, А.А. Журавлев, И.А. Сорокина; Воронеж. Гос. Технол. акад. – Воронеж: ВГТА, 2011. С. 196.

Dr.of Eng.Sc. **Normov D.A.**
Cand.of Eng.Sc. **Shevchenko A.A.**
Cand.of Eng.Sc. **Chesnyuk E.E.**
Graduate student **Pozhidaev D.V.**
Kuban State Agrarian University

AIR OZONATION IN CATTLE BREEDING

The article dwells on the use of the ozonation technology for the air disinfection on the cattle-breeding premises in the presence of animals. It presents a mathematical model describing the distribution of ozone on the cattle-breeding premises.

Currently an intensive industrial type of animal breeding becomes all the more widespread. It involves, first of all, a high concentration of the population on the relatively small areas. Intensive farm use leads to the rapid accumulation of a variety of microorganisms, including pathogens which causes a dramatic increase in the incidence not only among the young animals but also among the reproductive ones.

In this regard the introduction of disinfection into the technology of keeping the animals in their presence is considered as part of the prevention of disease among animals. A promising means which can be used as a disinfectant is ozone. [1]

Despite the existing publications on the use of ozone its antibacterial properties are not fully understood. In this regard the aim of our study was to determine the antibacterial activity of ozone when used in different concentrations and time parameters with regard to health and indicative microorganisms, as well as the question of distribution of ozone and changing its concentration in terms of farm premises which is connected with the observance of the processing environment.

Materials and Methods

Studies on the effect of ozone on microbial background of the pigsty reproduction premises in the presence of animals were carried out on STF №1 PZ "named after V.I. Chapaev "of Dinskoy district.

Ozone was prepared by eight portable barrier type elektroozonators developed by Kuban State Agrarian University. Control in change of microbial background of the air of the premises was performed using Koch sedimentation plate method[2]. As the culture medium a nutrient agar designed by NPO "Nutrient medium" (Makhachkala) was used.

Study on the effect of ozone on the sanitary-important bacteria (Staphylococcus aureus, Escherichia coli, Pseudomonasaeruginosa, Bacillus subtillis) was carried out at the Department of Virology and Epizootiology of Kuban State Agrarian University.

The results of research

A study on the background total bacteria count (TBC) of the air of the pigsty reproduction premises (in which on the day of the study there were 35 lactating sows with piglets (397 goals)) showed that it contained 337,000 microbial cells in 1 m3 of air, which is 5.5 times higher than that required for the sanitary and hygienic parameters (no more than 60 thousand). First 10 minutes of ozonating did not change the TBC. On the contrary it is even increased by 12% (Table 1).

Table 1 - Change in TBC of the air of the pigsty reproduction premises caused by ozone treatment

TBC, thous./m^3 \ Time of sampling, min	Microbial background (Control)	after 10 min	after 20 min	after 30 min	after 40 min	after 50 min	after 60 min	after 120 min
Without using ozone generators	337	-	-	-	-	-	-	-
When using ozone generators	337	378	278	192	166	158	154	127

We associate this circumstance primarily with the fact that ozone generators work involves an increase in the air flow (fan operation) on one side and interaction of ozone with the gas composition of the air (primarily hydrogen sulfide and ammonia) on the other side. After 20 minutes of ozone generators work it was found that TBC had decreased to 278,000 microbial cells in m3. Over the next 20 minutes of ozone generators work air TBC continued to decline, reaching a minimum value of 158,000 microbial cells in m3 of air. However in the subsequent time interval TBC value was changing slightly. After 60-120 minutes after the start of ozone generators the ozone concentration in the air of the pigsty was 1-3 mg / m 3. This concentration could not reduce the air TBC to the desired level of 60 thousand microbial cells in 1 m3 of the air.

In this regard studies were conducted in laboratory conditions the aim of which was to determine the effect of various concentrations of ozone and time of exposure on the test bacteria.

The results showed that there is almost a linear relationship between ozone concentration, exposure time and survival of test bacteria during at least

15-30 minutes of exposure. It is most likely due to the loss of active ozone low-resistant cells (young and those in the process of natural dying off).

When using ozone even in the minimum concentration (6 mg / m^3) heavy bacterial cell death occurs within the first 30 min.

Thus studies have shown that the bactericidal effect of ozone can occur using relatively high concentrations (12-25 mg / m 3) or by increasing exposure times up to two hours of low concentrations (6 mg / m3). The most resistant to the action of ozone is E. coli. which should be considered during the rehabilitation of the livestock premises.

Comparison the results of the laboratory research with that received at the farm with the natural keeping of animals shows that the question of ozone distribution and changes in its concentration on the farm premises connected with the conditions of the treatment becomes of particular importance.

From the viewpoint of thermodynamics the driving potential of any leveling process is an increase in entropy. A chemical potential μ can be used as such a potential at constant pressure and temperature. It determines the maintenance of flows of matter. In most practical cases (at low concentrations) instead of the chemical potential μa concentration of substance C is being used. In this case according to the Fick's first law it can be written:

$$Y = -D \frac{\partial C}{\partial x} \qquad (1)$$

where Y - material flux density (mol / m^2 c); D - diffusion coefficient (m^2/c); C - the concentration of the substance (mol / m^3); - a gradient of concentration (mol / m^4).

This follows from the Fick's second law binding the spatial and temporal variation of the concentration:

$$\frac{\partial C}{\partial t} = D \frac{\partial^2 C}{\partial x^2} \qquad (2)$$

In this case it is impossible to represent the process of ozone distribution in terms of greenhouses as a simultaneous process since the ozone concentration at each point will be influenced by a whole set of factors (V - velocity of ozone flux, T - temperature,

K0 - constant of the decomposition of ozone). Therefore to describe the ozone distribution we can use the Fokker - Plank equation:

$$\frac{\partial}{\partial t} C(x,t) = \frac{\partial}{\partial x} D \frac{\partial}{\partial x} C(x,t) + f(x,t) \qquad (3)$$

At a constant value of D the equation (3) is as follows:

$$\frac{\partial}{\partial t} C(x,t) = D \frac{\partial^2}{\partial x^2} C(x,t) + f(x,t) \qquad (4)$$

where C (x, t) - the concentration of the diffusing substance; f (x, t) - a function describing the source of the substance, in this case elektroozonator.

In three-dimensional case the equation (4) takes the form:

$$\frac{\partial}{\partial t} C(\vec{r},t) = (\mathbf{v}.D\mathbf{v}C(\vec{r},t)) + f(\vec{r},t) \qquad (5)$$

where: $\nabla=(\partial x;\ \partial y;\ \partial z)$ - nabla operator; x, y, z - spatial coordinates.
Equation (5) can be written as:

$$\partial_t C = div(D\, grad C) + f \qquad (6)$$

At a constant value of the diffusion coefficient D the equation (6) takes the form:

$$\frac{\partial}{\partial t} C(\vec{r},t) = D\mathbf{v}C(\vec{r},t) + f(\vec{r},t) \qquad (7)$$

Where the Laplass operator is:

$$\Delta = \mathbf{v}^2 = \frac{\partial^2}{\partial x^2} + \frac{\partial^2}{\partial y^2} + \frac{\partial^2}{\partial z^2} \qquad (8)$$

Or taking into account equations (7) and (8) we obtain the relationship:

$$\frac{\partial}{\partial t} C(\vec{r},t) = D\left[\frac{\partial^2}{\partial x^2} C(\vec{r},t) + \frac{\partial^2}{\partial y^2} C(\vec{r},t) + \frac{\partial^2}{\partial z^2} C(\vec{r},t)\right] + f(\vec{r},t) \qquad (9)$$

Here the diffusion coefficient D is a quantitative characterization of the diffusion rate of ozone; it is determined by the properties of the medium (air) and the type of the diffusing particles (ozone).

The dependence of the diffusion coefficient on the temperature in the simplest case is expressed by the Arrhenius law:

$$D = D_0 exp\left(-\frac{E_a}{kT}\right) \qquad (10)$$

where D0 - a constant factor (the diffusion coefficient under normal conditions); Ea - the activation energy (J); - Boltzmann constant, $k = 1{,}38 \cdot 10^{-23}$ J / K; T - temperature (K).

Connection between the activation energy and the reaction rate may also be described by the Arrhenius equation:

$$E_a = -RT \cdot ln\left(\frac{k_1}{A}\right) \qquad (11)$$

where k1 - reaction rate constant; A - factor characterizing the collision frequency of the molecules; R - universal gas constant, $R = 8{,}31$ J / mol K.

From these equations we can see that the distribution of ozone concentrations for each of the coordinates from the distance to the source will be exponential, but the exact calculation is difficult without determining the diffusion coefficient of the reaction.

We can determine the diffusion coefficient in the framework of Chapman-Enskog kinetic theory of gases (Chapman S. and Enskog H.):

$$D_{12} = 1{,}858 \cdot 10^{-3} \cdot T^{\frac{3}{2}} \cdot \frac{\left[\frac{M_1 + M_2}{M_1} \cdot M_2\right]^{\frac{1}{2}}}{P \cdot \sigma_{12}^2 \cdot \Omega_D} \quad (12)$$

where D12 - binary diffusion coefficient; T - temperature, K;

M1 and M2 - the molar mass of the mixed substances, g / mole; P - pressure, Pa; s12- effective cross-section of particles of interacting substances cm^2; Ω_D - collision integral of interacting substances.

Equation (2) had been modified by Ning Shin Chen and Othmer in order to facilitate the calculations so that it took the following form:

$$D_{12} = 0{,}43 \frac{0{,}43 \left(\frac{T}{100}\right)^{1{,}81} \cdot \left(\frac{1}{M_1} + \frac{1}{M_2}\right)^{0{,}5}}{P \cdot \left(\frac{T_{C,1} \cdot T_{C,2}}{10000}\right)^{0{,}1406} \cdot \left[\left(\frac{V_{C,1}}{100}\right)^{0{,}4} + \left(\frac{V_{C,1}}{100}\right)^{0{,}4}\right]^2} \quad (13)$$

where Tg 1, Tg 2 - critical temperature of the reactants, K;

Vc, 1, Vc, 2 - a critical mass of the reactants, cm 3 / mol

From the "Handbook of physical-chemical quantities" published under the editorship of K.P. Mishchenko, Ravdel A.A. we choose the values of the critical temperatures for ozone and air which are respectively -12.1°C (260.9 K) and -141°C (132 K). The critical quantities of the indicators of interest can be calculated using the following formula:

$$V_c = \frac{3RT_c}{8P_c} \quad (14)$$

where R - universal gas constant, 8.31 J / mol×K; Pc - the critical pressure, for ozone - 37 atm. (101000 Pa), for the air - 55 atm. (101325 Pa).

A calculation using the formula 4 lets determine the values of the critical quantities of ozone (147.1 cm 3 / mol) and the air (109.7 cm 3 / mol). Inputting the data obtained into the formula 3we can define the binary diffusion coefficient of ozone in the air at different ambient temperatures and pressures. Having analyzed the data we can conclude that the value of the binary diffusion coefficient is most influenced by the ambient temperature. Thus at the same atmospheric pressure the change in temperature by 10°C leads to a change in the binary diffusion coefficient of 0.15 cm^3 / mole or more. In turn at the same temperature and a change in atmospheric pressure of 10 mm Hg a change in the binary diffusion coefficient equals about 0.03 cm^3 / mol, which has a negligible impact on the distribution of ozone in the air. Thus in order to achieve a uniform distribution of ozone in the air of the treated premises it is required to maintain a constant temperature. This will ensure uniformity of exposure of ozone-air mixture in the treated objects, which is an important task in the process of treatment of agricultural facilities.

Literature

1 The distribution of ozone in the air of the greenhouses (article) printed. Materials of the International scientific-practical seminar "Information and control systems in agriculture." - M .: MSAU, 2012 - P. 41-43 Normov D.A. Shevchenko A.A.

2 Balance of ozone in detoxification of forage grain Printed. Polythematic network electronic scientific journal of the Kuban State Agrarian University (Science magazine KubSAU) [electronic resource]. - Krasnodar: Kuban State Agrarian University, 2013. - №10 (094). P. 180 - 195 0.8 / 0.4 Normov D.A., Pozhidaev D.V.

3 Influence of ozone-air mixture on the malicious content of microflora in forage (Article) printed. KubSAU papers. Issue number 2 (47). - Krasnodar: KubSAU, 2014 - P. 168-171 0.42 / 0.14 Normov D.A., Shevchenko A.A.

4 Use of the elektroozonating stimulation of plants in greenhouses and greenrooms (Article) printed. Collection of scientific papers. Students and science. Issue 8 Volume 1 - Krasnodar, Kuban State Agrarian University, 2012 - P. 516-520 0.5 / 0.25 Normov D.A., Kurzin N.N.

5 Effect of electromagnetic fields on biological objects in animal husbandry (Article) printed. Mechanization and electrification of agriculture. - 2008. -№ 1. - P. 55-56 Kurzin N.N.

УДК 628.32; 628.35

Курочкин Е.Ю. - канд.техн.наук., доцент, БФУ им. И. Канта
viv653521@mail.ru
Баталова Д.А. - инженер, ТГАСУ

О КОНСТРУКТИВНЫХ ОСОБЕННОСТЯХ ОЧИСТКИ ХОЗЯЙСТВЕННО-БЫТОВЫХ СТОКОВ ПРИ МАЛЫХ РАСХОДАХ

Прогрессивное развитие строительства коттеджей, малоэтажных поселков жилой застройки и мелких подсобных хозяйств, не обладающих собственными очистными сооружениями, на всей территории РФ негативно влияют на экологическую обстановку, и частности на территории Калининградской области. В связи с этим все более актуальным становится вопрос о строительстве локальных канализационных очистных сооружений.

Рассмотрим основные факторы конструктивных особенностей очистки стоков при малых расходах:
- залповый приток сточных вод (за несколько минут на сооружения может поступить до 30 % суточного притока);
- залповое поступление концентрированного стока, в котором количество органических веществ, азота и фосфора не соответствует оптимальному соотношению для биологической очистки;
- длительное отсутствие притока сточных вод на установку, что приводит к самоокислению (отмиранию) биомассы;
- поступление со сточными водами поверхностно-активных веществ, токсичных для микроорганизмов активного ила;
- отсутствие обслуживающего персонала.

С учетом всех перечисленных особенностей локальные очистные сооружения должны быть сконструированы на высоком технологическом уровне, так как должны обеспечить требуемые показатели очистки, без постоянного обслуживающего персонала и с минимальными затратами на их эксплуатацию.

Рассмотрим особенности очистки стоков при малых расходах методом биологической очистки на аэротенках.

В индивидуальном жилом доме, в котором проживает семья из шести человек, суточный объем стоков составит $Q_{сут}$ = 1,2 м³/сут, при максимальном часовом расходе 0,38 м³/ч, и максимальном секундном расходе 0,33 л/с (величины расходов определены в соответствии с [3]). Концентрацию загрязняющих веществ надлежит определять исходя из удельного водоотведения на одного жителя:

$$L_{en} = \frac{\alpha}{q_{н}}, \qquad (1)$$

где a – количество загрязняющих веществ на одного жителя, г/сут, определяем по табл. 19 [4];

$q_{\text{н}}$ – норма водоотведения на одного жителя, принятая 210 л/сут [3, табл. А.2].

L_{ex} – конечная концентрация загрязнений, в очищенной сточной воде на выходе из сооружений биологической очистки.

Расчет начальных концентраций загрязняющих веществ представлен в таблице 1.

Таблица 1. Концентрации загрязняющих веществ.

Показатель	Кол-во загрязняющих веществ на одного жителя, г/сут	$q_{\text{н}}$, л/сут·чел	Начальная концентрация, мг/л
Взвешенные вещества	65		310
БПК$_5$ неосветленной жидкости	60		285
Азот общий	13	210	62
Азот аммонийных солей, N	10,5		50
Фосфор общий	2,5		12
Фосфор фосфатов P-PO$_4$	1,5		7

В связи с тем, что методика расчета очистных сооружений не была изменена [4], произведем расчет в соответствии с [1], опираясь на [2]. Для этого произведем перевод значения загрязнений БПК$_5$ в БПК$_{20}$, умножив на поправочный коэффициент 1,33, т.е. БПК$_{\text{полн}}$=1,33·285=380 мг/л.

При изучении представленных на российском и европейском рынках локальных очистных сооружений, таких как Юнилос, Топас, Евробион и Тополь, было установлено, что у всех установок очень схожая схема очистки в одну ступень, но нет очистных сооружений, содержащих две либо более ступени биологической очистки бытовых сточных вод.

Для сравнения рассмотрим очистку бытовых сточных вод в одну и в две ступени. В первом варианте – на примере аэротенка-смесителя с регенератором, так как данное сооружение устойчиво к залповым сбросам. А во втором варианте – на примере аэротенка-вытеснителя, с регенератором, так как данное сооружение обеспечивает максимально высокий эффект очистки сточной воды.

Очистка в две ступени производится по технологической схеме указанной на рис. 1.

Расчет очистных сооружений произведен согласно требованиям [2].

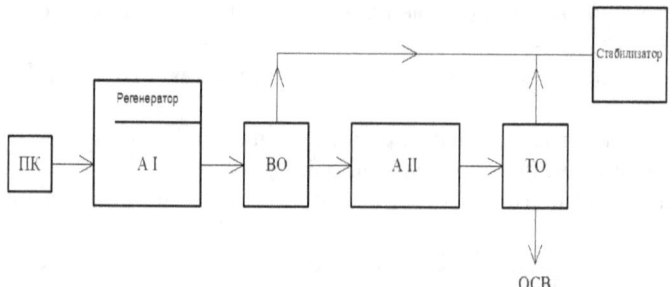

Рис. 1. Технологическая схема очистки сточной воды

Период аэрации t_{atm}, ч, в аэротенках работающих по принципу смесителей, определяем по формуле:

$$t_{atm} = \frac{L_{en} - L_{ex}}{a_i \cdot (1-s) \cdot p}, \qquad (2)$$

где L_{en} – БПК$_{полн}$ поступающей в аэротенк сточной воды, мг/л;

L_{ex} – БПК$_{полн}$ очищенной воды, мг/л;

a_i – доза ила, г/л, определяемая технико-экономическим расчетом с учетом работы вторичных отстойников;

s – зольность ила, по [2, табл. 40];

ρ – удельная скорость окисления, мг БПК$_{полн}$ на 1 г беззольного вещества ила в 1 ч, определяемая по формуле:

$$\rho = \rho_{max} \frac{L_{ex} \cdot C_0}{L_{ex} \cdot C_0 + K_i \cdot C_0 + K_0 \cdot L_{ex}} \cdot \frac{1}{1 + \varphi \cdot a_i}, \qquad (3)$$

где ρ_{max} – максимальная скорость окисления, мг/(г·ч), принимаемая по [2, табл. 40];

C_0 – концентрация растворенного кислорода, мг/л;

K_i – константа, характеризующая свойства органических загрязняющих веществ, мг·БПК$_{полн}$/л, по [2, табл. 40];

K_0 – константа, характеризующая влияние кислорода, мг O$_2$/л, по [2, табл. 40];

φ – коэффициент ингибирования продуктами распада активного ила, л/г, по [2, табл. 40].

Продолжительность аэрации в аэротенках-вытеснителях вычисляем по формуле:

$$t_{atm} = \frac{1 + \varphi \cdot a}{\rho_{max} \cdot C \cdot a(1-s)} \cdot \left[(C + K_0) \cdot (L_{en} - L_{ex}) + K_i \cdot C \cdot \ln \frac{L_{en}}{L_{ex}} \right] \cdot K_\Gamma, \qquad (4)$$

где K_Γ – коэффициент, учитывающий влияние продольного перемешивания; при полной биологической очистке до L_{ex} = 15 мг/л $K_г$ = 1,5; при L_{ex} > 30 мг/л $K_г$ = 1,25.

Степень рециркуляции активного ила R_i, в аэротенках рассчитываем по формуле:

$$R_i = \frac{a_i}{\frac{1000}{I_i} - a_i}, \qquad (5)$$

где I_i – иловый индекс, см³/г, принимаемый по [2, табл. 41].

Нагрузку на ил q_i, мг БПК$_{полн}$ на 1 г беззольного вещества ила в сутки, рассчитываем по формуле:

$$q_i = \frac{24 \cdot (L_{en} - L_{ex})}{a_i \cdot (1 - s) \cdot t_{atm}}, \qquad (6)$$

При проектировании аэротенков с регенераторами продолжительность окисления органических веществ t_0, ч, определяется по формуле:

$$t_o = \frac{L_{en} - L_{ex}}{R_i \cdot a_r(1 - s) \cdot \rho}, \qquad (7)$$

где a_r – доза ила в регенераторе, г/л, определяемая по формуле:

$$a_r = a_i \left(\frac{1}{2 \cdot R_i} + 1\right), \qquad (8)$$

Продолжительность обработки воды в аэротенке t_{at}, ч, вычисляем по формуле:

$$t_{at} = \frac{2{,}5}{\sqrt{a_i}} \lg \frac{L_{mix}}{L_{ex}}, \qquad (9)$$

Продолжительность регенерации t_r, ч, надлежит определять по формуле:

$$t_r = t_0 - t_{at}, \qquad (10)$$

Вместимость аэротенка W_{at}, м³, определяем по формуле:

$$W_{at} = t_{at} \cdot (1 + R_i) \cdot q_w, \qquad (11)$$

где q_w – расчетный расход сточных вод, м³/ч;

Вместимость регенераторов W_r, м³, определяем по формуле:

$$W_r = t_r \cdot R_i \cdot q_w, \qquad (12)$$

Результаты расчетов сведены в таблицы.

В таблице 2 приведены результаты расчетов сооружений биологической очистки в одну ступень, а в таблицах 3 и 4 – результаты расчетов сооружений биологической очистки при работе в две ступени.

Таблица 2. Биологическая очистка в одну ступень.

Сооружение	q_w	L_{en}	L_{ex}	L_{mix}, мг/л	a_i	s	ρ_{max}	C_0	K_i	K_0	$K_г$
Аэротенк-смеситель	1,0	380	5	228	3	0,3	85	2	33	0,63	-
Аэротенк-вытеснитель	1,0	380	5	286	3	0,3	85	2	33	0,63	1,5

Окончание таблицы 2.

Сооружение	φ	I_i	R_i	q_i	ρ	t_0	t_{at}	t_{atm}	W_{at}
Аэротенк-смеситель	0,07	130	0,639	171	8,88	17,18	2,39	24,5	3,92
Аэротенк-вытеснитель	0,07	130	0,639	618	8,88	17,18	2,54	5,2	4,16

Таблица 3. Биологическая очистка в две ступени (ступень I).

Сооружение	q_w	L_{en}	L_{ex}	L_{mix}, мг/л	a_i	s	ρ_{max}	C_0	K_i	K_0	K_r	φ
Аэротенк-смеситель	1,0	380	15	268,8	3	0,3	85	2	33	0,63	-	0,07
Аэротенк-вытеснитель	1,0	380	40	155,5	5	0,3	85	2	33	0,63	1,25	0,07

Окончание таблицы 3.

Сооружение	I_i	R_i	q_i	ρ	t_0	t_{at}	t_r	t_{atm}	W_{at}	W_p
Аэротенк-смеситель	95	0,399	480	20,0	11,45	1,81	9,65	8,45	2,53	3,37
Аэротенк-вытеснитель	130	1,857	600	29,5	1,45	0,659	0,793	1,28	1,88	1,47

Таблица 4. Биологическая очистка в две ступени (ступень II).

Сооружение	q_w	L_{en}	L_{ex}	L_{mix}, мг/л	a_i	s	ρ_{max}	C_0	K_i	K_0	K_r	φ
Аэротенк-смеситель	1,0	15	10	13,05	3	0,3	85	2	33	0,63	-	0,07
Аэротенк-вытеснитель	1,0	40	6	32,15	3	0,3	85	2	33	0,63	1,5	0,07

Окончание таблицы 4.

Сооружение	I_i	R_i	q_i	ρ	t_0	t_{at}	t_r	t_{atm}	W_{at}
Аэротенк-смеситель	130	0,639	292	15,23	0,14	0,17	-0,03	0,195	0,274
Аэротенк-вытеснитель	70	0,3	303	10,31	1,96	1,05	0,91	0,986	1,368

Сравним расчетные данные разных методов очистки в табличной форме

Таблица 5. Сравнение данных.

Метод очистки	t_{atm}, ч	t_0, ч	t_r, ч	t_{at}, ч	W_{at}, м³
в одну ступень	5,2	17,2	-	2,5	4,2
в две ступени	2,3	3,4	1,7	1,7	3,2

Вывод: расчетные параметры показывают, что при биологической очистке хозяйственно-бытовых сточных в две ступени значительно уменьшается период аэрации (t_{atm}), продолжительность окисления (t_0), а также продолжительность пребывания воды в аэротенке (t_{at}), а следовательно уменьшаются габариты сооружений, снижается их стоимость и упрощается монтаж.

Библиографический список

1. Примеры расчетов канализационных сооружений: Учеб. пособие для вузов [Текст] / Ю.М. Ласков, Ю.В. Воронов, В.И. Калицун. – 2-е изд., перераб. и доп. – М. : Стройиздат, 1987. – 255 с.: ил.
2. СНиП 2.04.03-85*. Канализация. Наружные сети и сооружения. [Текст] – Введ. 1986.01.01. / Издание официальное / Гос. строит. комитет СССР (Госстрой России). – М. : ГУП ЦПП, 2001. – 72 с.
3. СП 30.13330 Свод правил Внутренний водопровод и канализация зданий. Актуализированная редакция СНиП 2.04.01-85* – М.: 2012. – 61 с.
4. СП 32.13330 Свод правил Канализационные сети и сооружения. Актуализированная редакция СНиП 2.04.03-85 – М.: 2012. – 87 с.

Михайленко А.Ю.
ГВУЗ «Криворожский национальный университет»
epem.mykhailenko@gmail.com

АДАПТИВНАЯ СИСТЕМА ПРОГНОЗИРУЮЩЕГО УПРАВЛЕНИЯ КОНУСНОЙ ДРОБИЛКОЙ

Повышение эффективности ведения технологических процессов многостадийного дробления в условиях функционирования предприятий горно-металлургического комплекса занимают ведущую позицию в структуре актуальных научных задач. Цель процесса дробления на горно-обогатительном комбинате заключается в выдаче руды максимально однородной по гранулометрическому составу. Одним из путей её достижения является усовершенствование существующих методов автоматизированного управления. Использование управления с прогнозирующими моделями [1; 2] позволяет точно предсказать реакцию объекта на входные и возмущающие воздействия с учетом физических и технологических ограничений процесса. При этом быстродействие систем основанных на применении прогнозирующих регуляторов обуславливается только частотой тактирования современных аппаратных средств автоматизации и скоростью сходимости оптимизационных алгоритмов.

Целью работы является разработка архитектуры адаптивной системы прогнозирующего управления конусной дробилкой, которая обеспечивает выход руды с заданными гранулометрическими характеристиками.

Структура системы управления конусной дробилкой (рис. 1) состоит из технологического объекта, модели, аппроксимирующей его динамические характеристики, прогнозирующего регулятора и компенсаторов статических нелинейностей. Учитывая, что обеспечение необходимого массового выхода руды, определенного гранулометрического состава, достигается путем регулирования скорости вращения эксцентрика и ширины разгрузочной щели, объект управления представлен системой с несколькими входами и одним выходом (MISO - Multiple-Input Single-Output). Таким образом, для прогнозирования выходной координаты объекта могут быть использованы две модели Гамерштейна-Винера с линейными блоками на основе ортогональных функций Лагерра [3].

Особенностью выполнения блочно-ориентированной MISO-структуры является то, что нелинейности входа представлены отдельными нелинейными функциями, а нелинейность выхода - комбинированной. Использование различных конфигураций нелинейного элемента MISO-систем подробно исследованы в работе [4]. Необходимость применения такой структуры обуславливается тем, что при прогнозирующем управлении для формирования комбинации управляющих воздействий исходный сигнал задания $r[k]$ подлежит преобразованию компенсатором статической нелинейности. Использование отдельных нелинейных функций на выходах моделей Гамерштейна-Винера предусматривает сложение их выходных сигналов [5] для получения общего значения выходной координаты. Таким образом, определить обратные функции для адекватного преобразования сигнала задания невозможно из-за произвольного количества комбинаций слагаемых. Применение комбинированной нелинейности снижает скорость идентификации вследствие роста числа параметров, подлежащих оценке [6]. Учитывая, что зависимость $w(\cdot): \square^2 \rightarrow \square$ является функцией только от двух переменных, то вычислительная нагрузка вырастет не значительно.

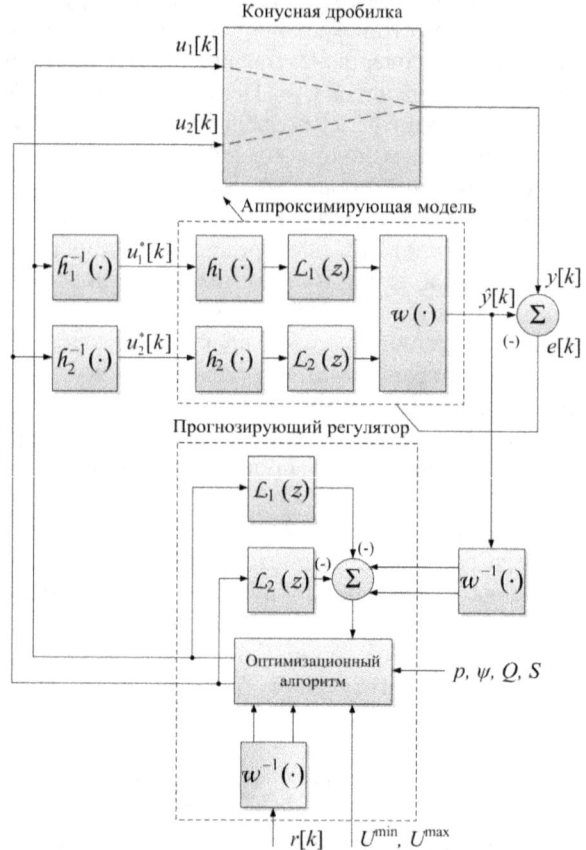

Рис. 1. Структурная схема адаптивной системы прогнозирующего управления конусной дробилкой

Прогнозирующий регулятор использует линейные блоки $L_1(z)$ и $L_2(z)$ блочно-ориентированной структуры для предсказания реакции динамики объекта на изменение значений входа.

Для параметризации последовательности управляющих воздействий могут применяться модели Лагерра [7]. При многомерном управлении они должны иметь независимое размещение полюсов с целью раздельного регулирования скорости экспоненциального затухания ортогональных функций. Это необходимо для точной аппроксимации траекторий изменения приращений управляющих воздействий по различным каналам [8]. Таким образом, если последовательность приращений должна быстро достичь нуля, то устанавливается значение масштабного коэффициента $\psi = 0$, в противном случае $\psi > 0$ в зависимости от нужной скорости затухания. Соответственно обеспечивается полная гибкость при выборе параметров ψ и p для систем с несколькими входами.

Выводы. В работе предложена архитектура адаптивной системы прогнозирующего управления конусной дробилкой. Дальнейшие исследования будут направлены на сравнение качественных характеристик данной системы с классическими системами управления нелинейными объектами.

Литература

1. Allgöwer F. Nonlinear Model Predictive Control: From Theory to Application / F. Allgöwer, R. Findeisen, and Z. K. Nagy // Journal of the Chinese Institute of Chemical Engineers. - Vol. 35, No. 3. - 2004. – P. 299-315.

2. Щокін В.П. Інтелектуальні системи керування: аналітичний синтез та методи дослідження / В.П. Щокін. – Кривий Ріг: ФОП Чернявський Д.О., 2010. – 264 с.

3. Mykhailenko O. Cone Crusher Model Identification Using Block-Oriented Systems with Orthonormal Basis Functions / O. Mykhailenko // International Journal of Control Theory and Computer Modeling (IJCTCM). - Vol.4, No.3. - 2014 – P. 1-8.

4. Louhichi B. Identification of MIMO Hammerstein models using Singular Value Decomposition Approach / B. Louhichi, A. Toumi // International Journal of Computer Applications. – Vol. 42, No.9 – 2012. – P. 29-37.

5. Guo F. A New Identification Method for Wiener and Hammerstein Systems: Doctoral Thesis / Fen Guo. - Universität Karlsruhe, 2004. – 88 p.

6. Hlaing Y. M. Modeling and control of multivariable process using generalized Hammerstein model / Y. M. Hlaing, M.-S. Chiu, S. Lakshminarayanan // Chemical Engineering Research and Design Trans. – Vol. 85. – 2007. - P. 445-454.

7. Михайленко О.Ю. Прогнозуюче керування конусною дробаркою з використанням ортонормованих функцій Лагерра / О.Ю. Михайленко // Електромеханічні і енергозберігаючі системи. – Кременчук: КрНУ, 2014. – Вип. 3/2014 (27). – С. 53-59.

8. Wang L. Model Predictive Control System Design and Implementation Using MATLAB / L. Wang. – London: Springer-Verilag, 2009. – 375 p.

Linnik E.V., Popovska K.O.

Linnik E.V.[a], PhD, Tech, Associate Professor
Popovska K.O.[a], Post-graduate Student, Assistant Professor
[a] Kharkov National University of Radioelectronics, Kharkov, Ukraine.
Katerina77Popovskaya@ukr.net

OPTIMIZATION OF THE TOTAL WEIGHTED HOLDING TIME IN A P2P NETWORK

Introduction

Well-known systemic quality criteria: QoS and QoE directly depend on quality of service tasks fulfillment, however, do not always allow to obtain the solution in full. That is why, many papers addressing research of peer-to-peer networks are very specific [1,230]. Our objective is to attempt to obtain a systemic solution, optimal for a delay minimum criterion upon service completion subject to a number of standard restrictions.

Task Formulation for Total Weighted Holding Time Minimization.

Let us assume, that when N requirement is fulfilled, not more than one fragment is received on a terminal at a time. For every j fragment belonging to a range of $N = \{1,2,...,n\}$, the following parameters are preset:

- p_j - is a j-fragment holding duration, $0 < p_j^L \leq p_j^U$; where L and U indexes refer to lower and upper service limits, respectively. As a rule, p_j holding duration turns out to be unknown until completion of such j-holding. Random nature of p_j is determined by difference in parameters of a download line and technologies applied.

- every j-requirement is associated with a weight coefficient $w_j > 0$. Values of weight coefficients w_j cannot be the same, first of all, because importance of further fragments by the end of the download increases, that is why $w_n \geq w_{n-1} \geq ... w_1$.

In order to find solutions to the objective, let's use outcomes of the Scheduling Theory [2,322], which is confined to construction of a function determined by multiple exchanges, and to development of optimization algorithms.

At every n - stage of holding, various implementation times p_j of every j-holding are possible, $j \in N$. In practice, p_j value forms a denumerable set of variants from $[p_j^L; p_j^U]$ range. Thus, k-dimensional vector may be considered

$$p_j^T = (p_1, p_2, ..., p_k), \; p_j \in [p_j^L; p_j^U]. \tag{1}$$

p_j values in general become known after every fragment is received: $p_j = p_{ps}^{(j)}$.

Let us assume, that P denotes a set of all vectors (1) of possible requirements holding duration

$$p_i^T = (p_1^{(l)}, p_2^{(k)}, ..., p_n^{(k)}),\ k = 1, 2, ..., k. \qquad (2)$$

Vector (2) is a scenario of events, n-fragments sequence upon a certain peer's request.

P is obviously a closed rectangle of negative numbers.

For Scheduling S a sequence of the content fragments being downloaded and implementation of scenario (2), an additive weighed linear function may be chosen as a criterion function:

Total weighted time spent on vector (2) receipt

$$f_i(C_i) = \sum_{i=1}^{n} w_i C_i, \qquad (3)$$

where w_i is a weight coefficient determining importance of i fragment, including its holding time.

It should be borne in mind, that scenario (2) in general remains undetermined until completion of holding for all i and j. And, due to NP completeness, minimization of criterion functions (3) is impossible, at least, at the stage of computation and making of its proper schedule.

The Scheduling Theory includes many schedules of similar tasks subject to additional restrictions. So, there are known solutions based on dynamic programming method [3,150;4,192]. Among other methods of practical importance, there should be mentioned dichotomy method [5,46], robust techniques. A method based on sensitivity analysis [6,198] is considered to be prospective; it suggests two-stage adoption of decisions: stage of a priori off-line planning of k options, and a stage of online scheduling.

Due to different content downloading conditions, other random factors in a sequence of fragments received by a peer, precedence conditions may be disturbed, requiring ordering and corresponding exchanges in the fragment sequence. It imposes further restrictions on solution of the optimization problem. So, the previously chosen criterion (3) subject to the required exchange procedure $\pi = (\pi_1, \pi_2, ... \pi_{n!})$ shall take the following form:

$$J = \sum\nolimits_{j=1} w_j C_j(\pi, P) = \min\nolimits_{\pi_k} \{\sum\nolimits_{\pi} \sum\nolimits_{j} w_j C_j(\pi_k p)\} \qquad (4)$$

The next important restriction frequent in P2P network operation is existence of interruptions caused by technological reasons during holding under high load or through effect of holdings of higher priorities [7,21].

Let us consider an example of weighted average holding start time. Let us assume that M duration of the downloaded file holding is known. Master data:

$I=\{i\}$ -is a set of fragments;

$P=\{p_i\}$ - is a set of holding times;

$W=\{w_i\}$ - is a set of requirement penalties.

Objective function:

$F(X)=W^T*X \to \min$.

For every pair of fragments $i_{ij} \in I$, one of $x_i - x_j \geq p_j$ conditions is applied, which corresponds to precedence j comparing to fragment i or $x_j - x_i \geq p_i$, when i precedes j fulfillment. Let us assume, that precedence coefficient is equal to $y_{i,j}=1$, if i precedes j, and 0 in an opposite case. It allows recording the restriction system as follows:

$$(M+p_j)y_{ij} + (x_i - x_j) \geq p_j \tag{5},$$

$$(M+p_i)(1-y_{ij}) + (x_j - x_i) \geq p_i. \tag{6}$$

Thus, the following objective function is obtained:

$F(X)=4x_1+2x_2+2x_3+3x_4 \to \min$.

Optimal solution was obtained by means of Matlab package for four fragments, under the assumption, that:

$p=\{6,2,2,3\}$; $W=\{4,2,2,3\}$.

This solution is provided on figure (1) with a Gantt diagram in a form of sequence.

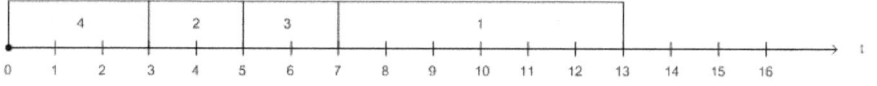

Fig.1. Optimal sequence of downloaded fragments

Conclusion

1. Existing technologies of P2P-TV networks allow finding solutions concerning optimization of available resources aimed at enhancement of the network performance and service qualities QoS, QoE.

2. Models and methods of the Schedule Theory are adequate for fulfillment of tasks on peering network quality criteria improvement. They enable to adequately depict both the structure, and functions of these networks, pay due regard to their dynamics, restrictions on precedence, exchange, interruption and other typical technological conditions.

References

1. Cisco Visual Networking Index; Forecast and Methodology, 2012-2017 Cisco Public, 2013.
2. Tarkoma S. Overlay Network: Toward Information Networking – CRC Press, 2010.
3. Setton E., Girod B. Peer-to-Peer Video Streaming/Springer. – 2007. – 150 p.
4. Wehrle K., Gunes M., Gross J. Modeling and tools for Network simulation. Springer, Heidelberg, Dordrecht, London, New York, 2010.
5. N.V. Moskalets, K.O. Popovska. Models of Peer-To-Peer Networks for IPTV Streaming. International Scientific and Research Journal, ISSN 2303-9868 No. 4 (23) 2014, Part 2. Page 46-50.
6. Popovskij V., Barkalov A., Titarenko L. Control and Adaptation in Telecommunication Systems, Springer-Verlag Berlin Heidelberg, 2011.
for one device. M. Automation and Remote Control No. 10, 2010. Pages 80-90.
7. Baptiste Ph. Scheduling Equal-Length Jobs on Identical Parallel Machines// Discrete Appl.Math. 2000, №103, p. 21-32.

Пуолокайнен Т.М.
доцент, кандидат физико-математических наук,
Петрозаводский государственный университет
E-mail: puolatm@onego.ru

ПОКРЫТИЕ ВЫПУКЛЫХ МНОГОГРАННИКОВ ИХ ОБРАЗАМИ ПРИ ГОМОТЕТИИ

В настоящее время интенсивно развивается такой раздел современной математики как комбинаторная геометрия. Круг задач, относящихся к комбинаторной геометрии, весьма широк. Типичными примерами предложений комбинаторной геометрии являются теорема Хелли о системе выпуклых тел с общими точками и задача о тринадцати шарах. Согласно последней необходимо найти максимальное число равных шаров, приложенных к равному всем им шару в евклидовом пространстве. Несмотря на существенные различия проблем, которые ставит комбинаторная геометрия, можно указать некоторую общую схему, в рамки которой укладывается значительная часть её задач. Как правило, рассматривается некоторое множество M и связанное с ним определённым образом семейство множеств Q(M). Для любого конечного числа множеств $K_1, K_2,…,K_m$, принадлежащих семейству Q(M), может выполняться или не выполняться некоторое свойство. Задача заключается в том, чтобы найти наименьшее (иногда наибольшее) натуральное m, для которого в семействе Q(M) найдутся множества $K_1, K_2,…, K_m$, обладающие этим свойством.

Большую группу задач комбинаторной геометрии составляют задачи о покрытиях [12, 968]. Обычно в комбинаторной геометрии покрытием данного множества называют семейство подмножеств этого множества, такое, что множество содержится в объединении семейства подмножеств.

Наиболее известны следующие задачи о покрытиях.

1) Необходимо найти минимальное число t(K) параллельных переносов, при помощи которых можно покрыть тело K.

2) Необходимо найти минимальное число b(K) гомотетичных K тел с коэффициентом гомотетии k, 0<k<1, при помощи которых можно покрыть тело K.

3) Необходимо найти минимальное число d(K) гомотетичных K множеств с коэффициентом гомотетии k>1 , при помощи которых можно покрыть тело K.

Одной из центральных групп задач комбинаторной геометрии являются задачи о разбиении фигур на части. Примером такой задачи является проблема Борсука: можно ли разбить любое множество диаметра d, лежащее в $\mathbf{R}^n$, на n+1 таких частей, что каждая из них имеет диаметр, меньший d.

К задачам комбинаторной геометрии относятся задачи освещения, то есть задачи, в которых необходимо найти минимальное число направлений пучков параллельных лучей или число источников, освещающих всю границу выпуклого тела.

Наиболее известны следующие задачи освещения [12,105; 2,69].

1) Пусть q – некоторое направление в пространстве $\mathbf{R}^n$. Точка x, принадлежащая границе тела K, называется освещённой извне направлением q, если прямая, проходящая через x параллельно q, проходит через некоторую точку y, лежащую внутри тела K, и направление вектора xy совпадает с q. Необходимо найти минимальное число c(K) направлений в пространстве $\mathbf{R}^n$, достаточное для освещения в этом смысле всего множества bd K.

2) Пусть z – некоторая точка множества $\mathbf{R}^n\backslash\mathbf{K}$. Точка x, принадлежащая границе множества K, называется освещённой извне точкой z, если прямая, определяемая точками x и z, проходит через некоторую точку y, лежащую внутри множества K, и векторы xy и zy одинаково направлены. Необходимо найти минимальное число внешних точек тела K, достаточное для освещения всего множества bd K.

3) Пусть z – некоторая точка множества bd K. Точка x, принадлежащая множеству bd K, называется освещённой изнутри точкой x, несовпадающей с z, если прямая, определяемая точками z и x, проходит через некоторую точку y, лежащую внутри K, и векторы xy и zy противоположно направлены. Необходимо найти минимальное число p(K) точек границы тела K, достаточное для освещения изнутри всего множества bd K.

Три задачи комбинаторной геометрии: задача разбиения фигуры на части меньшего диаметра, задача покрытия геометрического тела при гомотетии и задача освещённости тела, тесно связаны. В отечественной и зарубежной литературе имеется немало книг, в которых подготовлен обзор литературы по перечисленным задачам комбинаторной геометрии, например, [9,1–162; 4,1–432].

В 1932 году польский математик К. Борсук [6,192] доказал теорему.

Теорема 1. Невозможно разбить n-мерный шар евклидова пространства на n частей меньшего диаметра.

Несколько ранее Л.А. Люстерник и Л.Г. Шнирельман [11,58] доказали это утверждение в несколько иной формулировке.

В 1933 году К. Борсук [5,178] сформулировал гипотезу о том, что всякое тело диаметра d в n-мерном евклидовом пространстве может быть разбито на (n+1) часть меньшего диаметра. Гипотеза была подтверждена Борсуком для плоских фигур.

Теорема 2. Всякая плоская фигура F диаметра d может быть разбита на три части меньшего диаметра

К. Борсук доказал, что всякое плоское ограниченное множество можно разбить на три части меньшего диаметра. Борсук получил оценку: диаметр меньших частей не превосходит числа $0{,}5\sqrt{3}$.

В 1946 году Хадвигер [18,74; 16,75] доказал теорему.

Теорема 3. Всякое n-мерное выпуклое тело в $\mathbf{R}^n$ с гладкой границей, имеющее диаметр d, может быть разбито на n+1 часть меньшего диаметра.

Гипотеза Борсука подтвердилась для тел, имеющих гладкую границу.

В 1955 году Ленц [10,416] доказал, что всякое d-мерное тело постоянной ширины не может быть разбито на d частей меньшего диаметра.

В 1955 году английскому математику Эгглстону [20,24] удалось решить проблему Борсука в случае трёхмерного пространства.

Теорема 4. Всякое тело диаметра d, расположенное в трёхмерном евклидовом пространстве, может быть разбито на четыре части меньшего диаметра.

Более простые доказательства, чем у Эгглстона, были найдены два года спустя американским математиком Грюнбаумом [8,778] и венгерским математиком Хеппешем [19,416].

В 1957 году Хадвигер [17,121] сформулировал гипотезу, согласно которой для покрытия любого ограниченного выпуклого тела в n- мерном евклидовом пространстве $\mathbf{R}^n$ достаточно 2^n тел меньших размеров, гомотетичных данному телу.

В 1960 году И.Ц. Гохберг и А.С. Маркус [7,89] доказали, что, для покрытия любой выпуклой плоской ограниченной фигуры её образами при гомотетии достаточно трёх фигур, если эта фигура не является параллелограммом; для покрытия параллелограмма достаточно четырёх фигур меньших размеров, гомотетичных данному параллелограмму.

В 1960 году В.Г. Болтянский [1,82] доказал теорему.

Теорема 5. Для любого ограниченного выпуклого тела F в n-мерном Евклидовом пространстве имеет место равенство:
$$b(F)=c(F),$$
где b(F) – наименьшее число выпуклых тел, гомотетичных телу F и меньших размеров, покрывающих F;

c(F) – наименьшее число направлений, таких, что тело F будет освещено из их совокупности.

В 1965 году В.Г. Болтянский и И.Ц. Гохберг [3,33] доказали теорему.

Теорема 6. Для любого выпуклого ограниченного тела F в n-мерном евклидовом пространстве имеет место неравенство:
$a(F) \leq b(F)=n+1$,

если тело F ограничено гладкой поверхностью или имеет не более n угловых точек, где a(F) – минимальное число частей меньшего диаметра;

b(F) – число гомотетичных фигур меньших размеров, достаточное для покрытия тела F.

В 1976 году П.С. Солтан [13,101] доказал теорему.

Теорема 7. Если многогранник M^n, принадлежащий $\mathbf{R}^n$, обладает тем свойством, что любая его грань является центрально-симметричным множеством, то справедливо неравенство:
$$b(M^n) \leq 2^n,$$
причём равенство имеет место лишь в случае, когда M^n – параллелепипед, где $b(M^n)$ – число гомотетичных фигур, достаточное для покрытия многогранника M^n.

Следующая теорема П.С. Солтана [13,120] устанавливает связь между задачей об освещённости неограниченного тела изнутри с задачей покрытия выпуклого тела его образами при гомотетии с коэффициентами, большими единицы.

Теорема 8. Для любого выпуклого тела K, принадлежащего n-мерному евклидову пространству, справедливо равенство
$$p(K)=d(K),$$
где p(K) – наименьшая мощность множества L, принадлежащего границе тела K, L – множество точек границы K, достаточное для освещения границы тела K изнутри; тело K может быть неограниченным;

d(K) – наименьшая мощность системы покрывающих множеств, коэффициенты гомотетии больше единицы.

Если выпуклое тело содержится в евклидовом пространстве, размерность которого равна четырём или больше, проблема Борсука в этом случае остаётся открытой. А.М. Райгородский [14,181] в 1997 году доказал, что в евклидовом пространстве, размерность d которого равна 561, существует ограниченное множество, которое не может быть разбито на d+1 часть меньшего диаметра. В 2001 году А.М. Райгородский [15,107– 146] выяснил связь между проблемой Борсука и проблемой нахождения «хроматических чисел» евклидова пространства.

Работа автора [21,399 – 404] посвящена разбиению выпуклых многогранников на классы. Классификация выпуклых многогранников связана с количеством многогранников меньших размеров, достаточным для того, чтобы покрыть многогранник определенного класса, и с приемами покрытия многогранников, относящихся к определенному классу.

В работах автора [22-29] рассмотрено покрытие каждого класса выпуклых многогранников образами тел при гомотетии с коэффициентами, меньшими единицы.

В настоящей статье сформулирована и решена задача покрытия выпуклых многогранников их образами при гомотетии в трёхмерном евклидовом пространстве. Работа является обобщением серии статей автора по данной теме.

В работе автора [21,399 - 404] выполнена классификация всех выпуклых многогранников в трехмерном евклидовом пространстве. Все выпуклые многогранники разбиты на четыре непересекающихся класса. Критерием классификации выбрана принадлежность поверхности выпуклого многогранника особых поверхностей, названных в работе *призматической частью поверхности, поверхностью переходного типа и фрагментом призматической части*.

Призматической частью поверхности названа часть поверхности выпуклого многогранника, топологически эквивалентная кольцу между двумя окружностями, и состоящая из граней многогранника, параллельных одному направлению в пространстве. Край такой поверхности состоит из двух непересекающихся ломаных.

Если поверхность выпуклого многогранника содержит одну или несколько призматических частей, то такой выпуклый многогранник отнесен в работе [21,400] к классу В.

Рассмотрим на плоскости множество W, ограниченное двумя окружностями, касающимися внутренним образом. *Поверхностью переходного типа* в работе [21,400] названа часть поверхности выпуклого многогранника, топологически эквивалентная множеству W, и состоящая из граней многогранника, параллельных одному направлению в пространстве.

В описанном выше случае поверхность переходного типа состоит из одного звена. Поверхность переходного типа может быть устроена сложнее и состоять не из одного звена, а из нескольких. Рассмотрим множество G, являющееся объединением n кругов, таких, что любые два соседних круга касаются, включая первый и последний.

Поверхностью переходного типа, состоящей из n звеньев, названа часть поверхности выпуклого многогранника, топологически эквивалентная множеству G, и состоящая из граней, параллельных одному направлению в пространстве.

Если поверхность выпуклого многогранника не содержит призматическую часть и содержит одну или несколько поверхностей переходного типа, то выпуклый многогранник отнесен в работе [21,401] к классу С.

Фрагментом призматической части в работе [21,402] названо множество граней многогранника, топологически эквивалентное кругу, и состоящее из граней, параллельных одному направлению в пространстве. Такой фрагмент призматической части состоит из одного звена.

Фрагмент призматической части может состоять из нескольких звеньев. Рассмотрим множество U, являющееся объединением q кругов, из которых каждый последующий касается предыдущего кроме первого и последнего.

Фрагментом призматической части, состоящим из q звеньев, в работе [21,403] названа часть поверхности выпуклого многогранника, топологически эквивалентная множеству U, и состоящая из граней многогранника, параллельных одному направлению в пространстве.

Выпуклый многогранник отнесем к классу D, если поверхность многогранника не содержит призматическую часть, не содержит поверхность переходного типа, но содержит один или несколько фрагментов призматической части.

Все остальные выпуклые многогранники отнесем к классу A. Граница каждого такого многогранника не содержит призматическую часть, не содержит поверхность переходного типа и не содержит фрагменты призматической части.

В работе [22,47 - 51] автора все многогранники класса A разбиты на три класса. К первому классу A1 отнесены однолистники. Так назван выпуклый многогранник, одна грань которого названа основанием, а все другие грани названы боковыми гранями и обладают свойством: если провести нормали к этим граням и перенести нормали в центр единичной сферы, то концы нормалей лежат внутри одной полусферы.

Ко второму классу A2 отнесены двулистники. Так названы выпуклые многогранники, которые получены склеиванием двух однолистников по равным основаниям.

Все остальные выпуклые многогранники класса A отнесены к классу A3. В работе [22,50] автора введено понятие шапочки. Шапочкой названо объединение граней многогранника класса A3, таких, что внешние нормали этих граней лежат внутри одной полусферы.

В работе [23,39 - 44] выполнено покрытие многогранников класса A. Покрытие однолистников выполнено следующим образом. Для покрытия внутренних вершин боковых граней однолистников достаточно одного гомотетичного многогранника меньших размеров. Для покрытия вершин основания потребуется еще три гомотетичных многогранника меньших размеров.

Для покрытия двулистников достаточно увеличить число гомотетичных ему многогранников меньших размеров на один.

Покрытие многогранников класса A3 осуществлено следующим образом. Сначала поверхность выпуклого многогранника рассматривают как объединение двух шапочек и осуществляют покрытие внутренних вершин шапочек. Для покрытия оставшейся части поверхности многогранника требуется еще от четырех до шести многогранников меньших размеров, гомотетичных данному многограннику.

Классификация многогранников класса B осуществлена в работе [24, 25 - 29] автора. Если поверхность выпуклого многогранника содержит одну призматическую часть, то многогранник отнесен к классу B1, если две призматические части – то к классу B2, если больше двух, то к классу B3. Класс B1 подразделяется на подклассы: призмы, призмы с одним однолистником и одной шапочкой и призмы с двумя однолистниками и шапочками. Чтобы получить призму с одним или двумя однолистниками, достаточно к основанию (основаниям) призмы приклеить один или два однолистника. Для получения призмы с одной шапочкой начинаем конструирование многогранника с шапочки. Пусть имеется некоторая шапочка. Рассмотрим направление в пространстве, непараллельное ни одной из граней шапочки. Рассмотрим цилиндрическую поверхность, для которой край шапочки – это направляющая, а образующая параллельна выбранному направлению. Поверхность шапочки и цилиндрическая поверхность заключают неограниченное выпуклое тело. Секущая плоскость пересекает цилиндрическую поверхность так, что линия пересечения не имеет общих точек с краем шапочки. Полученный таким образом выпуклый многогранник назовем призмой с шапочкой. Аналогичным построением получим призму с двумя шапочками и призму с однолистником и шапочкой.

В работе [25,20 - 27] автора доказано, что для покрытия любого многогранника класса В достаточно восьми многогранников меньших размеров, гомотетичных данному многограннику. Идея покрытия такого многогранника его меньшими копиями состоит в следующем. Вся поверхность многогранника представляется в виде объединения попарно пересекающихся шапочек. Для покрытия внутренних вершин каждой шапочки достаточно одного гомотетичного тела меньших размеров. Количество гомотетий совпадает с количеством шапочек, на которое распадается поверхность выпуклого многогранника.

В работе [26,133 - 139] автора выполнена классификация многогранников класса С. Аналогично тому, как это сделано в классе В, все многогранники класса С разбиты на классы С1, С2, С3 в зависимости от количества поверхностей переходного типа, принадлежащих поверхности данного выпуклого многогранника. Многогранники класса С1, в свою очередь, разбиты на классы: *почтипризмы, почтипризмы с одним однолистником или шапочкой и почтипризмы с двумя однолистниками или шапочками.*

Классификация многогранников класса С1 выполнена по аналогии с классификацией класса В1. Почтипризмой в работе [26,133] назван выпуклый многогранник, который получен из призмы следующим образом. На боковом ребре выпуклой призмы выбираем любую внутреннюю точку Р. Через точку Р проведем две плоскости, каждая из которых пересекает все боковые ребра призмы во внутренних точках. Геометрическое тело, заключенное между плоскостями, назовем почтипризмой, а многоугольники, являющиеся пересечениями призмы с секущими плоскостями, назовем основаниями почтипризмы. Аналогично тому, как из призмы были получены призма с однолистниками и шапочками, из почтипризмы получим почтипризму с однолитниками и шапочками.

В работе автора [27,138 - 148] доказано, что для покрытия любого многогранника класса С достаточно от четырех до восьми гомотетичных многогранников меньших размеров. Количество многогранников зависит от того, на сколько шапочек можно разбить поверхность выпуклого многогранника.

Разбиение многогранников класса D осуществлено по количеству направлений, в которых расположены фрагменты призматической части границы выпуклого многогранника [28,44 - 46]. Если такое направление только одно, то многогранник класса D отнесен к классу D1, если два или больше двух, то соответственно к классам D2 или D3. Разбиение многогранников класса D1, где только один фрагмент призматической части, осуществлено по величине угла, который образуют внешние нормали к первой и последней грани фрагмента призматической части. От величины этого угла зависит способ покрытия выпуклого многогранника его меньшими гомотетичными копиями.

В работе [29,129 - 132] доказано, что для покрытия любого выпуклого многогранника класса D достаточно от четырех до восьми гомотетичных многогранников меньших размеров.

Выводы

Выше рассмотрена классификация и покрытие всех выпуклых многогранников их меньшими копиями при гомотетии в трехмерном евклидовом пространстве. Результатом этих рассмотрений является следующее утверждение.

Теорема. Для покрытия любого выпуклого многогранника в трехмерном евклидовом пространстве достаточно восьми многогранников меньших размеров, гомотетичных данному многограннику.

Литература

1. Болтянский В.Г. Задача об освещённости границы выпуклого тела // Известия Молдавского филиала АНСССР. –1960. – № 10(76). – с. 77 – 84.

2. Болтянский В.Г. , Гохберг И.Ц. Разбиение фигур на меньшие части. М.: Наука, 1971. – 80 с.

3. Болтянский В.Г. , Гохберг И.Ц. Теоремы и задачи комбинаторной геометрии. М.: Наука, 1971. – 108 с.

4. Boltyanski V., Martini H., Soltan P.S. Excursions into Combinatorial Geometry. Berlin, 1997. – 432 p.

5. Borsuk K. Drei Sâtze úber die n-dimentionale Sphâre // Fundamenta Math. –1933. – № 20. – s. 177 – 190.

6. Borsuk K. Úber die Zerlegung einer Euklidischen n-dimensionalen Vollkuget in n- Mengen Verh Internat // Math. Kongr. Zúrich. – 1932. – № 2. – s. 192 .

7. Гохберг И.Ц., Маркус А.С. Одна задача о покрытии выпуклых фигур подобными // Изв. Молдавск. фил. АН СССР. –1960. – №,10. – с. 87 – 90.

8. Grunbaum B. A simple proof of Borsuks conjecture in three dimensions // Proc. Cambridge Philos Soc. – 1957. – № 53. – p. 776 –778.

9. Данцер Л., Грюнбаум Б., Кли В. Теорема Хелли и её применения. М.: Мир, 1968. – 162 с.

10. Lenz. Zur Zerlegung von Punktmengen in solche klieneren Durchmessers // Arch. Math. – 1955. – V.6. – № 5. – s. 413 – 416.

11. Люстерник Л.А. , Шнирельман Л.Г. Топологические методы в вариационных задачах, М.: Гостехиздат , 1930. – 138 с.

12. Математическая энциклопедия, т. 2, 968 – 969, т.4,105 – 106, 394, М.: 1979.

13. Солтан П.С. Экстремальные задачи на выпуклых множествах, Кишинёв.: Штиинца, 1976. – 154 с.

14. Райгородский А.М. О размерности в проблеме Борсука // УМН. – 1997. – т.52. – № 6. – с. 181 – 182.

15. Райгородский А.М. Проблема Борсука и хроматические числа некоторых метрических пространств // УМН. – 2001. – т 56, № 1. – с. 25 – 99.

16. Hadwiger G. Mitteilung betreffend meine Note. Überdeckung einer Menge durch Mengen kleineren Durchmessers // Comm. Math. Helv . – 1946-1947. – № 19. – s. 73 – 75.

17. Hadwiger G. Ungeloste Problem // Referens Elem. der Math. – 1957. – №12. – p.121.

18. Hadwiger G. Überdechung einer Menge durch Mengen kleineren Durchmessers // Comm. Math. Helv. – 1945-1946. – №18. – s.73-75.

19. Heppesh Terbeli ponthalmazor felosztása risebb atméröjü részhalmazor összegére // A magyar tudományos academia. – 1957. – №7. – p.413-416.

20. Egglston Covering a three-dimensional set with sets of smaller diameter // J. London Math. Soc. – 1955. – № 30. – p.11-24.

21. Пуолокайнен Т.М. Классификация выпуклых многогранников // Известия Смоленского государственного университета. – 2012. – № 3 (19). – с. 399–404.

22. Пуолокайнен Т.М. Разбиение многогранников класса А на подклассы // Ученые записки Орловского государственного университета. – 2012. – № 3 (47). – с. 47–51

23. Пуолокайнен Т.М. Покрытие многогранников класса А образами многогранников при гомотетии // Вестник Восточно-Сибирского государственного технического университета. – 2008. – № 4. Серия: Естественные науки. – с. 39–44.

24. Пуолокайнен Т.М. Разбиение выпуклых многогранников класса B на подклассы // Известия высших учебных заведений, Северо-Кавказский регион. – 2012. – №1. Серия: Естественные науки. – с. 25 – 29.

25. Пуолокайнен Т.М. Покрытие многогранников класса B // Вестник Восточно - Сибирского государственного технического университета. – 2011. – № 4 (35). Серия: Естественные науки. – с. 20–27.

26. Пуолокайнен Т.М. Разбиение выпуклых многогранников класса C на подклассы // Вестник Красноярского государственного педагогического университета им. В.П. Астафьева. – 2011. – № 4 (18). – с. 133–139.

27. Пуолокайнен Т.М. Покрытие многогранников класса C // Известия Пензенского государственного педагогического университета им. В.Г. Белинского. – 2012. – № 30. – с. 138–148.

28. Пуолокайнен Т.М. Разбиение класса D на подклассы // Вестник Кемеровского государственного университета. – 2012. – № 1. – с. 44–46.

29. Пуолокайнен Т.М. Классификация и покрытие многогранников класса D // Вестник Воронежского государственного университета. – 2011. – № 2. Серия: Физика. Математика. – с. 129-132.

Stebenkov A.M., Stebenkova N.A.
Volgograd State University
Russia, Volgograd, Lenin St, 28, 400005
rastova@inbox.ru

COMPARATIVE ANALYSIS OF THE SPECTRUM OF ONE-ELECTRON STATES IN TETRAHEDRAL CRYSTALS

Abstract.
The spectrum of one-electron states (SOS) of covalent and ionic-covalent crystals (C, Si, Ge, BN, BP, AlN, AlP and GaP) was calculated under the MNDO scheme with a usage of symmetrically extended models of a) an orbitally-stoichiometric cluster and b) a molecular cluster with closure of broken valencies by hydrogen atoms. The calculations were carried out for ideal crystals as well as those with substitution local defects. It was shown, that both models lead to qualitatively coincidental results.
Keywords: spectrum of electron states, quantum mechanical calculation, covalent and ionic-covalent crystals, local defects.

1. Introduction.

Covalent and ionic-covalent crystals with tetrahedral (diamond-like) structure are of great interest for micro-and nanoelectronics. Their electrical properties (in particular, the energy spectrum of electrons) are essentially dependent on the purity of the crystal structure (from its "ideal")and furthermore, the introduction of a defect substitution it ,brings into existence modification of the relevant SOS crystals.

In this work has been analyzed and calculated the spectra of one-electron states (SOS) of tetrahedral diamond-like crystals (C), silicon (Si), germanium (Ge), boron nitride (BN), boron phosphide (BP), aluminum nitride (AlN), aluminum phosphide (AlP) and gallium phosphide (GaP) as the ideal structureand also ideal structure and substitution defects of the inner-volume of the central atom (CA), on atoms of covalent radius which do not increase (otherwise such a substitution would be impossible) covalent radius of the substituted CA:

Cristal	Substitutional atoms
C	Be, B, N
Si	C, N, Al, P
Ge	C, N, Si, P, Ca, As
BN	Be, C
BP	Be, C, Mg, Al, Si

AlN	Be, B, C, Mg, Si
AlP	Be, B, C, Mg, Si
GaP	Be, B, C, Mg, Al, Si, Ca, Ge

2. Calculation method.

Calculations were carried out within the models of the orbital stoichiometric cluster (OSK) [1] and molecular cluster with closure of dangling valence monovalent pseudoatoms [2] (in which was selected as hydrogen atoms) (Fig. 1).

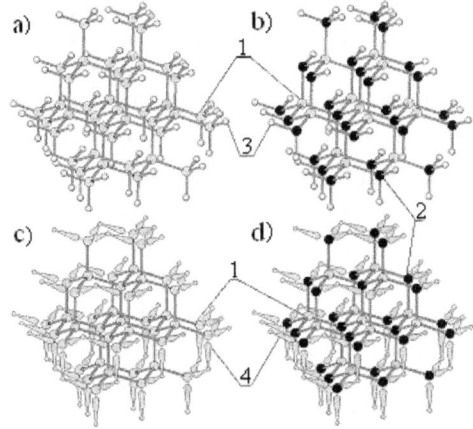

Fig. 1.The cluster model of the volume elements of tetrahedral crystals containing around the CA three neighboring spheres: a) the model MK-H-type crystal AIVAIV; b) Model MK-H-type crystal AIIIBV; c) a model of the crystal type AIVAIV OSK; d) model OSK-type crystal AIIIBV:
1 - atom A; 2 - atom B; 3 - boundary of hydrogen atoms; 4 - boundary of pseudoatom

In both cases, clusters were chosen symmetrically extended with respect to the CA , as such their symmetrical point was very high (the symmetry group of the cluster is a subgroup of the crystal symmetry group Td [3]). Three spheres neighbors around the CA went in the OSK and MK-H , ragged valence atoms of the third sphere enclosed the hydrogen atoms (MK-H) or (in the case of OSK) pseudoatomsA' of the fourth sphere, it differs from the real atom A (AA or AB crystal) beause A' contributes to the basis of atomic orbitals (AO) of one or two hybrid (sp3)-AO (GO)oriented in a direction corresponding to the adjacent atom intracluster (in the case of covalent pure crystal $B \equiv A$) of the third sector.In the OSK each boundary GO brings in the system number of electrons*) (and the same core charge), which equals $\tilde{Z}_A = \frac{1}{4} Z_A$ (Z_A- charge of the atomic core A). The result of the atomic, orbital, electronic and spanning (ECOs) composition of OSC is exactly the same as the simulated crystal. For OSK, the chosen size OEO - composition corresponds A28V28 (28 Formula units). Note that, in case of pure simulation of covalent crystal, the number included in base model OSK sp3-CS coincides with the number of hydrogen atoms, enclosed atoms of the third sphere model MK-H, and for both models, the number of occupied molecular orbitals (imitate the valence band conductor) equally. As for the ion-covalent crystals of AB, in the case of model OSK situation regarding OEO - composition, the same as in the pure simulation of covalent structures and for the models of MC-H in order so as the cluster to be electrically neutral and have full complete state corresponding to the atomic orbitals B (they correspond to the valence band of the crystal), number of atoms N, enclosing (2p +1)-th (odd) field of the atoms around the CA "A" is given by the equation [4]:

$$N_H = \tilde{N} - [m(1 + n_2 + n_4 + ... + n_{2p}) + (\tilde{m} - m)(n_1 + n_3 + ... + n_{2p+1})] \quad (1)$$

where m = 8 - the number of valence electrons per atom pair AB; m - the valence of the atom "A"; ni - the number of atoms on the i-th area (for diamond-like structures n1 = 4, n2 = 12, n3 = 24); $\tilde{N} = 2\tilde{m}(n_1 + n_3 + ... + n_{2p+1})$ - the number of valence electrons occupying bonding states corresponding orbitals of atoms "B" (n= 4 - number of orbitals of the valence shell of the atom "B"). In the case of ion-covalent crystal type AIIIBV for the three-sphere model MK-H yhe number of hydrogen atom, enclosing the third sphere NH (2p +1 = 3) = 45.

In [4] it is shown that for MK-H of larger than three-sphere, the results of calculating the distribution of effective charges in the internal ("volume") parts of the cluster and the nature of SOS identical three-sphere, therefore, in this work the bigger clusters were not considered. Interatomic distances in these structures were chosen equal to their experimental values [5].

The calculations are performed within the framework of a semi-empirical scheme MNDO [6] in the valence basis for all structures, except for germanium and silicon crystals for which the procedure is used MNDO/PM-3 [7-8] (in this calculation scheme semi-empirical parameters for Si and Ge atoms are preferred). The results of the calculations of the atomic charges on the different coordination spheres are shown in Table 1. Typical COC (with respect to quality the selected COC crystals are diamond c and boron nitride), obtained from models MK-H and OCK shown in Fig. 2 and 3.

Table 1. Charges on the atoms of the central (q_0), the first (q_1), second (q_2) and third (q_3) coordinating spheres and crystals AIVAIV AIIIBV, calculated for models OSC and MK-H

Crystal	CA	Models							
		OSK				MK-H			
		q_0	q_1	q_2	q_3	q_0	q_1	q_2	q_3

Физико-математические науки

Diamond	C	-0,04	0,12	0,08	0,11	0,00	0,00	-0,07	-0,08
	Be	-0,08	0,06	0,10	0,11	-0,04	-0,07	-0,04	-0,08
	B	-0,48	0,16	0,08	0,07	-0,35	0,05	-0,06	-0,08
	N	-0,04	0,18	0,07	0,10	0,02	-0,01	-0,07	-0,09
Silicon	Si	0,22	0,25	0,22	0,00	-0,14	-0,15	-0,09	0,10
	C	0,55	0,22	0,20	0,00	0,28	-0,15	-0,11	0,10
	N	0,34	0,34	0,20	-0,01	0,20	-0,11	-0,11	0,10
	Al	-0,48	0,33	0,23	0,01	-0,87	-0,04	-0,07	0,11
	P	1,21	0,19	0,18	-0,01	0,57	-0,19	-0,13	0,09
Germanium	Ge	0,08	0,10	0,03	-0,03	-0,24	-0,26	-0,19	0,07
	C	0,77	0,07	0,02	-0,05	0,54	-0,27	-0,23	0,06
	N	0,37	0,17	0,02	-0,05	0,19	-0,20	-0,22	0,06
	Si	0,56	0,08	0,04	-0,05	0,08	-0,28	-0,20	0,07
	P	1,27	0,02	0,00	-0,05	0,64	-0,32	-0,23	0,06
	Ca	0,72	0,03	0,05	-0,05	-0,71	-0,23	-0,18	0,08
	As	1,02	0,05	0,01	-0,05	0,57	-0,30	-0,23	0,06
boron nitride	B	0,01	0,09	0,03	0,20	0,06	0,05	-0,08	-0,22
	Be	0,01	0,07	0,03	0,21	0,01	-0,01	-0,08	-0,20
	C	0,37	0,07	0,02	0,20	0,45	0,02	-0,09	-0,23
boron phosphide	B	0,14	-0,05	0,14	0,14	0,19	-0,11	0,09	-0,17
	Be	0,31	-0,13	0,13	0,15	0,34	-0,19	0,10	-0,16
	C	0,19	-0,01	0,12	0,14	0,27	-0,10	0,08	-0,17
	Mg	0,76	-0,24	0,14	0,15	0,76	-0,30	0,10	-0,16
	Al	0,78	-0,26	0,16	0,14	0,92	-0,34	0,12	-0,18
	Si	1,84	-0,57	0,17	0,14	1,97	-0,69	0,14	-0,17
aluminum nitride	Al	0,45	-0,30	0,49	-0,02	0,65	-0,48	0,50	-0,41
	Be	0,15	-0,25	0,49	-0,02	0,24	-0,45	0,50	-0,40
	B	0,26	-0,28	0,50	-0,02	0,34	-0,42	0,51	-0,41
	C	0,56	-0,33	0,48	-0,02	0,61	-0,47	0,50	-0,41
	Mg	0,56	-0,33	0,48	-0,02	0,64	-0,53	0,50	-0,39
	Si	1,28	-0,45	0,48	-0,03	1,43	-0,63	0,47	-0,41
aluminum phosphide	Al	1,06	-0,89	0,94	-0,19	1,22	-1,04	1,00	-0,55
	Be	0,55	-0,77	0,90	-0,16	0,66	-0,93	0,98	-0,53
	B	0,48	-0,71	0,91	-0,18	0,57	-0,84	0,97	-0,54
	C	0,49	-0,63	0,88	-0,17	0,69	-0,84	0,95	-0,53
	Mg	0,68	-0,78	0,92	-0,18	0,76	-0,97	0,99	-0,53
	Si	1,90	-1,09	0,93	-0,18	1,97	-1,27	0,99	-0,54
aluminum phosphide	Ga	0,78	-0,33	0,28	0,02	0,79	-0,35	0,14	-0,20

Be	0,74	-0,29	0,28	0,02	0,76	-0,35	0,15	-0,20
B	0,61	-0,22	0,28	0,00	0,64	-0,25	0,14	-0,21
C	0,84	-0,26	0,28	0,00	1,03	-0,37	0,14	-0,20
Mg	0,74	-0,27	0,29	0,01	0,79	-0,35	0,15	-0,20
Al	1,23	-0,40	0,30	0,00	1,29	-0,45	0,16	-0,22
Si	1,93	-0,56	0,29	0,00	1,98	-0,64	0,16	-0,21
Ca	0,70	-0,30	0,28	0,02	0,71	-0,35	0,15	-0,20
Ge	2,05	-0,61	0,30	0,01	2,13	-0,70	0,16	-0,21

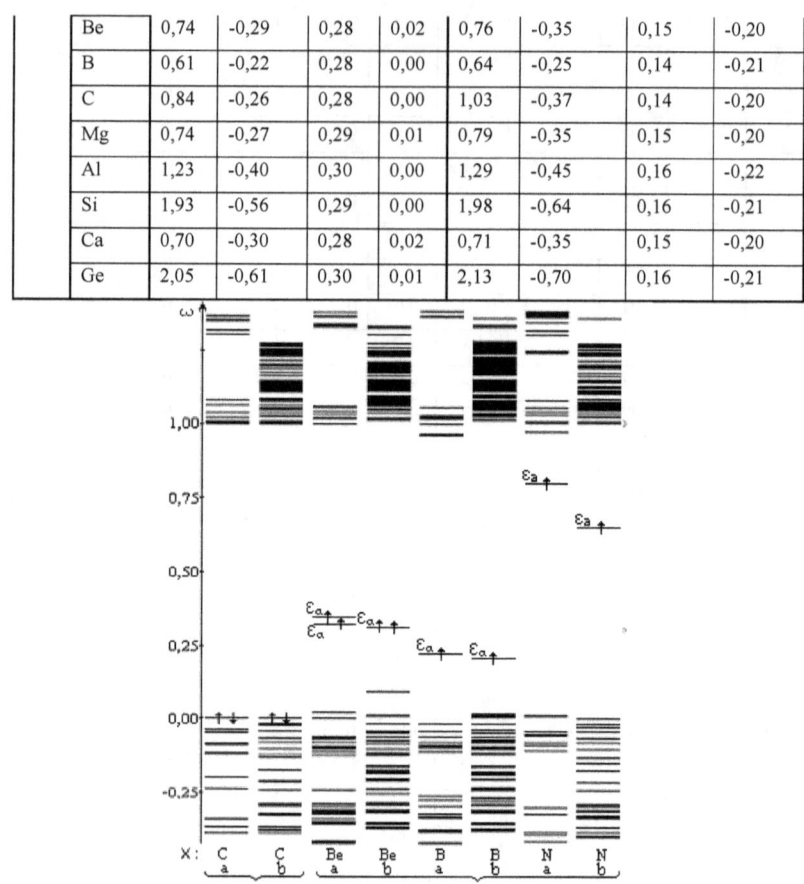

Fig. 2. SOS) diamond-like crystal - ideal and with local defects substitution of CA atom X, calculated by MNDO in regions of models within OSK (a) and MK-H (b) (a defect-free crystal X C)

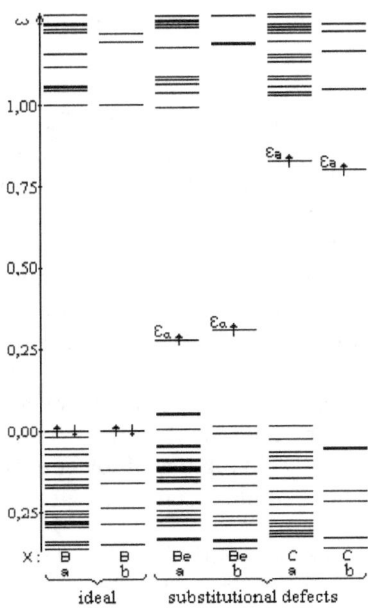

Fig. 3. SOS crystal boron nitride - the ideal and defective replacement CA atom X, calculated by MNDO models within OSK (a) and MK-H (b) (a defect-free crystal XB) (see footnote to Fig. 2)

Analysis of the results leads to the following conclusions.
1. Both models are in general qualitatively correctly reflect the charge distribution in the tetrahedral crystals wherein the binary structures the stoichiometry of the crystal is transmitted more reliably than in the purely covalent structures.
2. substitution CA in covalent and as well as ionic-covalent crystals for atoms, the valence which exceeds that of the CA($N \to C$; $N \to Si$; $P \to Si$; $N \to Ge$; $P \to Ge$; $As \to Ge$; $C \to B$; $Si \to B$; $C \to Al$; $Si \to Al$; $C \to Ga$; $Si \to Ga$)leads to an increase of the effective charge of CA to the extent as the atom defect makes "excess" electron delocalization of the crystal. The condition of the electron characterizes the values of energy (donor levels), lying in the banned energy gap (ZESCH) of the semiconductor, closer to the border zone of the vacant states (3BC) (Fig. 2 and 3).The calculated values of the degree of integration of the states in ZESCH (in % are the values of ZESCH) are presented in Table 2.
From the data in this table, and Fig. 2 and 3 shows that in the framework model of OSK situation of the occurrence of acceptor states in ZESCH

(nearby energies ε_∂ to the upper boundary of ZESCH) transmits more realistic.
3. Isovalent substitution CA($C \to Si$; $Si \to Ge$; $B \to Al$; $Al \to B$; $B \to Ga$; $Al \to Ga$; $C \to Ge$)on "less metallic" atom (with higher atomic numbers) leads to an increase of the positive charge q0 of the atom, which is at the center of the cluster.Such substitution does not lead to the appearance of additional states in ZESCH. At the same time, however, covalent structures shifts boundary areas of occupied and vacant states.So in silicon and germanium $C \to Si$ and $C \to Ge$ substitution shifts the upper boundary of the occupied states zone(ZZS) ≈by 4% and 25%, respectively, to lower energies;; At the same time the lower bound (ZVC) is shifted by 30% (for Germanium) to the region of higher energies (according to the calculation of OSK model).In the case of the substitution calculation results OSK models indicate displacement of the upper boundary ZZS 20% in regions of lower energies and lower limits of ZVC by 35% to regions of higher energies.

Table 2. Degrees of integration in ZESCH (in % relative to the amount ZESCH) of acceptor and donor states due to the defect substitution calculated using models OSK and MK-H

	Type of substitution	Crystal	Models			Type of substitution	Crystal	Models	
			OSK	MK-H				OSK	MK-H
acceptor substitution	$Be \to C$	C	33	31	donor substitution	$N \to C$	C	20	35
	$B \to C$		22	20		$N \to Si$	Si	38	32
	$Al \to Si$	Si	50	34		$P \to Si$		43	35
	$Ca \to Ge$	Ge	49	20		$N \to Ge$	Ge	32	75
	$Be \to B$	BN	27	31		$P \to Ge$		38	64
	$Be \to B$	BP	29	42		$As \to Ge$		27	74
	$Mg \to B$		30	42		$C \to B$	BN	17	20
	$Be \to Al$	AlN	29	31		$C \to B$	BP	30	35
	$Mg \to Al$		33	31		$Si \to B$		28	36
	$Be \to Al$	AlP	26	37		$C \to Al$	AlN	32	48
	$Mg \to Al$		28	37		$Si \to Al$		18	33
	$Be \to Ga$	GaP	25	38		$C \to Al$	AlP	28	51
	$Mg \to Ga$		28	38		$Si \to Al$		28	49
	$Ca \to Ga$		25	38		$C \to Ga$	GaP	49	66
						$Si \to Ga$		31	46
						$Ge \to Ga$		30	45

List of references

1. Litinsky A.O. Quasi-molecular modelling of chemosorbtion and surface structures.- Doctoral dissertation, Moscow, Moscow State University, 1986.-344p.

2. Zakys I. R. Process models of solid states with wide slots and defects / I.R. Zakys, L.N. Kontorovich, E.A. Kotomin, V.N. Kuzovkov, I.A. Tale, A.L. Shluger //Piga, Zinatne, 1991.-382 p.
3. Birman J.L. Spatial symmetry and optical properties of solids //Trans. from English, Moscow, World Publisher, 1978, Vol.1-381 p.
4. Stebenkov A.M Culculation and comparative analysis of the electrons energy spectrum in tetrahedral crystals / A.M. Stebenkov, N.A. Stebenkova // A young scientist in the modern science world: new aspects of the scientific search Vol. 2. – Titusville (FL, USA), 2012.– p. 43-56 ;
5. Penkalya T. Essay of crystal chemistry //Leningrad, Chemistry. 1974. – 496p.
6. Minkin V.I. Theory of molecular structure / V.I. Minkin, B. Y.Simkin, R.M. Minyaev // Rostov-on-Don, FenixBooks, 1997-560 p.
7. *Stewart J.J.P.* Optimization of parameters for semiempirical methods. 1. Methods // J. Comput. Chem. 1989. V. 10. № 2. P. 209 - 220.
8. *Stewart J.J.P.* Optimization of parameters for semiempirical methods. 2. Methods // J. Comput. Chem. 1989. V. 10. № 2. P. 221 - 264.

Шкурская Е.А.
кандидат филологических наук, доцент кафедры русской и зарубежной литературы Калмыцкого государственного университета

КОНТАКТНО-ТИПОЛОГИЧЕСКАЯ ПРЕЕМСТВЕННОСТЬ ПСИХОЛОГИЧЕСКОЙ ПРОЗЫ Э.А. ПО И А.С. ГРИНА

Типологические связи и схождения литературных текстов проявляются в разнообразных культурологических контактах. Постижение произведения искусства, литературного текста невозможно без соотнесения его с другими художественными явлениями. Творческая переработка заимствованного позволяет выявить не только индивидуальные черты характера художника, но и национальное своеобразие творчества. Близость между художественными явлениями может формироваться под воздействием трех факторов: генетического – сходство, восходящее по происхождению к одному и тому же источнику; типологического – выработка сходных форм независимо друг от друга; интерактивного – взаимовлияние, заимствование, обусловленное как исторической близостью, так и общими процессами развития мировой культуры.

Рассмотрим типологические связи и схождения на примере произведений Э.А. По «Сердце-обличитель» и А.С. Грина «Таинственная пластинка». Типологическое сходство произведений обнаруживается в остром заключительном конце новелл – разоблачении убийц и идеально спланированных преступлений.

У Э.А. По «Сердце-обличитель» относится к новеллам-самообличениям, новеллам-исповедям, основной доминантой которых является психологический парадокс поступать себе во вред [3, 186].

Новелла построена в форме исповеди больного человека, который описывает тщательно спланированное, немотивированное убийство, уверяет в своей невиновности, адекватности действий, пытается найти рациональное объяснение иррациональному поведению: «Правда! Я нервный – очень даже нервный, просто до ужаса, таким уж уродился; но как можно назвать меня сумасшедшим?» [4, 99].

Повествование ведется от первого лица, «сила подробностей» направлена на описание изощренности и жестокости преступления. Фабула произведения сосредоточена не на раскрытии идеального убийства, читателю преступник известен, а на способе его разоблачения.

В произведении А.С. Грина «Таинственная пластинка» также нивелируется мотив раскрытия преступления. Следуя принципу Э.А. По «единства эмоционального эффекта», который начинается с зачина рассказа, отличающегося наибольшей выразительностью и создающего атмосферу всего повествования, А.С. Грин сообщает имена палача и жертвы первой фразой: «Крепко сжав губы, наклонясь и упираясь руками в валики кресла, на котором сидел, Бевенер следил решительным, недрогнувшим взором агонию отравленного Гонаседа» [1, 30].

В композиционном плане интересно структурное членение новеллы на части, каждая из которых представляет мини-повествование с центральным идейным содержанием. В произведении шесть блоков:

первый блок – сообщение об убийстве, мотиве и способе;

второй блок – ловушка противника;

третий блок – создание алиби, «идеального преступления»;

четвертый блок - подробности убийства и его исполнения;

пятый блок (год спустя) – запись граммофонных пластинок для фабрики и исполнение любимой арии убитого;

шестой блок (месяц спустя) – разоблачение убийцы.

Таким образом, градация сюжета направлена не на убийство, а на возмездие.

В «Сердце-обличителе» подобным возмездием становится нарастающий стук сердца преступника, внутренние муки совести. Э.А. По вводит элемент мистического: преступнику слышится глухой, похожий на тиканье часов, завернутых в вату, стук сердца противника из под половиц, куда он спрятал расчлененный труп. Мистическое находит рациональное объяснение: убийца путает свой страх с ужасом старика, которым пропитался сам, совершая злодеяние, и собственное сердцебиение принимает за стук его сердца.

В произведении А.С. Грина подобным возмездием становится таинственная пластинка: неведомая сила заставляет убийцу петь голосом жертвы.

В новелле «Таинственная пластинка» действительность искажается фантастическим элементом: оперный певец Бевенер записывает для фабрики граммофонных пластинок ряд арий, среди них и арию Мефистофеля «На земле весь род людской», любимое произведение жертвы.

Таинственным образом в момент празднования десятилетия сценической деятельности, в момент триумфа, убийцу настигает возмездие: таинственная пластинка передает голос убитого, который поражает волю преступника и вырывает признание.

В новелле А.С. Грина не муки совести разоблачают преступника, а торжество справедливости, переданное силой искусства, силой музыки.

Интересен аллюзивный потенциал фантастического элемента – Мефистофель – дух зла. Ария «На земле весь род людской» представляет собой строку из «Фауста» Гете, прославляющую деньги и преклонение перед «золотым тельцом» на балу у сатаны. Исполнение убийцей именно этой арии символизирует глубину его падения, в которой он не раскаивается – сопричастность духу зла. Не случайно, когда таинственная пластинка разбивается и остаются лишь осколки, каждый кусочек напоминает черноту души убийцы.

Заглавия анализируемых новелл «Сердце-обличитель» и «Таинственная пластинка» символизируют орудие кары преступников, у Э.А. По это внутреннее воздействие, муки совести, неистовый стук сердца, у А. Грина воздействие внешнее посредством силы искусства, разоблачающей преступника.

В новелле Э.А. По символом и каналом связи убийцы и жертвы является «глаз грифа», т.е. надзор, психологическое превосходство, закрыть глаз значит освободиться от оков власти. Принимая во внимание тот факт, что символ – главная коммуникативная единица в текстах американского новеллиста, а проза Э.А. По – зашифрованное послание [5, 44-46], Evil Eye «Злой глаз» – внешний раздражитель из-за которого герой убивает старика, можно интерпретировать как Evil I «Злой Я», Eye и I являются омонимами в английском языке, то есть глаз выступает как совесть, нравственное начало, которое наблюдает за степенью разложения героя.

Символом и каналом связи убийцы и жертвы в произведении А. Грина является голос, то есть божественный дар, которым наделены люди искусства, в нашем случае оперные певцы. Интересна трансформация голоса-жертвы в голос-орудие возмездия: в первом эпизоде читатель не слышит голоса жертвы. Автор сообщает читателю, что Бевенер, записывая произведения, вспоминает об умершем. Его охватывает волнение, голос крепнет и воодушевляется. Трансформация голоса убийцы в голос жертвы передана в эпизоде разоблачения: записанный на пластинке материал мистическим образом оказался голосом убитого – стальной, гибкий баритон. Он мрачно гнул пораженную волю преступника и вырвал признание.

С психологической точки зрения новелла «Сердце обличитель» иллюстрирует необъяснимое тяготение человека поступать себе во вред, которое Э.А. По называл «бесом противоречия».

Психологизм А.С. Грина заключается в фиксации глубины нравственного падения человека, в описании той «психологической бездны», в которой оказывается герой [2, 11-14].

Если отталкиваться от веры А.С. Грина в безграничность психологических возможностей человека, способных подчинять физические и биологические законы, то происшествие с таинственной пластинкой, неожиданно заговорившей голосом убитого, можно интерпретировать не только как орудие возмездия через искусство, но и как вариант проснувшегося голоса совести самого убийцы. В момент записи любимой арии Гонаседа, в убийце просыпается раскаяние, о котором он еще не знает, эта психологическая сила заставляет убийцу петь голосом жертвы. Та же внутренняя психологическая сила заставляет убийцу выбрать из множества пластинок именно роковую для него арию, обличающую его. В финале голос убитого сливается с голосом совести убийцы и когда он слышит приговор со стороны, признается.

Подведем основные итоги. Психологизм А.С. Грина обращен на динамику духовного состояния, его интересуют загадки человеческой психики, анализ работы творческого сознания, психологическое воздействие искусства на человека, преображение или падение героя в момент наивысшего напряжения. Источником психологического в произведении Э.А. По является не душа и духовные проявления героя, а выражение ужаса существования. Объектом изображения становится не герой как таковой, а различные формы ужасного им переживаемого: раздвоенность сознания, парадокс человеческой психики поступать себе во вред.

Литература

1. Грин А.С. Новеллы / Составление и предисловие Вл. Амлинского. – М.: Моск. Рабочий, 1984.
2. Грин А.С. Психологические новеллы / Сост., вступ. Ст. и примеч. В.Е. Ковского. – М.: Сов. Россия, 1988.
3. Ковалев Ю.В. Эдгар Аллан По. Новеллист и поэт: Монография. – Л.: Худож. лит., 1984.
4. По Э.А. Избранные произведения в 2 т. Т.2. – М.: Худож. лит., 1972.
5. Шогенцукова Н.А. Опыт онтологической поэтики. – М.: Наследие, 1995.

Абашкина Т.Л.
аспирант, Киевский национальный педагогический университет имени М.П. Драгоманова

ПРЕЦЕДЕНТНОЕ ИМЯ КАК КОНЦЕПТ

В конце XX века произошел поворот к рассмотрению языковых явлений под антропоцентрическим углом зрения, что подразумевает исследование языка в неразрывной связи с мышлением, сознанием, познанием, культурой, мировоззрением как отдельной личности, так и языкового коллектива, к которому она принадлежит. Ракурс рассмотрения языковых вялений сместился в сторону пользователя языка – субъекта, детерминированного определенной культурой, познающего мир, мыслящего, оценивающего, чувствующего. Изучением процесса получения, отражения и сохранения знаний в языковых формах является когнитивная лингвистика. Эта наука вводит в научный обиход новые понятия: языковая личность, картина мира, ментальность и т.д. В современных исследованиях, выполненных в русле когнитивной лингвистики, одним из наиболее популярных и доминирующих является термин «концепт». Как отмечает Г.Г. Слышкин, концепт стал единицей, сводящей воедино результаты разных познавательных процессов и ментальных операций, которые опредмечены в языке и эксплуатируются в процессе коммуникации. Такая сущность концепта позволяет в рамках его исследования обобщить ряд аспектов лингвокогнитивной деятельности, которые ранее исследовались изолированно [15,29].

Следует отметить, что интенсивные исследования, развернувшиеся в области когнитивной лингвистики, демонстрируют расхождение взглядов на понимание и толкование концепта, а также правомочность отнесения к концептам тех или иных явлений действительности [13,37]. Кроме того, концепт является термином не сугубо лингвистическим, но «зонтиковым» (такое определение дает С.Г. Воркачев), то есть, «он «покрывает» предметные области нескольких научных направлений: прежде всего когнитивной психологии и когнитивной лингвистики, занимающихся проблемами мышления и познания, хранения и переработки информации, а также лингвокультурологии, определяясь и уточняясь в границах теории, образуемой их постулатами и базовыми категориями» [3,6]. В «Кратком словаре когнитивных терминов» дается следующее развернутое определение концепта: «оперативная содержательная единица памяти, ментального лексикона концептуальной системы и языка мозга, всей картины мира, отраженной в человеческой психике. Понятие концепта отражает представление о тех смыслах, которыми оперирует человек в процессах мышления и которые отражают содержание опыта и знания, содержание результатов всей человеческой деятельности и процессов познания мира в виде неких «квантов» знания. Концепты позволяют хранить знания о мире и оказываются строительными элементами концептуальной системы, способствуя обработке субъективного опыта путем подведения информации под определенные выработанные обществом категории и классы» [8, 90]. Разные определения концепта позволяют выделить его инвариантные признаки: 1) это минимальная единица человеческого опыта в его идеальном представлении, вербализующаяся с помощью слова и имеющая полевую структуру; 2) это основная единица обработки, хранения и передачи знаний; 3) концепт имеет подвижные границы и конкретные функции; 4) концепт социален, его ассоциативное поле обусловливает его прагматику; 5) это основная ячейка культуры. Следовательно, концепты представляют мир в сознании человека, образуя концептуальную систему, а знаки человеческого языка кодируют в слове содержание этой системы [10,47].

Вопрос о соотношении концептов и единиц языка занимает центральное место в концептологии. С.А. Аскольдов считает, что концепт соответствует слову [1], Д.С. Лихачев говорит о существовании отдельного концепта для каждого словарного значения слова [9]. Распространенным является подразделение концептов на лексические и фразеологические, в соответствии со способом их словарного представления (например, [2]). С.Х. Ляпин, Г.Г. Слышкин не ограничивают концептуальную сферу рамками лексико-фразеологической системы языка, признавая возможность выражения концептов другими языковыми единицами, а также невербальными средствами [16,17]. Как утверждает Г.Г. Слышкин, «существует группа концептов, ориентированных не на обобщение множества феноменов, а на утверждение уникальности и культурной значимости объекта. ... Объекты и события, ставшие основаниями для подобной концептуализации, обозначаются в лингвистике как прецедентные феномены и формируют в рамках лингвокультуры прецедентную концептосферу» [14,116]. В той же работе Г. Г. Слышкин выделяет две формы концептов прецедентных феноменов: единичные (прецедентное имя, прецедентное высказывание, прецедентная личность и пр.) и прецедентные миры. Теория прецедентности впервые была предложена и теоретически обоснована Ю.Н. Карауловым в работе «Русский язык и языковая личность» [6]. «Назовем прецедентными тексты, (1) значимые для той или иной личности в познавательном или эмоциональном отношениях, (2) имеющие сверхличностный характер, т. е. хорошо известные широкому окружению данной личности, включая ее предшественников и современников, и, наконец, такие, (3) обращение к которым возобновляется неоднократно в дискурсе данной языковой личности» [5,216]. С момента публикации этой работы в 1987 году этот термин используется в несколько трансформированном виде. Участники семинара «Текст и коммуникация» расширили рамки употребления данного термина, назвав его «прецедентным феноменом», сделав замечания о том, что текст понимается ими в более узком смысле (работы Д.Б. Гудкова, И.В. Захаренко, В.В. Красных [4]).

Созданная Д.Б. Гудковым, И.В. Захаренко, В.В. Красных и Д.В. Багаевой теория прецедентных феноменов может рассматриваться как очередной этап в исследовании прецедентности. Прецедентные феномены и представления, которые стоят за ними, не только национально детерминированы, но и сами определяют шкалу ценностей и задают парадигму поведения. «Едва ли не главной дифференцирующей характеристикой ПФ является их способность 1) выполнять роль эталона культуры; 2) функционировать как свернутая метафора; 3) выступать как символ какого-либо феномена или ситуации (взятых как совокупность некоторого набора дифференциальных признаков)» [6,171].

Е.А. Нахимова уточняет формулировку определения прецедентных феноменов, которая приобретает такой вид: «Прецедентные феномены – это феномены: 1) известные значительной части представителей лингвокультурного сообщества; 2) актуальные в когнитивном (познавательном и эмоциональном) плане; 3) обращение к которым обнаруживается в речи представителей соответствующего лингвокультурного сообщества» [11,177].

В соответствии с наиболее авторитетной сегодня концепцией прецедентности разграничиваются следующие виды прецедентных феноменов: прецедентные имена, прецедентные высказывания, прецедентные тексты и прецедентные ситуации. Как отмечает Д.Б. Гудков, центром категории прецедентности вполне может быть признано прецедентное имя, с помощью которого нередко обозначаются прецедентные тексты и прецедентные ситуации.

Прецедентное имя понимается как «индивидуальное имя, связанное или с широко известным текстом, как правило, относящимся к прецедентным (например, Печорин, Теркин), или с прецедентной ситуацией (например, Иван Сусанин); это своего рода сложный знак, при употреблении которого в коммуникации осуществляется апелляция не собственно к денотату, а к набору дифференциальных признаков данного ПИ; может состоять из одного (Ломоносов) или более элементов (Куликово поле, «Летучий голландец»), обозначая при этом одно понятие» [7,48].Не менее важным представляется утверждение Е.А. Нахимовой о прецедентных именах, позиционирующее их как «широко известные имена собственные, которые обычно не требуют пояснений и используются в тексте не столько для обозначения конкретного человека (ситуации, города, организации и др.), сколько в качестве своего рода культурного знака, символа определенных качеств, событий, судеб» [12]. Примером может служить прецедентное имя Иуда, являющееся символом предательства. По мнению Е.А. Нахимовой, «прецедентные имена как единицы языка и речи выступают репрезентантами прецедентных концептов – ментально-вербальных единиц, которые используются для представления, категоризации, концептуализации и оценки действительности при построении картины мира и ее фрагментов» [Там же]. Таким образом, представляется перспективным дальнейшее рассмотрение прецедентных имен как единиц языка и речи, выступающих репрезентантами прецедентных концептов, ментально-вербальных единиц, которые используются для представления, категоризации, концептуализации и оценки в общем культурном контексте.

ЛИТЕРАТУРА

1. Аскольдов С.А. Концепт и слово / С.А. Аскольдов // Русская словесность. От теории словесности к структуре текста. Антология. Под ред. проф. В.П. Нерознака. – М. : Academia, 1997. – С. 267-279.
2. Бабушкин А.П. Типы концептов в лексико-фразеологической семантике языка / А.П. Бабушкин. – Воронеж : Изд-во Воронежского государственного университета, 1996. – 104 с.
3. Воркачев С.Г. Концепт как «зонтиковый термин» / С.Г. Воркачев // Язык, сознание, коммуникация. – М., 2003. – Вип. 24. - С. 5-12. – С. 6
4. Захаренко И. В. Прецедентное высказывание и прецедентное имя как символы прецедентных феноменов / И.В. Захаренко, В.В. Красных, Д.Б. Гудков, Д.В. Багаева / Язык, сознание, коммуникация : Сб. статей / Ред. В.В. Красных, А.И. Изотов. – Вып. 1. – М. : «Филология», 1997. – С. 82-103.
5. Караулов Ю. Н. Русский язык и языковая личность / Ю.И. Караулов. – М. : Наука, 1987. – 264 с.
6. Красных В. В. «Свой» среди «чужих»: миф или реальность? / В.В. Красных. – М. : Гнозис, 2003. – 309 с.
7. Красных В. В. Этнопсихолингвистика и лингвокультурология : курс лекций / В.В. Красных. – М. : ИТДГК «Гнозис», 2002. – 284 с.
8. Краткий словарь когнитивных терминов / Кубрякова Е. С, Панкрац Ю. Г., Лузина Л. Г.; Под общ. ред. Кубряковой Е. С. – М.: [б.и.], 1996. – 245 с.
9. Лихачев Д. С. Концептосфера русского языка / Д.С. Лихачев // Русская словесность. От теории словесности к структуре текста. Антология. – М. : Академия, 1997. – С. 280–287.
10. Маслова В. А. Введение в когнитивную лингвистику / В.А. Маслова. – М. : Флинта : Наука, 2004. – 296 с.
11. Нахимова Е. А. Прецедентные имена в массовой коммуникации : монография / Е. А. Нахимова – Екатеринбург : ГОУ ВПО «Урал. гос. пед. ун-т» ; Ин-т социального образования, 2007. - 207 с.

12. Нахимова Е. А. Прецедентные онимы в современной российской массовой коммуникации : теория и методика когнитивно-дискурсивного исследования : монография / Е.А. Нахимова. – Екатеринбург : ГОУВПО «Урал. гос. пед. ун-т», 2011. – 276 с.
13. Попова З.Д., Стернин И.А. Когнитивная лингвистика / З.Д. Попова, И.А. Стернин. – Воронеж, 2003. – 191 с.
14. Слышкин Г.Г. Лингвокультурные концепты и метаконцепты : Дис. ... д-ра филол. наук : 10.02.19 / Г.Г. Слышкин. – Волгоград, 2004. – 323 с.
15. Слышкин Г.Г. Лингвокультурный концепт как системное образование / Г.Г. Слышкин // Вестник ВГУ. Серия «Лингвистика и межкультурная коммуникация». – 2004. – № 1. – С. 29-34.
16. Слышкин Г.Г. От текста к символу : Лингвокультурные концепты прецедентных текстов в сознании и дискурсе / Г.Г. Слышкин. – М. : Academia, 2000 – 128 с.

Начкебия Я.В.
студентка, Южный Федеральный Университет
Гришечко О.С.
к.псих.н, доцент, Южный Федеральный Университет

WORLD MODELLING THROUGH TEXT INTERPRETATION

When we consider deciphering of text meanings, we usually turn to two terms – "interpretation" and "understanding".

According to A. Potebnya, understanding is "repetition of creative process in a different order" [3, 87]. Understanding sets the stage for interpretation and programs it, thus establishing its rules. Similar ideas are expressed by M. Heidegger: "Interpretation is not acknowledgement of the understood, but rather working out of the possibilities drawn through understanding" [2, 68]. P. Ricoeor describes understanding as practice of comprehension of the meanings of symbols transmitted from one mind to another, while interpretation is defined by the philosopher as explanation of symbols and texts fixed in the written form [4, 17]. This point of view correlates with the definition of interpretation as verbalized understanding [1, 34].

In this paper we proceed from the following basic parameters of interpretation as viewed by cognitive science:

- interpretation is based upon the knowledge of speech, language, context and situation characteristics;
- the process of interpretation involves proposition and verification of hypothesis concerning the meanings of expressions or text as a whole;
- interpretation involves personal and interpersonal aspects, such as author-interpreter interaction, interrelation between their intentions;
- the meaning derived by the interpreter rests upon three main components – the author and his inner world (as estimated by the interpreter), text and the interpreter and his inner world.

Thus, in this research paper we intend to analyze the above-stated parameters and their realization in a text through explanatory linguistic interpretation to reveal the process of world modelling that presents a synthesis of the inner world of the author and the reader.

The text under analysis is the extract from the novel "Ragtime" by E.L. Doctorow, one of the outstanding American novelists. He worked as an editor and has taught at colleges and universities. In his writing the author focused on life of the working-class people in the USA. Among his famous works are "The Book of Daniel", "Loon Lake" and "Welcome to Hard Times".

The novel is set in the USA in the beginning of the twentieth century. One of the characters, Coalhouse Walker, had a love affair with a young girl Sarah and then abandoned her. Sarah bore a child and was resentful when he came to rectify his actions.

The main characters are Coalhouse Walker Jr., a black pianist, Sarah, a woman he loved, and Mother and Father – people who offered harborage to Sarah when she found herself in a difficult situation. All the characters are revealed to the reader in a mixed way both through the author's laconic descriptions and sparse dialogs. The two couples, Coalhouse and Sarah, and Mother and Father, function as a contrast to each other. On the one hand, a secured modest family of white people upbringing their son, on the other hand, a broken black family with their baby.

Through the whole story the reader can follow the black man's attempt to secure his broken family. He tries to rectify the mistakes of his past. Every week he comes to his beloved but she refuses to see him. At last he gets an opportunity and bestows on her the most important thing he possesses – the power of music. But all in vain. In all these endeavors and tossing is hidden the genuine message the author intends to convey – mistakes should be paid for.

The extract under discussion represents the third person narration with uncluttered descriptions of the characters and brief dialogs expressed in the form of represented speech. Such way of narration helps the reader dive into the atmosphere of that time and feel included to the story. Closer examination reveals some stylistic peculiarity. The first part of the extract under analysis comprises short sentences and lack of epithets or other qualitative figures of speech. The second part, on the contrary, is full of complex sentences and sophisticated stylistic devices. And what is of great importance is that this part concerns music. Thus the author shows how music is significant to Coalhouse Walker Jr.

The extract begins with the arrival of the black pianist to Broadview Avenue, the place where Sarah has found her refuge. *"One afternoon, a Sunday, a new model T-Ford came up the hill and went past the house. The boy, who happened to see it from the porch, ran down the steps and stood on the sidewalk. The driver was looking right and left as if trying to find a particular address. Pulling up before the boy he idled his throttle and beckoned with a gloved hand. He was a Negro. His car shone. The bright-work gleamed. He was looking for a young woman of color whose name was Sarah. The boy realized he meant the woman in the attic. She was here. The man switched off the motor, set the brake and jumped down".* In this passage the reader comes across several short sentences: *"He was a Negro", "His car shone", "The bright-work gleamed".* All of them are set in gradation and each component emphasizes the man's high social status. He was an African American and had a new clean T-Ford: this makes the reader respect Coalhouse in spite of his misdeed.

"When Mother came to the door the colored man was respectful, but there was something disturbingly resolute and self-important in the way he asked her if he could please speak with Sarah. Mother could not judge his

age. *He was a stocky man with a red-complected shining brown face, high cheekbones and large dark eyes so intense as to suggest they were about to cross. He had a neat moustache. He was dressed in the affection of wealth to which colored people lent themselves".* Here Doctorow gives detailed description of the black man's appearance which, like a mirror, reflects his inner world. Such adjectives as *"stocky"*, *"red-complected"*, *"dark"*, *"large"* embody his character, and together with the simile *"eyes so intense as to suggest they were about to cross"* give a vivid picture of who Mr. Walker was. Apparently he was a man of a strong-willed and vigorous temper. He was stubborn and determined, ambitious and self-assured.

"She told him to wait and closed the door. She climbed to the third floor. She found the girl Sarah not sitting at the window as she usually did but standing rigidly, hands folded in front of her, and facing the door. Sarah, Mother said, you have a caller. The girl said nothing. Will you come to the kitchen? The girl shook her head. You don't want to see him? No, ma'am, the girl finally said softly, while she looked at the floor. Send him away, please. This was the most she had said in all the months she had lived in the house". The first thing that catches the reader's eye is that the characters' words are not arranged in customary dialogs. Such a trick accentuates Sarah's mood – her loneliness, her silence, her great tragedy. That man had offended her and she was not going to forgive him. Sarah was not a little girl and she was ready to defend herself.

"Mother went back downstairs and found the fellow not at the back door but in the kitchen where, in the warmth of the corner near the cook stove, Sarah's baby lay sleeping in his carriage. The black man was kneeling beside the carriage and staring at the child. Mother, not thinking clearly, was suddenly outraged that he had presumed to come in the door. ...The colored man took another glance at the child, rose, and thanked her and departed". This part of the extract lacks stylistic devices, but it is important for the analysis in terms of meaning. The fact that Coalhouse did not neglect his child but, on the contrary, wanted to reunite with his family, arouses compassion and empathy towards the black man. The reader realizes that fraternal feelings are not strange to the pianist.

"Such was the coming of the colored man in the car to Broadview Avenue. His name was Coalhouse Walker Jr. Beginning with that Sunday he appeared every week, always knocking at the back door. Always turning away without complaint upon Sarah's refusal to see him. ... One Sunday the colored man left a bouquet of yellow chrysanthemums which in this season had to have cost him a pretty penny". In this passage one can notice an interesting example of elliptical constructions *"always knocking at the back door"*, *"Always turning away..."* These constructions dramatize the situation, adding a slight feeling of desperation and hope. The black man doesn't cease his attempts to melt Sarah's

heart. That's why he gives her a bouquet of yellow chrysanthemums – a symbol of tender sentiments, sincere love and deep faith.

"The black girl would say nothing about her visitor. They had no idea where she had met him, or how. As far as they knew she had no family nor any friends from the black community in the downtown section of the city. Apparently she had come by herself from New York to work as a servant. Mother was exhilarated by the situation. She began to regret Sarah's intransigence. She thought of the drive from Harlem, where Coalhouse Walker Jr. lived, and the drive back, and she decided the next time to give him more of a visit. She would serve tea in the parlor. Father questioned the propriety of this. Mother said, he is well-spoken and conducts himself as a gentleman. I see nothing wrong with it. When Mr. Roosevelt was in the White House he gave dinner to Booker T. Washington". Mother compares herself to people of a high standing and such a comparison defuses the situation. The most ludicrous thing is that of all Mr. Roosevelt's guests she chooses Booker T. Washington – an African-American educator and orator – thus preserving the race bracket. This makes the reader realize that though she is benevolent towards Coalhouse, she still feels that distance she must not shorten. Through this allusion the reader is imbued with trust in that family. The couple seems trustworthy and helpful.

"And so it happened on the next Sunday that the Negro took tea. Father noted that he suffered no embarrassment by being in the parlor with a cup and saucer in his hand. On the contrary, he acted as if it was the most natural thing in the world. The surroundings did not awe him nor was his manner deferential. He was courteous and correct. He told them about himself. He was a professional pianist. ... It was important, he said, for a musician to find a place that was permanent, a job that required no travelling... I am through travelling, he said. I am through going on the road". One cannot help but notice a very bright simile which serves as the main characteristic of the pianist's temper: *"he acted as if it was the most natural thing in the world".* It's like he is saying "I am confident that I have done the right thing. If not, I will rectify it. No one has the right to judge and condemn me for neither my race nor my mistakes".

"He spoke so fervently that Father realized the message was intended for the woman upstairs. This irritated him. What can you play? he said abruptly. ...The black man placed tea, on the tray. He rose, patted his lips with the napkin, placed the napkin beside his cup and went to the piano. He sat on the piano stool and immediately rose and twirled it till the height was to his satisfaction. He sat down again, played a chord and turned to them. This piano is badly in need of a tuning, he said. Father's face reddened." Such a detailed description of the pianist's actions can be compared to some prelude of a great musical concerto. The reader feels the growing exertion and anticipates what is going to happen. Each action is clear-cut; each movement is a step to the climax. Just a moment, just a blink – and the grand performance begins.

"*The musician turned again to the keyboard. "Wall Street Rag," he said. Composed by the great Scott Joplin. He began to play. Ill-tuned or not the Aeolian had never made such sounds. Small clear chords hung in the air like flowers. The melodies were like bouquets. There seemed to be no other possibilities for life than those delineated by the music. When the piece was over Coalhouse Walker turned on the stool and found in his audience the entire family".* The paragraph is flourishing with beautiful similes – *"Chords hung in air like flowers", "The melodies were like bouquets".* Flowers are the symbol of spring. And what is spring? It is life. It is love. It is a soul. Coalhouse Walker gifts his music, his soul to that woman in the attic who is so adamant, rigid and inexorable. Coalhouse is a musician and when he is playing his soul is naked. And a naked soul attracts a lot of attention.

"Coalhouse Walker Jr. turned back to the piano and said "The Maple Leaf". Composed by the great Scott Joplin. The most famous rag of all rang through the air. ... This was a most robust composition, a vigorous music that roused the senses and never stood still a moment. The boy perceived it as light touching various places in space, accumulating in intricate patterns until the entire room was made to glow with its own being. The music filled the stairwell to the third floor where the mute and unforgiving Sarah sat with her hands folded and listened with the door open." Music is compared to *"light accumulating in intricate patterns"* and it seems that it is not music but air. And if it stops, the family won't be able to breath. If it stops, they die. Yet the reader can come across two pairs of epithets – *"robust"* and *"vigorous"*; *"mute"* and *"unforgiving"* – which symbolize a great inner fight between the soul of the black man and the fears of a young woman. Will Sarah's heart melt or will Coalhouse retreat? The exodus of this battle is unknown.

"The piece was brought to a conclusion. ...There was a silence. Father cleared his throat. Father was not knowledgeable in music. His taste ran to Carrie Jacobs Bond. He thought Negro music had to have smiling and cakewalking. ... The black man looked at the ceiling. Well, he said, it appears as if Miss Sarah will not be able to receive me. He turned abruptly and walked through the hall to the kitchen. The family followed him. He had left his coat on a chair. He put it on and ignoring them all, he knelt and gazed at the baby asleep in its carriage. After several moments he stood up, said good day and walked out of the door". This paragraph is the most tragic of all in the extract. *"Smiling"* and *"cakewalking"* – the epithets which express the most paradoxical truth of that time. The Negro music is a moving and living thing. It arouses great feelings and gives hope, heals souls and comforts through its warmth. But hardly anybody knows what suffering the musicians have to endure, how unbearable their life is, what huge price they have to pay for moments of happiness and how much their mistakes can cost.

Thus, we may conclude that interpretation of a text involves engagement of linguistic knowledge that helps create a model world integrated within our own inner world, on the one hand, and the world reconstructed by the author, on the other hand.

References

1. Arnold I. Stylistics. Modern English language. Moscow. Flinta. 2002.
2. Heidegger M. What is called thinking? New York. Harper & Row. 1968.
3. Potebnya A. Thought and language. Moscow. Art Publishing. 1976.
4. Ricoeur P. Conflict of interpretations. Notes on hermeneutics. Moscow. Canon Press. 2002.

Гришечко О.С.
к.псх.н., доцент, заведующий кафедрой «Межкультурная коммуникация и методика преподавания иностранных языков»
Южный федеральный университет
Штунда К.В.
студентка 5 курса Института филологии, журналистики и межкультурной коммуникации
Южный федеральный университет

РОЛЬ СЛОВООБРАЗОВАТЕЛЬНЫХ МОДЕЛЕЙ В ФОРМИРОВАНИИ НЕОЛОГИЗМОВ В СФЕРЕ ДЕЛОВОГО ОБЩЕНИЯ СОВРЕМЕННОГО АНГЛИЙСКОГО ЯЗЫКА XXI ВЕКА

В настоящее время все интенсивнее развиваются международные отношения, расширяются экономические связи, стираются границы между государствами и культурами. Новые лексические единицы появляются как результат развития внешнеэкономических отношений и расширяющихся научно-технических возможностей. Налаживание новых предпринимательских отношений, появление совместных предприятий у представителей различных культур, говорящих на разных языках подразумевают постоянный обмен информацией. Поэтому на сегодняшний день установление природы новообразования, а также способов их возникновения в деловой сфере является актуальной задачей.

Нами было проведено практическое исследование на базе материалов, взятых из the International Dictionary of Neologisms, Cambridge Advanced Learners Dictionary 3rd edition, Concise Oxford Dictionary и Oxford University Press Academic, Oxford Dictionary of Business and Management 5th Edition. Исследование неологизмов в деловой сфере было проведено методом сплошной выборки, в результате которой было отобрано 74 новообразования.

Среди отобранных неологизмов преобладают существительные- 54 лексические единицы (здесь и далее ЛЕ): agflation, bankster, denialist; затем следуют прилагательные- 11 ЛЕ: bare-bones, contractual; глаголы- 4 ЛЕ: to kitchen-sink, to upcycle; аббревиатуры- 5 ЛЕ: AOS, IPO, SWOT.

Среди представленных неологизмов преобладают ЛЕ с выраженной номинативной функцией, а представленные глаголы в большей степени субстантивированы. Из этого следует вывод, новообразования в современном английском языке в большей степени пополняются за счет появления новых денотатов и заимствований из других языков.

Таблица

Способы словообразования	%	Примеры
Словосложение имя существительное модели N+N, Adj+N, V+N,	32,4%	bucket list, casino banking, confirmation bias, shroud-waving, Tobin tax, yuck factor, zombie bank, desk rage, ghost brand, headquarters, marketplace, footfall, sweetheart deal, fist pump, fat tax, social entrepreneur, bad bank, toxic debt, trailing spouse, top dog, burn rate, full-service, payroll, stoplifting
глагол модель N+V	1,3%	to kitchen-sink
имя прилагательное модели N+Adj, N+PI, N+PII, Adj+PI, Adj+PII	1,3%	bare-bones
Аффиксация имя существительное	14,8%	bankster, denialist, unconference, monopoly, microfinance, dotcom, commercialism, dealings, devolution, hireling, devolution
глагол	4%	junketeer, overshare, upcycle
прилагательное	9,4%	alternative, fiery, viral, contractual, offshore, mercantile, insidery
Аббревиация акронимы	6,7%	TMI, IPO, SWOT, MD, AOS
частично сокращённые	5,4%	E-banking, Z-score, E-commerce, E-tailer
Сложнопроизводные образования	12,%	fat-finger trade, clicks-and-mortar, killer app, cap and trade, mass customization, brandstorming, business-to-business, business-to-consumer, self-starter

Сращение начало первого слова + конец второго	8,1%	*agflation - agricultural + inflation, avoision - avoidance + evasion, gazillionaire - gazillion + millionaire, stagflation - stagnation + inflation, prosumer – producer + consumer, glocalization - global + localization*
целое первое слово + конец второго	1,3%	*shovelware - shovel + -ware*
начало первого слова + целое второе	0%	-
слово или его часть помещаются внутри другого исходного слова	0%	-
Нелинейные модели словообразования	0%	-

Анализируя способы образования новой лексики, мы пришли к выводу о том, что самый продуктивный из них – словосложение. К этой группе относятся 26 неологизмов (35%). Ввиду неоднородности частей речи, входящих в число ЛЕ, образованных данным способом, нам представляется логичным ввести более детальную классификацию, для данной группы новообразований.

Другая словообразовательная модель, которой принадлежит приблизительно 28,2 % (21 ЛЕ) неологизмов, это новообразования, созданные аффиксальным способом. Слова в этой категории образованы по средством таких продуктивных аффиксов, как -*er, -ie, -ist, over-, re -, un, up-.*

Сложнопроизводные образования составляют 12,1% от всей выборки
Слова-слитки или бленды представлены в выборке 9,4%

Список литературы:

1. Эйто Дж. Словарь новых слов английского языка – М.: Рус. яз., 1990.- 434с.
2. http://dictionary.cambridge.org/
3. http://nws.merriam-webster.com/opendictionary/
4. http://www.etymonline.com/

Городилова Л.М.
доктор филологических наук, профессор,
Дальневосточный государственный гуманитарный университет,
г. Хабаровск
gorodilova_l@mail.ru

СОСТАВНЫЕ ТОПОНИМЫ В ДЕЛОВОЙ ПИСЬМЕННОСТИ ПРИЕНИСЕЙСКОЙ СИБИРИ XVII – НАЧАЛА XVIII ВВ.[1]

На фоне массива топонимов Приенисейской Сибири, зафиксированных рукописными памятниками делового содержания XVII – начала XVIII вв., составные топонимы занимают довольно скромное место – не более 4% от общего количества. Тем не менее, они отражают тот тип естественной номинации, который получит широкое распространение на данной территории в XIX – XX вв. [2,119–152].

К составным относим топонимы, состоящие из двух и более слов, которые представляют собой словосочетания «с определительными смысловыми отношениями и видом подчинительной связи – согласованием» [9,130]: острог *Красной Яр*; деревни *Большая Елань, Подтесов Остров, Сполошной Луг*; озера *Ломоватой Исток, Железова курья* и под.

Большинство составных топонимов представляют собой двучленные конструкции, построенные по модели: «прил. + сущ.» (деревни *Марково Городище, Красноярское Плодбище*; река *Подкаменная Тунгуска*) или «прил. + прил.» (деревня *Верхняя Подгородная, Гарская Подгородняя*; острог *Верхний Караульной, Старой Братцкой*; слобода *Новая Кемская*; речка *Мурочная Малая*).

В качестве главного компонента в модели «прил. + сущ.», как правило, выступают географические термины, сохранившие свою морфемную структуру. Наиболее частотны орографические термины, указывающие на характер рельефа: *елань* – «луговая и полевая равнина; обширная прогалина в лесу» [11,44] (деревни *Большая Елань, Новая Елань*); *лог* – «широкий овраг с пологими склонами» [13,269] (деревня *Онцыфоров Лог*); *луг* – «низменное пространство, низменный берег, покрытый травой, кустарником, тростником, часто заболоченный / сенокосное, пастбищное угодье» [13,291–292] (деревни *Онцыфоров / Анцыфоров Луг, Сполошной Луг*; острог и деревня *Казачий Луг*); *бык* – «каменный скалистый мыс; подводное продолжение его, образующее

---

[1] Исследование выполнено при финансовой поддержке РГНФ и Хабаровского края в рамках научного проекта № 13-14-27001 «Топонимия Приенисейской Сибири XVII – нач. XVIII в. (на материале памятников деловой письменности)».

порог» [10,364] (мысы *Палигузов Бык, Рычков Бык*); остров – «участок суши, окруженный водой, остров» [14,158] (деревня *Подтесов остров*); яр – «обрыв, стремнина, уступ стеною, отрубистый берег реки, озера, оврага; подмытый и обрушенный берег» [3,680] (острог *Красной Яр*). Выявленные орографические термины вполне достоверно отражают особенности формы рельефа в местах обоснования русских первопоселенцев Приенисейской Сибири. «Простираясь от берегов Северного Ледовитого океана до горных районов Южной Сибири почти на 3000 км, край отличается исключительным разнообразием и богатством природных условий и ресурсов» [1].

Главный компонент в анализируемой модели может быть выражен и гидрографическими терминами, например, исток – «источник, поток, ручей» [12,326] (озеро *Ломоватой Исток*); курья – «речной залив, заводь, заболоченный рукав или старое русло реки» [13,142] (озеро *Железова курья*); шивера – «перекат, сарма, плоская гряда, порог речной; мелкое место во всю ширину реки» [3,632] (деревня *Овсяная Шивера*); шар – «морской пролив, залив, который только в морской прилив обращается в пролив либо в длинный глухой рукав» [3,623] (проливы *Леденкин Шар, Епанчин / Юпанчин Шар*, река *Никольский шар*).

В текстах деловой письменности выявлена немногочисленная группа ойконимов, у которых главный компонент представляет собой название типа поселений: деревня *Рыбенской острог*, деревня *Мангазейская слобода*. Ср.: «Деревня Маркова Городище а в неи двор пашенного Ондрюшки Легалова» [6,459 об.], «Деревня Мангазейская слобода а в неи 28 человек пашут 14 десятин» [7,72]; «Деревня Рыбенской острог а в неи пашенные крестьяне...» [8,37] и под. Названия с главным компонентом *Острог, Городище* отражают специфику устройства первых русских поселений, которые представляли собой укрепленные населенные пункты, обнесенные частоколом (острог) или земляными валами (городище).

В качестве главного компонента в двухчленных структурах первой модели могут выступать уже известные жителям Приенисейской Сибири топонимы с дополнительным идентифицирующим компонентом, «который формирует у составных топонимов особенную типологию» [9,133], в результате чего образуются парные названия: реки *Верхняя Тунгуска* – река *Нижняя Тунгуска*, город *Новая Мангазея* – *Старая Мангазея* и др.

Главным компонентом топонимов, образованных по модели «прил. + прил.» является второе прилагательное, производное от топонимов, этнонимов, словосочетаний, что характерно и для простых топонимов. Ср., например, острог *Новой Кемской* – острог *Кемской* < от названия реки *Кемь*; острог *Новой Братцкой* – острожек *Братцкой* < от этнонима *браты*; деревни *Верхняя Подгородная / Нижняя Подгородная* – деревня *Подгородная* < расположенные под городом Енисейском по течению Енисея и под. Первый элемент в подобных составных топонимах, как, впрочем, и в топонимах, образованных по первой модели, выполняет уточняющую функцию.

Как свидетельствуют исследованные архивные материалы, зависимый компонент составных топонимов, образованных по первой и второй моделям, чаще всего указывает на расположение географического объекта относительно известного ориентира. В текстах чаще других отмечаются лексемы «верхний» – «нижний», использование которых обусловлено течением рек: зимовье *Верхнее Тазовское,* остроги *Верхний Балаганской, Верхний Брацкий, Верхний Караульный,* острожек *Верхной Енесейской,* деревня *Верхная Подгородная,* река *Верхняя Тунгуска, Верхний Палигузов Бык,* деревня *Нижная Подгородная,* остроги *Нижней Балаганской, Нижной Братцкой,* река *Нижная Тунгуска,* речка *Нижная Сухая.* Благодаря антонимии зависимых компонентов, возникают бинарные названия с одинаковым главным компонентом: река *Верхняя Тунгуска* – река *Нижная Тунгуска,* деревня *Верхная Подгородная* – деревня *Нижная Подгородная,* остроги *Верхний Балаганской, Верхний Брацкий* – остроги *Нижней Балаганской, Нижной Братцкой.* Оппозиция «верх – низ», зафиксированная памятниками деловой письменности, широко представлена в современном топонимиконе Приенисейской Сибири [2,135–136].

Процесс освоения пространства Приенисейской Сибири отразился в появлении составных топонимов с зависимым компонентом «старый» и «новый»: река *Старая Кеть,* деревня *Старое Городище,* острог *Старый Брацкий,* город *Старый Мангазейский;* деревня *Новая Елань,* слободы *Новая Ивановская, Новая Кемская, Новая Мангазейская, Новая Подгородная,* город *Новая Мангазея,* остроги *Новой Балаганской, Новой Братцкой, Новой Кемской, Новой Селенгинской,* острожки *Новый Камской, Новой Караульной.* Как и в предыдущем случае, в текстах фиксируются бинарные названия с одинаковым главным компонентом: город *Старый Мангазейский / Старая Мангазея – Новый Мангазейский / Новая Мангазея;* острог *Старый Брацкий – Новой Братцкой.*

Следует отметить, что использование компонента «новый» в текстах деловой письменности часто сопровождается расширенным контекстом, что обусловлено желанием писцов более точно передать расположение нового географического объекта в отличие от старого, хорошо известного: «*Новая Елань,* что по Галкине речке» [4,17об.]; «*Новая Подгородная* слобода что на гори противъ Енисейска» [7,57–58]; «*Новая Ивановская* слобода что на Глубоком ручью» [7,66 об.]; «Онъ же снъ боярскои Дмитреи Фирсовъ твои гсдрвъ Старои Братцкои острог за худобою покинул а поставил <…> Новои Братцкои острог за Окою рекою на устье в самых угожих и крепких местех» [5,649].

По мнению О.Л. Рублевой, слова *новый* – *старый* в ойконимах «реализуют два таких культурных смысла, как "пространство" и "время"» [9,135].

Единичными примерами в документальной письменности представлены топонимы с зависимым компонентом «большой» и «малый» (деревня *Большая Елань / Ялань,* река *Малая Мурочная*), а также «цвет» (острог *Красный Яр*).

В отличие от простых, составные топонимы со значением принадлежности в памятниках изучаемого периода представлены крайне слабо. Удалось выявить лишь 3 примера, постоянно используемых составителями документов: деревни *Онцыфоров / Анцыфоров Луг, Казачий Луг, Марково Городище.* Вероятно, это связано с тем, что сами составные топонимы на ранних стадиях формирования топонимической системы не получили еще должного развития.

Таким образом, составные топонимы, несмотря на их малочисленность, свидетельствуют о составе и характере становления топонимикона Приенисейской Сибири в период ее активного освоения.

Главная функция составных топонимов заключается в передаче дополнительной (уточняющей) информации, что особенно наглядно представлено при образовании составных форм от простых: река *Кемь* – река *Старая Кемь,* острожек *Караульной* – острожек *Новой Караульной,* слобода *Подгородная* – слобода *Новая Подгородная.* Отдельные составные топонимы демонстрируют зарождение бинарной оппозиции по отношению к простым топонимам (деревня *Большая Елань,* река *Нижняя Сухая*) или друг к другу (деревня *Верхняя Подгородная* – *Нижняя Подгородняя,* острог *Старый Брацкий* – *Новой Братцкой*).

Литература

1. Большая советская энциклопедия. – М.: Советская энциклопедия, 1969—1978. [Электронный ресурс]. URL: http://dic.academic.ru/dic.nsf/bse/99612/Красноярский (дата обращения: 04.09.2014).

2. Васильева С.П. Русская топонимия Приенисейской Сибири: картина мира: монография / С.П. Васильева; Краснояр. гос. пед. ун-т им. В.П. Астафьева. – Красноярск, 2005. – 240 с.

3. Даль В.И. Толковый словарь живого великорусского языка: в 4-х т. – М.: Государственное издательство иностранных и национальных словарей, 1955. – Т. IV (P–V). – 683 с.

4. Российский государственный архив древних актов (РГАДА). Ф. 214. Оп. 1. Кн. 317, лл. 1–22: Книги именные Енисейского острога пашенным крестьянам и государеве десятинной пашне, 1654 г.

5. РГАДА. Ф. 214. Оп. 3. Ст. 344, лл. 642–651: Отписка енисейского воеводы Афанасия Пашкова о посылке Дмитрия Фирсова на Ангару для построения нового Балаганского острога, 1654 г.

6. РГАДА. Ф. 214. Оп. 1. Кн. 527, лл. 424–491: Книги переписные Енисейского уезду верхних и нижних деревень пашенным крестьянам, 1669 г.

7. РГАДА. Ф. 214. Оп. 1. Кн. 842, лл. 38–74: Книга Енисейского уезда пашенных крестьян, кто сколько десятинной пашни пашет, 1686 г.

8. РГАДА. Ф. 214. Оп. 1. Кн. 1562, лл. 21–67: Книга окладная именная Енисейского уезду всех острогов и слобод и деревень пашенным крестьянам, 1712 г.

9. Рублева О.Л. Топонимия Приморья: учеб. пособие. – Владивосток: Издательский дом Дальневост. федер. ун-та, 2013. – 427 с.

10. Словарь русского языка XI–XVII вв. / Ин-т рус. яз. им. В.В. Виноградова РАН. – М.: Наука, 1975– Вып. 1 (А–Б) / [гл. ред. С.Г. Бархударов]. – 1975. – 371 с.

11. Словарь русского языка XI–XVII вв. / Ин-т рус. яз. им. В.В. Виноградова РАН. – М.: Наука, 1975– Вып. 5 (Е – Зинутие) / [гл. ред. С.Г. Бархударов]. – 1978. – 392 с.

12. Словарь русского языка XI–XVII вв. / Ин-т рус. яз. им. В.В. Виноградова РАН. – М.: Наука, 1975– Вып. 6 (Зипунъ – Иянуарий) / [гл. ред. С.Г. Бархударов]. – 1979. –359 с.

13. Словарь русского языка XI–XVII вв. / Ин-т рус. яз. им. В.В. Виноградова РАН. – М.: Наука, 1975– Вып. 8 (Крада – Лящина) / [гл. ред. Ф.П. Филин]. – 1981. – 351 с.

14. Словарь русского языка XI–XVII вв. / Ин-т рус. яз. им. В.В. Виноградова РАН. – М.: Наука, 1975– Вып. 13 (Опасъ – Отработыватися) / [гл. ред. Д.Н. Шмелев]. – 1987. – 317 с.

Савицкий В.М.
профессор, доктор филологических наук,
Поволжская государственная социально-гуманитарная академия,
кафедра английской филологии и межкультурной коммуникации
E-mail: lampasha90@mail.ru

К ВОПРОСУ ОБ ИДЕНТИФИКАЦИИ ЛИНГВОКУЛЬТУРНОГО КОНЦЕПТА

В науке вопрос порой оказывается не менее, а то и более важен, чем ответ. Он стимулирует поисковую активность исследователей, а ответы на него могут быть самыми разными в рамках научной дискуссии; в конечном итоге коллективными усилиями делается очередной шаг к истине.

Рассматривая понятие "лингвокультурный концепт", представленное в отечественной лингвистической литературе, мы убедились, что, несмотря на обилие дефиниций, его трудно отличить от смежных семантических единиц (понятия, коллективного представления, тропа, гештальта, символа и др.). Чтобы лингвоконцептология успешно развивалась далее, следует четко установить и ее объект. В этой связи в нашей статье ставится ряд вопросов, ответить на которые мы призываем наших коллег.

Научное сообщество приняло идею В.И. Карасика [3] о том, что лингвокультурный концепт включает аксиологическую, понятийную и образную составляющие. Это очень конструктивная идея. Но возникает вопрос: а если какой-нибудь составляющей нет? Концепт ли это?

Рассмотрим случаи отсутствия **аксиологической** составляющей.

На наш взгляд, основной вопрос философии – это не вопрос о том, «чтó первично, чтó вторично», а вопрос о ценностном отношении человека к миру в целом и к его отдельным проявлениям. Чтó есть мир для человека? Этим своим основным вопросом философия как учение о наиболее общих основах бытия отличается от естествознания как учения о тоже общих, но иных основах бытия. Естествоиспытатели отвлекаются от человеческого фактора, а философы ставят его во главу угла. Смысл мира, ценностное отношение «человек → мир» - квинтэссенция философии и философски-ориентированных наук, в том числе культурологии. Человек так или иначе относится к явлениям бытия: как к более или менее полезным / вредным, приятным / неприятным, интересным / скучным, моральным / аморальным, престижным / позорным, красивым / уродливым и т.д. – с широкой градацией по множеству шкал. Но всё ли, что мы знаем, составляет объект нашего ценностного отношения? Слишком много в мире вещей, чтобы все их оценить. Да и не всегда это нужно.

В качестве примера обратим внимание на птичку под названием юрок. Кроме орнитологов, она никому не интересна. Нет от нее ни пользы, ни вреда, ни красоты. В фольклоре и поэзии она не упоминается. Одним словом, аксиологическая составляющая у нее не прослеживается. Встает вопрос: "юрок" – концепт ли это? Для горожан это и вовсе агноним, а сельчане, надо полагать, имеют об этой птичке какое-то представление, но всякое ли коллективное житейское представление является концептом? Если нет, то при каких условиях оно может перерасти в концепт?

Допустим, что семантическая единица "юрок" не дотягивает до концепта. Назовем ее коллективным представлением. Значит, наряду с концептосферой имеется сфера коллективных представлений; существует и логико-понятийная сфера. Получается, что концептосфера, создавая свою картину мира, не может претендовать на универсальность охвата действительности. Это только система вех культурного пространства, подобная созвездию – тому пунктиру, через который проходит контур созданного человеческим воображением рисунка – скажем, Стрельца или Водолея (как на полотнах Чюрлёниса). Тогда что есть концептуальная картина мира? Пунктирная картина, отражающая лишь кое-что в мире?

Существует мнение, что концептом допустимо называть лишь такой «сгусток смысла», который имеет особую важность в данной культуре на данном историческом этапе. Это представляется верным, но опять-таки – каков критерий важности? "Автомобиль" важен [1], а "асфальтоукладчик" – достаточно ли он важен, чтобы считать его концептом? Что ж, может быть, и да. Так, он может символизировать оказываемое на человека давление. Мы можем придумать компаратив: «Что ты на меня наезжаешь, как асфальтоукладчик?» Но это субъективный взгляд. Чем определяется мера культурной значимости, позволяющая считать тот или иной «сгусток смысла» лингвокультурным концептом? Может быть, это надо выяснять путем опроса информантов?

Логические понятия, закрепленные за терминами, – это не концепты. Но, употребляясь в «чужом» (художественном, бытовом и т.д.) контексте, термин может обрасти коннотациями, и понятие может обрести черты концепта – как у А. Блока: «Мы очищаем место бою // Стальных машин, где дышит **интеграл**» или у А. Белого: «Мир рвался в опытах Кюри // **Атóмной**, лопнувшею **бомбой** // На электронные струи // Невоплощенной гекатомбой». Если это одноразовые случаи, можно ли именовать их окказиональными концептами? Бывают ли такие?

Далее: поэты часто используют общенародные концепты, только придают им свою оригинальную образность – например, В. Маяковский: «Это **душа** моя // Клочьями порванной тучи // В выжженном небе // На ржавом кресте колокольни» или Мандельштам: «**Искусство** есть не прихоть полубога, // А хищный глазомер простого столяра». Но иногда поэты создают и свои концепты, не используемые коллективом в процессе коммуникации, не выходящие за рамки творчества данного поэта, а порой – и за рамки одного стихотворения. Например, М. Волошин, описывая то, что творилось в России накануне революции, писал: «И всё хмельней, всё круче **чертогон** ...». Какое содержание поэт вложил здесь в это слово? Мы смутно его понимаем, но дать отчетливую дефиницию затрудняемся, ибо такого концепта в таком понимании в общем обиходе нет. Как его квалифицировать? Следует ли называть его авторским концептом? (См. об этом: [4].) Как такие концепты участвуют в коллективном мышлении и общении? И к какому коду их следует отнести? По-видимому, они входят в авторские художественные коды.

Упоминание слова *код* вызывает еще один вопрос: как соотносятся понятия "(лингво-) концептуальное поле" и "(лингво-) культурный код"? Можно ли сказать, что первое образует план содержания второго? На наш взгляд, можно. Использование понятия "код" в лингвоконцептологии представляется нам плодотворным. Оно увязывает лингвоконцептологию с семиотикой культуры, повышает системность анализа концептов и усиливает коммуникативный аспект их рассмотрения. Общение есть обмен духовными ценностями [11]. А поскольку обмениваться ими можно только с помощью кодов, понятие (лингво-) культурного кода как носителя (лингво-) концептуального поля оказывается уместным при описании общения, рассматриваемого как обмен ценностями.

Выше мы задавались вопросом об отсутствии у семантической единицы, претендующей на статус концепта, **ценностной** составляющей. Но у многих эмотивно-оценочных единиц практически нет **понятийной** составляющей. Например, "дрянь" и "прелесть" – это, в сущности, не понятия, а чистые эмоциональные оценки. Концепты ли это?

А как обстоит дело с **образной** составляющей? Как лингвокультурологи понимают образность концепта – лингвистически (как образную основу знака) или психологически (как сенсорный образ)? Если лингвистически, то следует ли из этого вывод, что концепт имеет лишь ту образную составляющую, которая закреплена в его словесном названии? Ср. лат. *circāre* "искать" (букв. "ходить кругами") и англ. *to look for* "искать" (букв. "высматривать"). А если образная основа слова утрачена? Может ли такое слово именовать концепт?

Многие полагают, что концепт представлен целым рядом языковых единиц. Этот ряд можно считать лексико-фразеологическим полем, которое выполняет функцию лингвокультурного кода, репрезентирующего концепт. Так, согласно подсчетам, поле английских номинативных единиц "смерть" включает около 100 единиц ([6; 9].) И какие только языковые образы не входят в него! Здесь есть и предметные образы: всадник-скелет в саване; седой паромщик; ножницы, перерезающие нить; серп в руке жнеца; коса в руке косаря (значит, всякая плоть – трава, по словам пророка Иеремии); и образы событий: переправа через реку (значит, сей мир – это берег ближний, а мир иной – это берег дальний у Мировой реки); уход за занавес (значит, жизнь – сцена, а люди – актеры, как у Шекспира); оплата по счетам (значит, жизнь – это ярмарка или биржа, как у Теккерея или

Голсуорси); прибытие в пункт назначения (значит, жизнь – путешествие); выпадение оружия из рук (значит, жизнь – битва); последняя партия (значит, жизнь – игра); сдача миски (значит, жизнь – это пир, как у Суинберна) и др. Перед нашим мысленным взором возникает грандиозный сюрреалистический конгломерат, гротескная мифологическая картина жизни и смерти, достойная кисти Брейгеля. Можно задумать и написать труд о каком-либо концепте с многогранной образной составляющей, метафорически применяя термины живописи для описания символики цветовых, графических, сюжетных, композиционных элементов данной образной сферы. Методологию такого рода работы можно обосновать учением А.Ф. Лосева [5] о живописно-плоскостном характере образности естественного языка.

Если же трактовать образную составляющую психологически, то возникает вопрос: всякая ли семантическая единица ассоциируется с сенсорным представлением? И если да, то с каким – коллективным или индивидуальным?

С. Лем писал, что человеческий интеллект, в отличие от машинного, даже абстрактными категориями оперирует с опорой на чувственные представления. В этом проявляется историческая преемственность и структурный параллелизм предметной и духовной деятельности. Словно в подтверждение этого, А. Эйнштейн писал, что слово *наука* вызывает у него в воображении визуальный образ лопаты, которая вгрызается в землю. А. Аверченко писал, что слово *хлопоты* вызывает у него образ человека, который, всплескивая руками, мечется, заглядывая под столы, стулья и кровати. А. Тарковский писал: «судьба по следу шла за нами, // Как сумасшедший с бритвою в руке». Можно ли все эти индивидуальные ассоциации (которых, надо полагать, существует великое множество) считать частью образной составляющей концептов?

На наш взгляд, можно поступить следующим образом: по результатам опроса информантов объединить индивидуальные образы концепта в группы, а затем в более крупные группы, выявив иерархию типов сенсорных образов концепта в лингвокультуре, то есть применить не филологический, а психолингвистический материал и подход.

Обратимся к концепту "время" (о нем см.: [7]). Общенароден ли его образ? А может быть, он групповой? Или индивидуальный? А у кого-то, возможно, его нет? Если подойти к данному вопросу этимологически, то окажется, что русское существительное *время* – однокоренное с глаголом *вертеть*. Это циклический образ времени, характерный для древнего мифологического сознания. Да, это так, но, подходя к данному вопросу психолингвистически, мы убедимся, что современным носителям русской лингвокультуры эта этимология неизвестна и неактуальна; сознание эпохи НТР мыслит время как линейный процесс («стрелу времени»).

Так какова же образная составляющая у этого концепта? Вектор? Да, у кого-то. А у кого-то, возможно, это седой Кронос (старик Время). В каждом случае это необходимо доказывать опросом информантов и анализом сочетаемости слова.

Говорят: *время летит, бежит, идет, тянется, остановилось*; но наше *время не ждет*, за ним надо *поспевать, не отставать* от него, *идти в ногу со временем*, хотя иногда *время терпит*, дожидаясь, пока мы его догоним. Так ведет себя **провожатый**. Но время – это еще и *деньги*. К тому же время символизируется циферблатом, песочными часами и др. Перед нами не один, а целый спектр образов, притом разнородных.

Мы полагаем, что в образной составляющей концепта следует выделять архаические и современные, лингвистические и психологические, интер- и интракультурные, массовые / групповые / индивидуальные слои, указывая способы их выявления. Какие из этих слоев следует считать ведущими? И по каким критериям?

Свидетельствует ли широта спектра образов о значимости концепта? Если да, то найден один из критериев установления важности той роли, которую концепт играет в культуре. Другие возможные критерии: широта понятийного спектра, диапазон дисперсии оценок, индекс встречаемости в коммуникации, количество языковых десигнаторов, мера вариативности, число связей с другими концептами и иные критерии, которые уже установлены и которые еще предстоит установить.

По нашим представлениям, одна из составляющих лингвокультурного концепта не рядоположена двум другим. Понятийная и аксиологическая составляющие представляют собой элементы содержания концепта, а образная – это средство их выражения. Л. Ельмслев [2] писал о 2-ярусном строении семантики знаков: верхний ярус (значение) составляет план содержания, а нижний (внутренняя форма) – верхний уровень плана выражения. Образ – это носитель содержания; не зря по-английски образ в метафоре зовется *vehicle* (букв. "переносчик, передатчик"). Образ передает содержание, имеющее понятийный и ценностный аспекты. Этот тезис можно перенести в концептуальную плоскость.

Нерядоположенность составляющих необходимо учитывать, описывая строение концептов. На наш взгляд, можно сказать и так: концепт имеет два вертикально расположенных компонента – тематический и образный, а тематический имеет два аспекта – понятийный и аксиологический.

Всё это похоже на схему тропа, который, по Р.О. Якобсону [12], бывает двух видов: метафора и метонимия, понимаемые в самом широком смысле, как два вида мышления и отражения мира (ассоциация по сходству и ассоциация по смежности). Это сходство понятно: по Квинтилиану, троп представляет собой образ, который через смысловое преобразование обогатился содержанием (см.: [10, 520]).

Под это широкое толкование, по большому счету, подпадает и концепт, коль скоро он основан на образе. А.А. Потебня [8] писал, что слово есть искусство, а именно поэзия. То же, по нашему мнению, относится и к концепту, передаваемому словом.

Далее: концептами называются и отвлеченные, и предметные единицы смысла. Так, "любовь" – это концепт, но и "огонь" – это тоже концепт. А если в поэзии слово *огонь* применено в смысле "любовь", то чтó перед нами: концепт "огонь" в метафорическом употреблении или же концепт "любовь" в образной презентации? Какой из концептов воплощается в слове *огонь*, употребленном в переносном значении? А может быть, троп – это слияние двух концептов, один из которых ("огонь" как образ) символизирует другой ("любовь" как тема)?

Говоря об отсутствии той или иной составляющей у единицы смысла, борющейся за звание концепта, зададимся вопросом: существуют ли концептоиды – единицы, типологически промежуточные между концептом и смежной единицей – понятием или представлением? То есть такие, которые обладают **не** всеми категориальными признаками концепта?

Можно составить перечень признаков всех типов семантических единиц, построить матрицу, в которую войдут понятия, коллективные представления, гештальты, значения, концепты и т.д., и определить место лингвокультурных концептов в этой системе.

А бывают ли единицы, способные выступать и как понятие, и как концепт? Сравним оценочно нейтральное политэкономическое понятие "олигарх" (финансовый магнат) и эмоционально насыщенный народный концепт "олигарх" (богатей проклятый). Это две единицы (понятие и концепт), означаемые одним и тем же словом, или же одна единица, которая в одном дискурсивном окружении выступает как понятие, а в другом, обрастая коннотациями, – как концепт?

Данный вопрос аналогичен тому, которым задаются грамматисты и лексикографы: является ли слово *pilot* в словосочетаниях типа *pilot analysis* (предварительный анализ) именем прилагательным или существительным в атрибутивном употреблении? Иначе говоря, *pilot* – это два слова (*pilot 1* прилагательное, *pilot 2* существительное) или же это одно слово, но в разных синтаксических функциях? Словарь В.К. Мюллера придерживается первой, а Оксфордский словарь – второй из этих трактовок.

Как известно, в логике имеется раздел «Теория понятий», в рамках которого вопросы о соотношении понятий решаются четко, а в рамках концептологии в этом вопросе наблюдается некоторая неопределенность. Но как же изучать отдельные объекты, если их границы нечетко очерчены? На наш взгляд, следует в первую очередь установить свои позиции по перечисленным вопросам и только на основании этого изучать отдельно взятые концепты с уверенностью, что это именно концепты, а не понятия / гештальты / коллективные представления / лексические значения и т.п. Это – необходимое условие дальнейшего развития лингвоконцептологии.

Литература:

1. Булатникова Е.Н. Концепты "лошадь" и "автомобиль" в русском языке. Автореф. дис. ... канд. филол. наук. – Екатеринбург, 2006. – 23 с.
2. Ельмслев Л. Пролегомены к теории языка // Зарубежная лингвистика. I. Избранное. – М.: Прогресс, 2002. – С. 131-256.
3. Карасик В.И. Языковая матрица культуры. – Волгоград: Парадигма, 2012. – 448 с.
4. Клебанова Н.Г. Формирование репрезентации индивидуально-авторских концептов в англоязычных прозаических текстах. Дис. ... канд. филол. наук. – Тамбов, 2005. – 167 с.
5. Лосев А.Ф. Проблема вариативного функционирования поэтического языка // А.Ф. Лосев. Знак. Символ. Миф. Труды по языкознанию. – М.: изд-во МГУ, 1982. – С. 408-452.
6. Осипова А.А. Концепт "смерть" в русской языковой картине мира. Автореф. дис.... канд. филол. наук. – Волгоград, 2005. – 26 с.
7. Персинина А.С. Концепт "время" и образные средства его выражения в сонетах У. Шекспира. Дис. ... канд. филол. наук. – СПб., 2006. – 181 с.
8. Потебня А.А. Мысль и язык. – М.: Лабиринт, 1999. – 300 с.
9. Савицкий В.М. Английская фразеология: проблемы моделирования. – Самара: изд-во «Самарский университет», 1993. – 172 с.
10. Топоров В.Н. Тропы // Лингвистический энциклопедический словарь. – М.: Советская Энциклопедия, 1990. – С. 520-521.
11. Halliday M. Language as Social Semiotic. – London: Edward Arnold Publishers, 1978. – 256 p.
12. Jakobson R. Questions de poétique. – Paris: Seuil, 1973. – 504 p.

Философские науки

Lyashov V.V.
Assistant Professor
Candidate of philosophical sciences
Southern Federal University, Russia
saddydg@ mail.ru

SUBJECT OF LOGIC, EXPLICATION AND TRUTH

Abstract: *This paper purpose is to consider the subject of modern theoretical logic, essence and main stages of explication method, and to represent this method as specific method of philosophical research. Main directions of truth concept explication in logic semantics are presented*

Key words: *logic, explication, truth, logical semantics*

It has been much said about subject of logic and its meaning. For example, the adherents of empirical-psychological understanding of logic believed that it investigates the laws and forms of reasoning as some mental process. The adherents of phenomenological method believe that logic investigates logic links of ideal, non-temporary, non-casual character.

Others fully deny any logical link with thinking believing it is a theoretical science about objective, ideal links and relations. From the conventionalists point of view the normative (coercitive) character of logical principles results from agreements accepted in respect of language terms on the assumption of pragmatic understandings.

Mostly logic is defined as a science of forms of correct reasoning keeping in view finding out, first of all, the laws and forms of correct inferences and proof due to which it is called formal logic. In this case the quintessence of this science is highlighted as far as inferences (reasoning) play the most important role in the processes of theoretical knowledge. However the sphere of problems being investigated in modern theoretical logic is much wider. The extended interpretation of the subject of logic seems to be more preferable. According to this interpretation theoretical logic investigates this logical practice empirically in which all of us are involved. The logical practice is understood as a use of conceptual means generated within the history of human knowledge and culture. Conceptual means include propositions and terms of different forms and categories and all sorts of propositions varieties and terms contained in them. The use includes different actions with these conceptual means (generalization and determination, reasoning, inferences, proof, definitions, classification and etc) as well as all sorts of interactions (dialogues, question-answer procedures and so on). This is the way the considered logical practice is the subject for investigation in theoretical logic.

The purpose of this investigation is to make the existing logical practice more understandable and systematic. Therefore the main task of theoretical logic is explication of important conceptual means which appeared in the process of science and culture development. Man's intellectual activity is intimately connected with language and any logical actions and interactions are realized and fixed by linguistic means. But during logical practice investigation it is observed that the features of the used conceptual means are not sometimes clearly defined, very often they are defined noncomplete and virtually and always without limitary level of commonness. Therefore the fundamental task of logical investigation (theoretical logic) is just to highlight the important omni-cultural and omni-scientific concept and explicate it, that is to clarify their structure and nature. So the main method of logical-semantic of both descriptive and normative part of logic is the method of explication. Explication is clarification of concepts which play an important philosophical role in knowledge. One of the tasks of philosophy is to express something in logic of concepts. And this task has been realized beginning from Platon till nowadays.

The method of explication is subjected to solve the following tasks:

- defining the procedure how to use explication concept;
- finding out the possibilities and roles of the means used in this method and conditions of their adequacy;
- substantiating cognitive role and value of theoretical constructions received by means of these methods.

Explication is a procedure by means of which a well known but inaccurate concept is replaced by an accurate one. The concept which is to be clarified, that is intuitive concept used in logical practice as a part of scientific practice, is called explicandum. The concept resulted from explication is called explicatum.

Contingently five stages of explication procedures can be distinguished. At the first stage the conceptual area subjected to be analyzed is properly investigated, for example, intuitive image about logical form of reasoning or thought, intuition about conditions and meaning of truth for investigated reasoning or about relation of logical consequence. These images are classified and generalized. Based on such kind of synthesis on the level of ordinary (uniformalized) language a number of criteria are identified. Relative to them the explicational constructions are evaluated as adequate and inadequate ones. Thus at the first stage the criterions of adequacy are developed.

At the second stage, the logical theory of definite conceptual frame is developed and this development is carried out in accordance with the highlighted criteria. With the help of special languages the culculus is specified, the rules of inferences are initiated and semantic theory is developed for this language. Theory completeness and noncontradiction is found out.

At the third stage this conceptual frame is checked relatively to criteria of adequacy and in case it satisfies each of these criterions the forth stage is realized. At this stage this conceptual frame becomes unfolded by means of consequences establishment. And these same consequences are checked for conformance or nonconformance to our intuitions.

If these conditions are met then at the fifth stage the conceptual frame is used to solve and research problems and difficulties existing in initial intuitive sphere: the sources of mistakes are found out and measures for their liquidation are suggested.

Here one can see some connection of the explication method with hypotetical-deductive method in which, based on observations and experiments, the report of changeability of the subject under investigation is received. Then the hypothesis for experimental data explanation is developed. Further, with the help of a definite deductive procedure the consequences are drawn from hypothesis and their verification is carried out. After that the interpretation in view of some system, uniting the experimental data and hypothesis, takes place. And finally, the received system is used to receive, to explain and to predict the behavior of certain objects from some object domain. Thus, the main distinction of hypothetico-deductive method from explication method is in the field of application or investigation: the first one faces to object domain, the second one – to conceptual area connected with the use of concepts. Also these methods differ from each other in means being used.

Means of explication are concepts developed in theoretical logic, ideas and logical investigation methods. These means are not just borrowed from already developed fields of logical investigation but are created in the process of explication. The means can be formal and nonformal (meaningful). Central concept of formal means is a formal system or calculus. With the help of this means and first of all by axioms the theory of proof for concrete system of propositions is developed. Since to clarify the nature of concepts means to describe the features of propositions including these concepts the theory of proof is an essential way of such description.

But these means are not enough to substantiate the completeness, adequacy and semantic consistency of this axiomatic system. There is a necessity for the instruments which could explain the nature of logical principles and suppositions we choose and accordingly other concepts: truth, logical consequence, meaning, sense and others. This approach is directed to control the application of formal means during explication and this way to substantiate the theoretic system. This is connected with the fact that the application of only formal methods can lead to contradictory or incompatible to our intuition results. Therefore nonformal, that is meaningful means, are intended to avoid these difficulties.

At the present time three levels of logical investigation are highlighted: mathematical logic, philosophy of logic and philosophical logic. Mathematical logic deals with formal systems construction and investigation of such formal properties as completeness and consistency. Philosophy of logic, studying these systems, raises a question about the sphere of their application; whether they are authentic alternative logics and in which sense; how they can be applied to analysis of concrete forms of reasoning. Philosophical logic investigates logical "vocabulary": what is part of propositions, what is a "logical form", implication, consequence, disjunction or modality and etc.

These three levels are intimately interconnected because the problems arisen at one level are solved with the methods applied to another one. It is possible due to the fact that at modern stage of development semiotic logic is included in the structure of theoretical logic. Semiotic logic investigates language as a tool of knowledge and shows in which way the language expressions can represent different subjects, links and relations in our mind. The problems sorted out in this section concern the issues of language expressions highlight depending on their meaning types as well as establishment of conditions and senses of truth and false proposition of different types and therefore applying these methods, unites all three levels.

Thus the structure of theoretical logic as a science can be divided into three sections: formal, methodological and semiotic.

The development of logical-semantic investigations is defined by the main task of logic – description, classification and substantiation of correct ways of reasoning, that is, those ones which ensure the truth of conclusion at the truth of premises. That's why modern theoretical logic is intimately connected with the concept of truth and trueness as its part. Really, in the process of reasoning we deal with three essences: true premises, true conclusions and some structure of thought wherein the trueness of some thoughts should lead to trueness of other ones. Such structures are called laws of logic or logical truth, unlike true conclusions, called logically true since they result from logical consequence. If our premises are true, if we apply logic laws correctly then the result should correspond the reality. Viz, we should build the structure of reasoning so that to receive true conclusions from true premises.

The problem is to substantiate such structures. And since logical semantics deals with relations of our judgments to reality it has become the means with the help of which this substantiation takes place.

Trueness and truth being conceptually connected belong to interdependent concepts resulting not only for theory of meaning but for epistemology as well. Concept of truth was (and remains in a great measure) intimately connected with imagination about knowledge since it is assumed that truth is some information about which one can say something true or false. Viz, the judgment that something is true or false is equivalent to the judgment that something belongs to the scope of "truth" concept or "false" concept.

As it was said above deductive logic is based on already defined concept of trueness – namely on strict requirement to character of trueness of deductive sentence. The concept of trueness being the basis for formalization is not a feature of any sentence but only deductive from other ones – namely, truth-value conclusion depends on truth-value premises if the inference rules are observed.

However such definition of trueness is not extended onto truth-value premises: the conditions of their trueness or falseness are not stipulated in deductive logic. Additionally it ought to be noted (and its very important) that the structures according to which the conclusions and proof are made should be true but the substantiation of their trueness is not the sphere of activity of deductive inference and proof theory. Here we need an investigation sphere in which such kind of trueness theory can be developed which would not just substantiate the conditions of trueness transfer and saving but create such concept of trueness which is equally applied to all sentences irrespective of whether they are propositions of inference structure, premises or conclusions. Such kind of theoretical logic is logical semantics in which the language is investigated as a means of knowledge and which clarifies the way the language expressions can present these or those subjects, links, relations in our mind. It considers the issues regarding the ways of language expressions classification depending on their meaning types, their senses determination as well as conditions of trueness and falseness of different kinds of propositions.

The following functional peculiarity of this science ought to be noted: logic has not only descriptive character but prescriptive one as well. First of all logic is not interested in how human being thinks but in logical structures of thought expressed in language making it possible to solve this or that logico-cognitive task. Moreover, solving these tasks should be carried out in such a way that would provide the achievement of true knowledge. But coercitive nature of logical truth is determined not at all with features of our thinking or its a priori characteristics but with well defined objective links which appear between one true knowledge and the other one.

This peculiarity is generated by specificity of reality which it deals with. Logic formulates most general laws of reasoning which don't depend on fixed area of subjects under consideration but this is not to say that it does not depend on universe of discourse in general. Logic terms determination is a result of abstractive activity of a researcher who judges from definite epistemological premises or conventions. Logical form itself has its own logical content. Moreover the investigation of structures of relations between knowledge can be carried out on different abstraction levels with acceptance of certain idealizations. Investigation can take place at the level of propositional logic and its substantiation is based upon sentences interpretation with the help of abstract objects "true" and "false". It can also be done at the level when not only relations between judgments are considered but relations between the terms inside judgments.

Judgments are expressed in declarative sentences of this or that language. From formal, syntactic point of view the sentences of language are a special sequence of discrete elements of a certain finite alphabet. To construct language formal grammar means to indicate (with the help of type and method of language elements connection) which language sequence is well-formed and which is not and, in particular, what kind of elements sequence are sentences. Such purely formal, syntactical way of language architecture and analysis is implemented for artificial and natural languages.

Can the sentence considered from such syntactical point of view be true? The answer to this question is negative since the sentence in this case is some material thing (or type, things scheme if graphically equal formulas are identified). In order to be evaluated as true or false well-formed sequences must correlate with non-linguistic essences, situations and represent them.

One thing can represent another one and can be a sign of this thing only at the availability of system using the same material processes as means of description of others. The same way the sentences can set particular state of affairs and non-linguistic situations only in definite system: the system of linguistic performance. Also it should be taken into account that judgments are made by person. Pronouncing or writing down a sentence expressing judgment, the person performs some act of statement (negation) different from imperative acts, prescriptions or requests to compensate lack of information. In standard logical semantics at a certain level of consideration we digress from pragmatic aspect, from considering the person performing judgment act (although the judgment itself is impossible without this aspect) but we don't digress from judgment act itself. Thus we don't deal directly with judgments but with interpreted sentences expressing judgments. Such sentences are called propositions. Therefore the features "to be true" and "to be false" belong to propositions, i.e. interpreted sentences.

Thus the term "true" is applied only as a certain judgment evaluation. This evaluation is attributed to judgment based on definite, preset conditions, in other words, on the basis of some premises, norms or criteria.

In this case we accept the supposition about the fact that each individually taken proposition can be evaluated as true or false. This supposition is not so evident as it seems at first sight and may be it will have to be rejected at all or somehow revised. The fact is that most often not individually taken propositions are compared but their whole systems and scientific theories in general; but sentences taken separately from system may remain uninterpreted.

Scientific theory conception is a key one in epistemology and methodology of science. Every theory is a system of sentences connected between each other with definite relations of derivability, i.e. deductively organized in a certain manner. If the theory contains only syntax (theory language consists of terms, sentences and rules of sentences construction of terms) it is called formal. Formal theories consist of some sequence of signs connected with each other according to clearly preset rules and at the best case having only logical content. If besides syntax it contains semantics or interpretation such theory is called non-formal.

The subject of theory is what the theory talks about, i.e. about meanings and senses of terms and sentences being its part. Therefore these theories express the definite connection between signs and their meanings. Thus the subject of the theory is what its semantics talks about.

But the subject of theory itself can have a double character depending on the sphere of interpretation or universe on which the sentences of this theory are interpreted for their trueness definition. If the universe of discourse consists of idealizations and abstract objects resulting from mental activity and having no analogs in objective reality then any empiristic trueness is out of the question. Trueness under such interpretation is analytical. It is determined basing on analysis of logical and descriptive terms (being part) of the sentence. Accordingly, analytical trueness can be logical and factual (descriptive). Thus, the theory laws will be analytically true relatively to this reality precisely.

But if the theory is applied to universal of material objects and to relations among them or to idealized objects which are not initially not a part of universe of analytically interpreted theory here one can say about empirical trueness. In this case the informal theory becomes the applied one.

Thus, informal theories can have either analytical trueness (as a result of interpretation to the spheres of abstract or theoretical objects) or empirical trueness (as a result of interpretation to material objects).

It follows herefrom that theoretical judgments can not be empirically true but only analytically true and therefore the concept of trueness for judgment about abstract objects essentially differs from trueness concept of empirical judgments. In modern science the generalized concept of trueness is called "semantical trueness" which is not an adequate correspondence to objective reality but major term correspondence to its subject assignment on the basis of inhesion of features or relations denoted by the predicate to objects denoted by minor term.

Since the trueness of theories (according to judgments being parts of theory) depends on definite idealizations and simplifications accepted relatively to the world; therefore the main principle characterizing semantic trueness is the principle of its relativity. It is realized through peculiarities of gnoseological, ontological, pragmatic and other premises which are accepted by the subject of knowledge during theory development and substantiation. And since the premises and idealizations can be various the acknowledgment of this principle necessarily brings to another principle establishment: pluralism of semantical trueness.

Modern logical semantics is a field of theoretical logic which investigates the relations between universal and language that talks of this universal.

There are two ways of logical theories development substantiating correct method of reasoning:

firstly, as languages suitable for presentation of logical procedures the formal logistic systems are accepted and some interpretation for description of these systems are added. Such calculus consists of a certain initial formulae class, called axiom, and inference rules allowing reception of new expressions from initial ones – calculus theorem. Thus logic itself and logical deduction become basic and are set in the form of formulated transformation rules.

The second way of logical theory substantiation is a way based on supposition that system of this or that logic depends on accepted semantics and that logical deduction rules act not like something given but are substantiated by semantics. In this substantiation the key role belongs to concept of trueness. Having accepted different conditions of truth in logical semantics we receive different systems of logic.

Standard and nonstandard theories of truth are distinguished. Standard theory of truth usually means A.Tarsky's generations performed for extensional object language in extensional metalanguage and nonstandard theory means different modifications of A.Tarsky approach as well as of other theories, namely: 1) theory of truth for nonextensional object languages in extensional metalanguage, 2) theories of truth for nonextensional object languages in nonextensional metalanguage, 3) theories of truth basing on permutational interpretation of quantors.

Semantic theory of truth performs three main functions:

- determine the meaning of natural language truth predicate;

-replace such predicates with substitution which is often determined formally and intended for further reductive program;

- apply specified truth definition for wider philosophic purposes such as clarification of meaning concept, logical consequence or in general for protection of this or that philosophic outlook.

Жидкова О.О.
ст.преп. каф. философии ХНУРЭ, г. Харьков, Украина
Покровский А.Н.
канд.филос.наук, доцент каф. философии ХНУРЭ, г. Харьков, Украина
Старикова Г.Г.
канд.филос.наук, доцент каф. философии ХНУРЭ, г. Харьков, Украина

НАЦИОНАЛЬНЫЕ ТИПЫ НАУКИ – ИЛЛЮЗИЯ ИЛИ РЕАЛЬНОСТЬ

Представители современной гносеологии в результате многолетних исследований пришли к выводу, что дальнейшее развитие эпистемологии возможно осуществить, лишь рассмотрев познание в его антропологических смыслах и аспектах, стремясь преодолеть тем самым абстрактный гносеологический подход, упускающий из виду и по существу утрачивающий в качестве своего предмета человека как такового. Стандартная эпистемологическая концепция отождествляет себя с наукой и не подвергает рефлексии свои предпосылки и основания, полагая их фундаментальными и единственно возможными. Преодоление традиционной гносеологии как исторически преходящей формы, парадоксально совмещающей наивно-реалистические и предельно абстрактные представления, возможно только на основе взаимопроникновения философии познания и философской антропологии. Необходимо более основательно исследовать опыт естественных и гуманитарных наук, которые давно работают с этими непривычными для эпистемолога феноменами. В современных исследованиях по теории и методологии науки все большее значение придается опыту социально-гуманитарного знания, а также следствиям «лингвистического поворота», «антропологического поворота» и признания важности социокультурной обусловленности научного знания [1, с. 27].

Поэтому особую **актуальность** в настоящее время приобрело рассмотрение эпистемологических проблем «сквозь призму» антропологического и социокультурного подходов. В частности, исследуются особенности познавательного процесса в их зависимости от культурно-исторических, лингвистических, этнографических и иных характеристик. В связи с этим **целью** данной работы является рассмотрение подходов к исследованию так называемых «национальных образов науки», обусловленных спецификой народа, породившего те или иные научные школы, а также правомерность и перспектива дальнейшего применения данного подхода к проблеме.

Подобный подход не слишком популярен среди исследователей, однако существует целый ряд работ, так или иначе затрагивающих данную проблематику. Прежде всего, это работы, посвященные анализу особенностей мышления у разных народов и в различные эпохи. К ним можно отнести труды Гердера, Г. Гегеля, О. Шпенглера, В. Вундта, К. Юнга, французской школы «Анналов» и другие. Важное место занимают исследования лингвистов, представителей структурализма и постструктурализма, таких, как В. Гумбольдт, Леви-Брюль, К. Леви-Стросс, Э. Сепир и Б. Уорф. Среди отечественных ученых особое внимание национально-историческим особенностям уделяли Д. Лихачев, М. Бахтин, В. Иванов, В. Топоров, С. Аверинцев, А. Гуревич, Л. Гумилев, Г. Гачев, А. Залевская и др. Интересовались этой проблемой и сами ученые. Например, А. Пуанкаре, задавшись вопросом, отчего французы до конца XIX века не восприняли теорию Максвелла, причину увидел в непохожести идеалов научности: для французов был действенен идеал строгости и дедуктивной красоты построения, англичанин же был склонен демонстрировать индуктивный способ рассуждения, строя теорию ad hoc для каждого случая как множество независимых одна от другой построек.

Разработка методологически обоснованного подхода к предложенной проблеме опирается на культурно-лингвистический подход к науке. Наука рассматривается как текст на естественном языке, где образ (и его семантическое содержание) имеют фундаментально-определяющее значение для воссоздаваемой картины мира и построения теорий (т.е. для воспроизведения нашего представления о реальном мире, преломленном через наш язык, традиции и т.п.). Так, по мнению Г. Гачева, наука этим включается в поле национальной культуры конкретного народа, а в мышлении естествоиспытателей обнаруживаются гуманитарные, эстетические (и др. ценностно-оценочные) моменты, которые роднят естествознание с искусством, в т.ч. и с художественной литературой [2, с. 54]. Исходным в таком исследовании должно стать представление о целостности культуры в ее связях с историей общества и жизнью личности. Исторически сложившаяся в последние столетия разорванность культуры на гуманитарную и естественнонаучную сферы, которые все более расходятся, обособляются, специализируются, затрудняет реализацию такого целостного подхода к ментально-творческой стороне жизни человека и человечества. В свое время на эту проблему вышла лингвистическая концепция относительности Сепира-Уорфа. Однако в их трудах логика выводилась только из структуры языка, Гачев же осуществляет попытку вывести и язык, и все остальные составляющие из целостности бытия в национальной природе.

Всякое научное сочинение имеет, наряду с осознаваемым как цель научным смыслом, еще и смыслы неявные, неосознаваемые. Так, в языке науки широкое распространение издавна получили разнообразные метафоры, которые стали неотъемлемой частью «строгой» научной лексики, но при этом не утратили неявного метафорического смысла, «живущего» в рамках определенной культуры и определенной эпохи.

«Поле», «атом», «волна», кристаллическая «решетка», «черная дыра», «надстройка» и т.п. – все это метафоры, становящиеся со временем терминами науки. Очевидно, что изначально эти слова не имели никакого отношения к исследуемому фрагменту реальности. Следовательно, подавляющее большинство научных терминов было когда-то взято из *обыденного* языка, из языка естественного и родного, а значит, несут на себе, точнее, в себе отпечаток языковой картины мира данного народа, особенностей его менталитета, культуры и истории.

Национальная картина мира исходит из человеческих и социально-культурных глубин и существует как модель мира, матрица для постижения и мира, и общества, и человека. И ученый, в каких «эмпиреях» ни парил бы его ум, рождается в лоне матери-природы и своего народа. Природная, общественная и культурная среда пропитывает своими установками, ориентирами, шкалой ценностей, архетипами мышление ученого, его действия с объектами своей науки. Подобно тому, как существует априоризм форм чувственности и рассудка, так естественно допустить и *образный* априоризм: первичные интуиции, которые существуют в сознании всех членов данной национальной культуры. Они общи у ученого с простолюдином из его народа и предопределяют во многом его понимание и формулировки теории, особенности логики, построение аргументации.

Перед исследователями данной проблемы стоит задача взглянуть на науку извне науки. Это необходимо самой науке для самопознания, ибо наука ныне доказала, что сама себя она, исходя только из своих, строго научных критериев и предпосылок, понять не может – доказательством тому служит теорема Геделя о неполноте формальных систем. Следовательно, для самопознания она должна выйти к принципам и методам, не содержащимся в ней. Мы видим, что наука окружена и отягощена многими вненаучными компонентами: реальность – вненаучна; естественный язык, которым оперирует наука, далек от искусственного языка науки; аксиомы и постулаты, «самоочевидные» недоказанные и недоказуемые утверждения, которые есть в каждой науке, образуют ее вненаучный слой. Поэтому предлагаемое исследование вненаучных элементов внутри научного знания носит принципиальный, гносеологический характер и необходимо для расширения и объекта нашего знания, и метода познания, и самого познающего субъекта.

Использованная литература: 1. *Микешина Л.А.* Эпистемология ценностей / Л.А. Микешина. — М.: (РОССПЭН), 2007. - 439 с. (Серия «Humanitas»). 2. *Гачев Г.* Наука и национальные культуры (Гуманитарный комментарий к естествознанию) / Г. Гачев. – Ростов-на-Дону, 1992. – 157 с.

Иванова Н.С.
аспирант 2 года обучения кафедры «Технология машиностроения» Псковского Государственного университета
Пак Т.С.
кандидат химических наук, доцент кафедры «Техносферная безопасность» Псковского Государственного университета

СТРУКТУРНЫЕ ИССЛЕДОВАНИЯ СОРБЕНТА НА ОСНОВЕ НАТУРАЛЬНОГО ШЁЛКА

Физико-химические свойства гранул, полученных из разных растворов ФНШ, исследовались методами электронной микроскопии, ИК – спектроскопии, рентгеноструктурного и сорбционного анализов.

Как показали исследования, морфология получаемых осадков (гранул) фиброина из разных растворов различна. Так, на электронных микрофотографиях осадка из "роданистых" растворов отчетливо наблюдаются регенерированные фибриллярные структуры, в то время как в "кальцийхлоридных" системах видны глобулярные структуры (рис. 1).

На дифрактограмме осадков фиброина из "роданистых" растворов также более четко выражен диффузный максимум дифракционной кривой в области углов $2\theta = 15 - 23°$, по сравнению с дифракционной кривой осадков фиброина из "кальцийхлоридных" растворов (рис. 2).

ИК – спектры исходного фиброина и переосажденного из раствора роданистого натрия (осадка) идентичны, и характеризуются наличием следующих частот: 3294 см$^{-1}$ (валентные колебания ОН, NH); 3076, 2984, 2941 см$^{-1}$ (валентные колебания CH_2, CH_3 групп); 1701 см$^{-1}$ (валентные колебания СООН); 1639 см$^{-1}$ (NH–CO, амид 1); 1528 см$^{-1}$ (NH–CO, амид 11), что характеризует отсутствие существенных структурных изменений при обработке ФНШ (рис. 3).

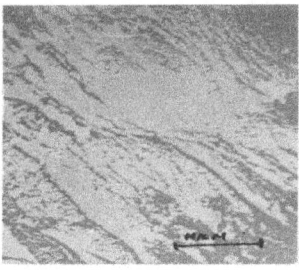 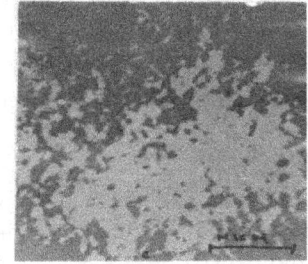

а   б

Рис.1 Электронные микрофотографии осадков фиброина из растворов: а - 62 % NaCNS:CH_3COOH (75:25); б – 44 % $CaCl_2$:CH_3COOH (75:25);

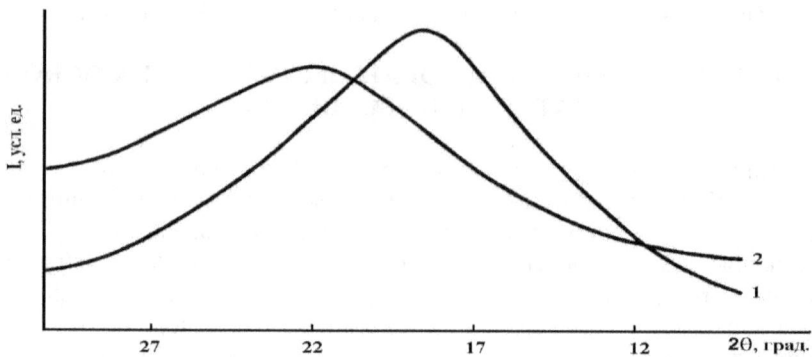

Рис.2.Рентгеновские дифрактограммы осадков фиброина из растворов: 1 - 62 % NaCNS:CH_3COOH (75:25); 2 - 44 % $CaCl_2$:CH_3COOH (75:25);

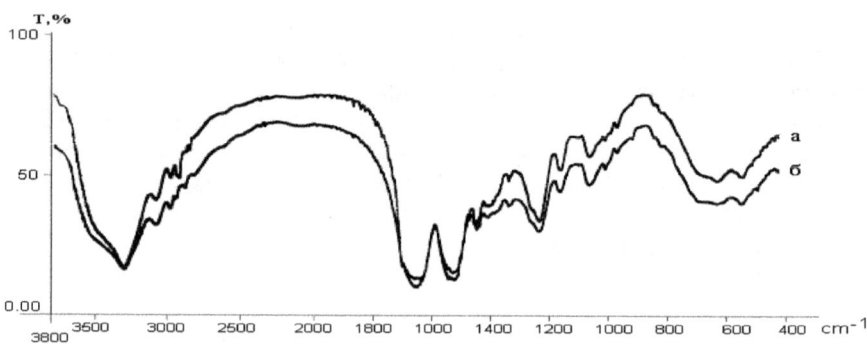

Рис. 3 ИК – спектры ФНШ: а - исходный; б – переосажденный из раствора NaCNS;

Исследования сорбционных характеристик полученных гранул, показали высокую сорбционную активность их при нарушении билирубинового обмена.

Известно, что основная роль в патогенезе печеночной недостаточности при механической желтухе принадлежит гипербилирубинемии, угнетению центральной нервной системы под действием накапливающихся в крови церебротоксических веществ: билирубина, желчных кислот, мочевины, низкомолекулярных жирных кислот [1,89]. Хотя каждое из них обнаруживается в крови в небольшой концентрации, их совместное действие оказывает достаточно сильный токсический эффект на мозг и печень (гепатоцеребральная недостаточность). Применяемая при данной патологии гемосорбция, прежде всего, должна быть направлена на устранение гипербилирубинемии и адсорбции других токсических веществ.

В этом плане полученные нами гранулы фиброина проявили селективность по отношению к билирубину и его фракциям.

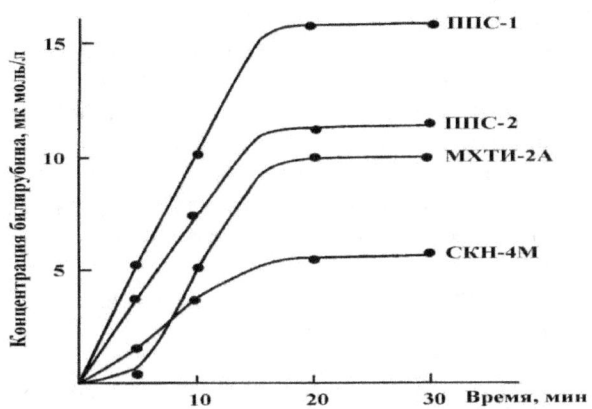

Рис. 4 Кинетика сорбции билирубина разными сорбентами;

Таким образом, проведенные экспериментальные исследования позволили судить о высокой активности и селективности полученных гранул ФНШ по отношению к определенной группе метаболитов, в первую очередь, билирубина и печеночных ферментов, что предполагает возможность их использования для целей гемосорбции.

Список использованной литературы:

1 Горчаков В.Д., Сергиенко В.И. Владимиров В.Г.,Селективные гемосорбенты.- М. Медицина,1989.-89с.

Курбатова С.В. - д.х.н., профессор, **Глотова К.М.** - магистрант, **Суслова Е.В.** - магистрант
Самарский государственный университет
curbatsv@gmail.com

ТЕРМОДИНАМИКА СОРБЦИИ ПРОИЗВОДНЫХ ХИНОЛИНА

Внимание исследователей к химии производных хинолина в течение десятилетий определяется высокой физиологической активностью многих соединений этого ряда, а также возможностью их использования в качестве моделей при установлении количественных соотношений «структура - свойство». Весьма перспективны в этом плане цинхониновые кислоты (или производные 4-карбоксихинолина), у которых к настоящему времени выявлены противовоспалительная и анальгетическая активности, установлены психотропное и сильное анестезирующее действия. Однако, сведения о физико-химических свойствах, в том числе хроматографических, весьма немногочисленны. В то же время известно, что высокоэффективная жидкостная хроматография является одним из мощных инструментов исследования смесей разнообразных биологически активных соединений.

В связи с вышеизложенным целью настоящей работы явилось исследование хроматографического поведения производных 4-карбоксихинолина в условиях обращенно-фазовой высокоэффективной жидкостной хроматографии (ОФ ВЭЖХ). Хроматографическое исследование проводили на жидкостном хроматографе «Varian ProStar» с УФ-спектрофотометрическим детектором ProStar при длине волны 254 нм. Сорбентом служил пористый графитированный углерод Гиперкарб (размеры колонки 3×50 мм, размер частиц сорбента 5 мкм). Объем подвижной фазы в колонке принимали равным объему удерживания нитрита натрия. В качестве элюентов применяли смеси ацетонитрил – вода с содержанием ацетонитрила от 60 до 80% (по объему). Элюирование проводили в температурном диапазоне 303 – 333 °К. Удерживание исследованных соединений характеризовали величинами фактора удерживания (k) и свободной энергией сорбции Гиббса, рассчитанными по аналогии с работой [1, 262]. Полученные значения фактора удерживания и энергии Гиббса приведены в таблице 1.

Из представленных данных следует, что характеристики удерживания исследованных соединений определяются, прежде всего, строением исследованных аналитов и зависят от гидрофобности, поляризуемости, связанной с объемом, и дипольного момента молекул сорбатов, что соответствует закономерностям удерживания в условиях ОФ ВЭЖХ. При этом липофильность и поляризуемость в значительной степени обусловливают взаимодействие молекул сорбата с неполярной неподвижной фазой, а дипольный момент – специфические взаимодействия с молекулами полярного элюента.

Таблица
Значения фактора удерживания и энергии сорбции Гиббса производных 4-карбоксихинолина

№	Название	Характеристики удерживания при разных температурах					
		303 K		313K		323	
		k	$-\Delta G$ (кДж/моль)	k	$-\Delta G$ (кДж/моль)	k	$-\Delta G$ (кДж/моль)
1	2,6-Диметил-4-карбоксихинолин	4,02	5.35	4,48	6.02	5,00	6.16
2	2-Метил-4-карбоксихинолин	2,33	3.06	2,11	3.46	2,52	4.62
3	2-Гидроксо-6-метил-4-карбоксихинолин	2,44	4.76	4,72	2.20	6,29	6.40
4	6-Метил-2-оксо-1,2,3,4 –тетрагидро-4-карбоксихинолин	1,12	3.45	0,30	4.09	0,87	4.53
5	2-Гидроксо-4-карбоксихинолин	1,60	3.68	1,80	4.15	1,49	4.50
6	2-Оксо-1,2,3,4 –тетрагидро-4-карбоксихинолин	0,25	2.46	0,90	2.40	0,53	3.79

Примечание. Объемная доля ацетонитрила в подвижной фазе 50%

Основной вклад в удерживание данных соединений должно вносить хинолиновое ядро, которое, являясь высокосопряженной системой, способно к реализации ряда электронных состояний, вносящих различный вклад в межмолекулярные взаимодействия молекулы в целом. В то же время значения энергии сорбции Гиббса для исследованных соединений оказываются незначительными, вероятно, вследствие наличия карбоксильной группы, взаимодействующей с компонентами подвижной фазы.

Следует при этом отметить сложность определения термодинамических параметров в жидкостной хроматографии, которая обусловлена тем фактом, что сорбция в этих условиях сопровождается совокупностью процессов в объемном растворе и поверхностном слое. Таким образом, термодинамические характеристики сорбции, определяемые из температурной зависимости логарифма фактора удерживания, являются, в отличие от газохроматографических, эффективными характеристиками сорбционной системы в целом и отражают изменение соответствующих термодинамических функций в результате взаимодействий сорбат – сорбент и органический модификатор – сорбент в поверхностном слое, а также сольватационных и ассоциационных взаимодействий в объемном растворе – сорбат – органический модификатор, сорбат – вода, органический модификатор – вода. Поэтому полученные в условиях ВЭЖХ термодинамические параметры являются эффективными характеристиками сорбционной системы в целом, отражающими их изменение как в результате взаимодействий в поверхностном слое, так и в объемном растворе. Именно эти факторы, вероятно, являются причиной того, что полученные нами значения энергии сорбции Гиббса для исследованных соединений изменяются с температурой немонотонно, а графики соответствующей зависимости для некоторых сорбатов имеют нелинейный характер.

Работа выполнена при поддержке Министерства образования и науки Российской Федерации в рамках государственного задания по гранту №3.3209.2011

1. Киселев А.В. Межмолекулярные взаимодействия в адсорбции и хроматографии. М.: Высш. школа, 1986. 360 с.

Емельянова Е.И.
к.п.н., доцент кафедры «Управление персоналом» Северного филиала МГУТУ им. К.Г.Разумовского в г. Великий Новгород
e-mail: emeelena@mail.ru

СОВЕРШЕНСТВОВАНИЕ ТЕХНОЛОГИЙ УПРАВЛЕНИЯ ОРГАНИЗАЦИОННОЙ КУЛЬТУРОЙ

Актуальность темы состоит в том, что любая организация нуждается в формировании своего облика. Для этого необходимо обозначить и адаптировать к среде предприятия определенные цели и ценностные ориентиры, стратегические направления в достижении высокого качества продукции и услуг, правила поведения и принципы нравственного характера всех категорий работников. Все эти составляющие и образуют организационную культуру, без которой нельзя достигнуть максимальной эффективности деятельности предприятия[1, 63].

В качестве объекта исследования выступило одно из крупнейших предприятий Новгородской области ОАО «123 авиационный ремонтный завод», основной вид деятельности предприятия – ремонт, модернизация и техническое обслуживание авиационной техники военного и гражданского назначения.

С целью изучения сформировавшейся на предприятии организационной культуры в работе использовалась диагностика культуры при помощи инструмента оценки конкурирующих ценностных ориентиров рассматриваемого предприятия, на основании которой можно сделать вывод, что организационная культура ОАО «123 авиационный ремонтный завод» склонна к типу «Рынок». На сегодняшний день цели предприятия имеют направленность в сторону привлечения большего количества заказов на свои услуги [2, 76-78].

Помимо оценки конкурирующих ценностей для изучения сложившейся организационной культуры рассматриваемого предприятия был использован метод анкетирования на оценку направленности культуры предприятия, на достигнутый уровень развития. Анализ культуры подразумевал 4 секции: работа; коммуникации; управление; мотивация и мораль [3,86-87]. Суммарный балл по результатам анкетирования составил 165, что характеризует организационную культуру как культуру среднего уровня.

На основании полученных результатов можно осветить основные моменты. В поддержании и развитии организационной культуры ОАО «123 авиационный ремонтный завод» первостепенную роль играет руководитель организации - именно он является основным носителем и создателем культуры. Помимо руководителя непосредственными носителями культуры и лицами, работа которых связанна с формированием организационной культуры, являются определенные специалисты – профессионалы или менеджеры.

Обратимся к теории Ф. Харриса и Р. Морана, согласно которой организационную культуру можно рассматривать на основе десяти характеристик[4]. Проведенное исследование по указанной теории позволяет сделать следующие выводы:

1. В ОАО «123 авиационный ремонтный завод» в каждом сотруднике ценят и развивают профессионализм.

2. Составляющими коммуникационной системы является письменная, устная и невербальная коммуникации, открытость информации.

3. В обязанности каждого работника входит на рабочем месте иметь достойный внешний вид.

4. На территории предприятия имеется столовая с разнообразным ассортиментом блюд. Помимо этого существуют бытовки, в которых работники также могут обедать во время обеденного перерыва.

4. Безоговорочно должен соблюдаться временной распорядок рабочего дня.

5. Межличностные отношения внутри предприятия нельзя безоговорочно называть лишь формальными, потому что в них присутствует и определенная степень свободы.

6. В организационной жизни сотрудники предприятия ценят как свою работу, так и занимаемое положение на предприятии.

8. У работников есть вера в руководство, во взаимопомощь, а также в этичное поведение и справедливое к себе отношение.

9. Каждый работник осознанно выполняет свою работу. Это связанно с отлаженной системой информирования сотрудников.

На основании результатов этой оценки, можно выделить следующие слабые стороны организационной культуры ОАО «123 авиационный ремонтный завод» и сразу же описать предлагаемые рекомендации:

1. В организации решаются только 80% задач организационной культуры. Предлагается обеспечить предприятие квалифицированными специалистами в определенном количестве и сформировать отдельное бюро управления формированием и развитием организационной культуры предприятия.

2. Отсутствие мероприятий по «воспитанию» работников для соответствия организационной культуре. Для решения этой проблемы предлагается сформировать на предприятии процесс горизонтальной адаптации работников. Ключевой задачей адаптационной программы будет являться непосредственное введение сотрудника в организацию, а также приспособление сотрудника к подразделению и своей непосредственной должности.

3. Отсутствие системы внесения и рассмотрения рациональных предложений. Для того, чтобы сформировать и закрепить систему

внесения и рассмотрения рациональных предложений, ОАО «123 авиационный ремонтный завод» предлагается разработать свое положение об изобретательской и рационализаторской деятельности, что позволит регламентировать и стимулировать творческую активность сотрудников.

4. Отсутствие мероприятий по генерированию идей, совместных разработок. Для того, чтобы предприятию начать продвижение в направлении решения данной проблемы можно предложить ввести в ОАО «123 авиационный ремонтный завод» такое мероприятие, как стратегическая сессия. Регулярное проведение стратегических сессий на предприятии помогает сохранить, а порой и в разы преумножить объемы продаж и прибыли.

5. Отсутствие мероприятий по обучению персонала деловому и светскому этикету. Предприятию следует организовывать тренинги по этикету, что окажет положительное влияние на организационную культуру. Это произойдет благодаря тому, что позволит актуализировать уже имеющиеся у работников знания в сфере делового этикета, а также в обучающей форме тренировать навыки этикетного поведения.

6. Мало внимание уделяется проведению тренингов, адаптационных мероприятий для работников. Пути совершенствования ряда слабых функциональных элементов организационной культуры предприятия такие как формализация процесса адаптации нового работника к организационной культуре, а также проведение тренингов для сотрудников организации помогут в решении и этой проблемы.

7. Отсутствие четко определенных критериев достижения целей. Решением данного недостатка может послужить создание специальной методики оценки эффективности работы с персоналом. Рекомендуемая методика позволит провести оценку эффективности кадровой работы на предприятии.

8. Отсутствие собеседований с претендентами на работу, посвященных выявлению соответствия культуры личности и организационной культуры.

Список литературы:

1 Гордиенко Ю.Ф., Обухов Д.В., Самыгин С.И. Управление персоналом. Серия «Высшее образование». – Ростов-н/Д: Феникс, 2010. – 352 с.

2 Грошев И.В., Емельянов П.В., Юрьев В.М. Организационная культура: учебное пособие - М.: Издательство «ЮНИТИ-ДАНА», 2010. – 286 с.

3 Иванова С.В. Корпоративная культура: традиции и современность // Управление персоналом.-2008. - № 4.- С. 97-104.

4 Шаталова Н.И. Организационная культура: учебник. – М.: Издательство «Экзамен», 2010. – 652 с.

Медведев А.В.
к.э.н., доцент кафедры «Информационные технологии» ФГБОУ ВПО «Финансовый университет при Правительстве РФ»

МОДЕЛИРОВАНИЕ ВОСПРОИЗВОДСТВА МИНЕРАЛЬНО-СЫРЬЕВОЙ БАЗЫ РФ

Макроэкономический подход к построению системы оценок потребностей в минерально-сырьевых ресурсах (МСР) и объемах геолого-разведочных работ (ГРР) требует, с одной стороны, включения отраслей минерально-сырьевого комплекса (МСК) в модель межотраслевых связей МОБ с учетом специфического характера геологической продукции и ее стоимости. С другой стороны, необходим учет требований модели МОБ к информационной обеспеченности этой процедуры.

Теоретической основой разработки МОБ является теория воспроизводства. МОБ является практической реализацией экономической теории воспроизводства.

В системе производительных сил и производственных отношений современной России отрасли минерально-сырьевого комплекса (МСК), с одной стороны, представляют начальную стадию процесса воспроизводства, взятого в целом, а с другой стороны, за счет международного разделения труда является поставщиком минерально-сырьевых ресурсов другим странам для обеспечения собственных потребностей в благах и услугах, которыми страна не обеспечивает себя в формате современных требований рынка. Поэтому в процессе воспроизводства можно выделить МСК в соответствии с экономической теорией как самостоятельную сферу деятельности следующим образом:

I $\quad C_1+V_1+m_1 =P_1$ - геологоразведка и добыча полезных ископаемых.

II $\quad C_2+V_2+m_2 =P_2$ - перерабатывающие производства.

III $\quad C_3+V_3+m_3 =P_3$ - производство благ непроизводственного назначения.

Итого $\quad C + V + m =P$ - валовой выпуск.

На основе этой схемы воспроизводства строится макроэкономическая модель воспроизводства, позволяющая обосновать тенденции, темпы и пропорции воспроизводства МСК в системе народнохозяйственных интересов. Основным источником саморазвития экономической системы России является прибавочная стоимость m (прибыль), прирост которой идет на расширение компонентов производства по формуле: $\Delta m=\Delta C+\Delta V+m_o$, где ΔC - прирост постоянного капитала, ΔV - прирост переменного капитала (в форме доходов по труду), m_o - непроизводительное потребление.

Сумма $\Delta C+\Delta V$ - представляет накопление или потенциал воспроизводства. В действительности накопление – это результат не только текущего саморазвития экономической системы, но и накопление (задел производства) прошлых лет, привлечение в инвестиционный процесс ресурсов внутреннего и внешнего рынка. Для МСК в накоплении важно выделить элементы воспроизводства МСБ в форме следующих запасов МСР: 1) учтенных в геологическом фонде (оцененных и разведанных запасов полезных ископаемых); 2) их прироста в результате добычи.

Первая группа запасов является продуктом деятельности геологии и представляет важный компонент в составе баланса народного хозяйства, который до сих пор не имеет своей адекватной оценки, но является источником воспроизводства МСБ. Вторая группа – реальная база для перерабатывающего производства и конечного потребления в текущий момент и в будущем. Ясно, что МСК не может развиваться без потребностей народного хозяйства, а оно без развития МСК. Отражение механизма воспроизводства с учетом деятельности МСК представляется в форме модели «Затраты-выпуск» РФ и федеральных округов на основе стратегических целей приоритетов разведки и добычи конкретных видов полезных ископаемых с учетом горизонтов их исчерпания и потребностей производственного и непроизводственного характера внутреннего и внешнего рынка.

По мере развития рыночной экономики России ставятся все более острые и масштабные задачи использования минерально-сырьевых ресурсов (МСР) страны и регионов в процессе воспроизводства. Необходимость вовлечения новых минерально-сырьевых ресурсов возрастает с накоплением капитала и ростом влияния государства на результаты экономической деятельности страны.

Минерально-сырьевая база (МСБ) страны является важнейшим компонентом национального богатства, источником производства и межотраслевых, межрегиональных и межгосударственных связей и взаимодействий. Рациональное размещение производства и эффективное использование МСР – важнейшие задачи, на основе которых ставятся и решаются программы социально-экономического развития страны и регионов.

Современная экономика России уязвима тем, что не ориентируется в полной мере на собственные ресурсы и возможности производства их переработки, а потому принимает международные рыночные условия, сопряженные с рисками экономического, политического, социального характера и т.д. без оглядки на будущее. Минерально-сырьевой потенциал страны способен принять на себя риски неопределенности рыночного механизма хозяйствования на определенных условиях, обеспечивая этим механизм устойчивости экономической деятельности и создавая более развитую систему вовлечения МСР для расширения использования производственного потенциала и воспроизводства финансовых ресурсов.

Экономика предполагает, что производство обеспечено МСР, которые, с одной стороны, представляют самостоятельные виды деятельности (отрасли минерально-сырьевого комплекса (МСК) по разведке, добыче и первичной переработке полезных ископаемых), а с другой стороны, создают оборотный капитал – «хлеб индустрии». Расходы на отрасли МСК в инвестициях, валовых накоплениях составляют не более 5%, значительно отставая от затрат на добычу и обеспечение запасов оборотных средств. Это говорит об особой роли МСК, которые значительно зависят от инвестиционного климата на разных стадиях проектных решений: финансирование, проведение геолого-разведочных, строительного производства, эксплуатации месторождений, функционирования производственной и социальной инфраструктуры.

МСК действует в агрессивной среде и защищается от экономических рисков, значит, требует эффективной государственной поддержки в области разведки, производства и инвестиций с тем, чтобы экономика страны максимально ориентировалась не на вывоз природных ресурсов, а на конечный продукт, созданный современными технологиями на основе их глубокой переработки и привлечения капитала.

Частный и иностранный бизнес избирательно задействован в этом процессе и не защищен от инвестиционных рисков в силу ряда причин. Это дело оставлено в компетенции собственных интересов отраслей МСК, нацеленных на скорейшее извлечение прибыли с экспортными привилегиями вывоза МСР.

Проблема оценки объема и состояния использования МСР более четверти века не входила в число приоритетных направлений государства на развитие их производственной базы, как следствие свернуты программы разведки, добычи полезных ископаемых и воспроизводства материальной базы в целом.

Федеральные и региональные органы власти должны оказать поддержку в обеспечении благоприятных условий развития производства отраслей МСК, являющихся в ряде регионов бюджетообразующими для того чтобы: обеспечить условия жизнедеятельности (занятость, потребление, социальную защиту); не стимулировать экспорт продукции МСК, а вместе с ним перекачку финансовых ресурсов в другие регионы и за рубеж, чтобы оказать стабилизирующее влияние на экономику в целом и создавать стимулы для тесных и взаимовыгодных региональных взаимодействий.

Литература

Экономический потенциал и сценарии развития минерально-сырьевого комплекса федеральных округов России (монография). М.: ООО «Геоинформмарк», 2008. 531 с.

Еникеева А.В.
магистрант кафедры «Экономический анализ» ФГБОУ ВПО «Финансовый университет при Правительстве Российской Федерации», аналитик Издательской группы «ГЭОТАР-Медиа»

ПРОБЛЕМНЫЕ АСПЕКТЫ СТРАТЕГИЧЕСКОГО АНАЛИЗА КАК ИНСТРУМЕНТАРИЯ ПЕРСПЕКТИВНОГО ПЛАНИРОВАНИЯ

В современной научной литературе можно выделить два основополагающих подхода к определению термина «стратегический анализ»:

- анализ развития предприятия с учётом стратегии функционирования (узкий подход);
- анализ внешних и внутренних факторов, важных для разработки стратегии развития организации (широкий).

Стратегический анализ в качестве перспективной оценки будущего тесно смыкается с прогнозированием и предшествует стратегическому учёту, формированию прогнозной бухгалтерской отчётности.

Объектом стратегического анализа выступает организация – хозяйствующий субъект, который представляет собой комплексную управленческую систему, включающую совокупность интегрированных управляющих и управляемых функциональных подсистем направления и формы деятельности [1, 64].

На сегодняшний день не существует единой общепризнанной классификации методов и моделей стратегического анализа. Его характерной особенностью является использование качественных, неформализованных методов. Количественные методы в стратегическом анализе выполняют, как правило, подчинённо-вспомогательную функцию. К числу востребованных методов могут относиться как традиционные, так и экономико-математические методы.

В настоящее время к наиболее распространённым методам и приёмам стратегического анализа можно отнести:

1) SWOT-анализ (от англ. strength – сила; weakness – слабость; opportunity – возможности и threat – угрозы). Используется для определения положительных и отрицательных сторон разрабатываемых стратегий. Основная задача – определить сильные и слабые стороны компании. Такой анализ включает в себя анализ ситуации внутри компании, а так же анализ внешних факторов и ситуацию на рынке.

2) PEST-анализ среды (от англ. political and legal – политико-правовая, economic - экономическая, sociocultural – социальная, tehnological - технологическая). Основывается на принципе группировки макроэкономических факторов. Предназначен для выявления политических, экономических, социальных и технологических аспектов

внешней среды, которые могут повлиять на стратегию компании [3, 62; 3, 77].

3) SNW-анализ внутренних факторов (от англ. strenght – сильный, neutral нейтральный, weakness – слабый). Это анализ слабых и сильных сторон организации, оценивается внутренняя среда по трём значениям: сильная сторона, нейтральная сторона, слабая сторона. Данный вид анализа позволяет рассмотреть нейтральную позицию того или иного фактора, влияющего на деятельность компании, с позиции минимально необходимого стратегического уровня.

В России стратегический анализ возник относительно недавно, с момента перехода к рыночной экономике. До последнего времени в нём не было никакой необходимости, поскольку существовавшая на протяжении многих десятилетий система директивного управления жестко регламентировала внешние условия функционирования хозяйствующих субъектов. На сегодняшний день постоянно меняющаяся рыночная конъюнктура обязывает предприятия проводить стратегический анализ, с целью выявить свои сильные и слабые стороны, предотвратить возможность банкротства. В рыночной экономике стратегический анализ является одним из инструментов перспективного управления бизнесом. Особенностью стратегического анализа в том, что кроме перспективной у него есть и ретроспективная направленность.

В России развитие стратегического анализа осложняется несколькими проблемами [2, 98].

К первой проблеме можно отнести тот факт, что многие руководители и топ-менеджеры предприятий в условиях новой экономической конъюнктуры продолжают использовать прежние, не достаточно эффективные подходы в управлении организацией. В то время как стратегический анализ и выбор перспективных направлений хозяйственной деятельности – больше искусство, чем наука, что в свою очередь предопределяет не просто следование формально заданным моделям и алгоритмам, которые в данном случае не способны обеспечить полную уверенность в эффективном решении поставленной задачи, но наличие творческого взгляда, креативного подхода к решению стоящих задач перед руководством.

Второй существенной проблемой стратегического анализа в современной России является нестабильность национальной экономики, что значительно снижает точность прогнозных расчётов. В то время как для развитых стран экономическая нестабильность временное явление, для России достаточно постоянное, что делает затруднительным проведение качественного стратегического анализа на российских предприятиях.

Следствием вышеперечисленного является слабое развитие рыночных институтов информационно-аналитического профиля из-за чего возможности предприятий в использовании достоверной информации о внешних условиях хозяйствования сильно ограничены. В этом заключена ещё одна проблема стратегического анализа. В связи с чем решать подобные проблемы необходимо как в методологическом, так и в практическом плане.

Таким образом, стратегический анализ в современной России находится на стадии развития, в то время как перечисленные выше проблемы сильно осложняют переход к широкому применению на практике.

Литература

1. Ильимцева Н.Н., Крылов С.И. Учет, анализ и стратегическое управление инновационной деятельностью. — М.: Финансы и статистика, 2014. – 216 с.

2. Казакова Н.А. Современный стратегический анализ. Учебник и практикум. — М.: Юрайт, 2014. – 500 с.

3. Пласкова Н.С. Стратегический и текущий экономический анализ: учебник. — М.: Экспо, 2014. – 478 с.

Антонов А.П.
аспирант кафедры ОЭТ Санкт-Петербургского
Государственного Экономического Университета,
руководитель отдела оценки бизнеса ООО «Иола»
www.antonovalexx@mail.ru

ЭФФЕКТИВНОЕ ПЛАНИРОВАНИЕ ИНВЕСТИЦИОННЫХ ПРОЕКТОВ КАК ФАКТОР УСТОЙЧИВОГО РАЗВИТИЯ НАЦИОНАЛЬНОЙ ЭКОНОМИКИ

В ходе принятия решений о реализации крупных инвестиционных проектов менеджмент, как правило, сталкивается с высоким уровнем неопределенности, которая выражается в наличие дискретных рисков (рисков связанных со стратегическими решениями).

Высокая неопределенность, вероятность прекращения (банкротства) инвестиционных проектов, и отсутствие методик их количественной оценки, как правило, «отталкивает» менеджмент предприятий от реализации подобных проектов, что снижает общее количество стратегических инвестиций в экономику страны.

Действительно, реализация крупных инвестиционных проектов может занимать более 5-10 лет, за которые может измениться не только рыночная конъюнктура, но и политическая обстановка в стране, а также состав и мотивация участников инвестиционного проекта. При этом, гарантии предоставленные инициаторам проекта со стороны Государства, например, муниципальными органами власти при негативном сценарии развития событий могут быть не выполнены, что повлечет за собой существенные трудности для всех участников проекта.

В связи с вышесказанным при анализе рисков проектов, инвестиционные аналитики и специалисты в области анализа рисков анализируют вероятность прекращения «банкротства» проекта и все его последствия. При этом, в зависимости от итогов данного анализа, делается вывод о степени риска всего проекта и проводятся соответствующие корректировки эффективности проекта (как правило, проводится корректировка стоимости привлечения капитала).

Напомним, что критерий чистой приведенной стоимости проекта (NPV), с помощью которого, как правило, определяется эффективность инвестиционного проекта рассчитывается по следующей формуле:

$$NPV = -I + \sum_{t=1}^{n} \frac{CF_t}{(1+r)^t}, \qquad (1)$$

где
CF_t – денежный поток периода t (t = 1, ..., N),
I – величина инвестиций (капитальных вложений) в проект,
r – ставка дисконтирования, отражающая риски проекта,

Согласно принципам корпоративных финансов (см. например [1], повышенный риск присущий денежному потоку в вышеуказанной формуле можно учесть либо в знаменателе (с помощью которого осуществляется приведение денежного потока к текущей стоимости (учесть в ставке дисконтирования)), либо в числителе – непосредственно определить каким образом данный риск будет влиять на величину денежного потока.

Интуитивно понятно, что как влияние на денежный поток, так и «премия» к ставке дисконтирования учитывающие вероятность прекращения проекта (банкротства) для различных инвестиционных проектов будут различаться. Это обуславливается как минимум следующим фактором:

- вероятность банкротства для одних проектов будет существенно выше чем для других.

Но на этом детерминанты, оказывающие влияние на эффективность проекта в зависимости от вероятности его банкротства не заканчиваются. Еще одним ключевым моментом можно считать возможность извлечения из проекта так называемой ликвидационной стоимости в случае его прекращения (банкротства) и ее величину. Действительно, если в случае банкротства проекта инвестор может, например, продать задействованное в нем оборудование по цене его приобретения, даже при достаточно высокой вероятности банкротства он не понесет существенных издержек, так как сможет вернуть большую часть инвестированного в проект капитала. Наоборот, в случае полного обесценения инвестиций, даже небольшая вероятность банкротства проекта должна быть учтена в стоимости привлечения капитала (или в денежных потоках) проекта.

Необходимо отметить, что крупные западные производственные компании хорошо понимают данный факт и предлагают различные схемы поставки своей продукции (в том числе самолетов, танкеров и т.д.) страхуя риски инициаторов инвестиционных проектов снабжая свои контракты различными условиями. Согласно некоторым из них покупатель имеет право отказаться от заказа (характерно для продукции с длительным сроком производства, например 1-2 года), может вернуть оборудование производителю с небольшим дисконтом к цене приобретения (естественно цена приобретения подобного оборудования, как правило, несколько выше, чем его приобретение без подобных условий).

В связи с этим для анализа эффективности инвестиционного проекта принципиально важным становится не только определение вероятности банкротства, но и оценка ликвидационной стоимости. Таким образом, при планировании проекта аналитик может в качестве своих целей рассматривать как минимизацию вероятности банкротства, так и максимизацию ликвидационной стоимости проекта в случае банкротства. При этом, учитывая, что на вероятность банкротства оказывает влияние как систематические, так и несистематические риски, снижение величины денежных потоков, которое нередко возникает в связи включением страховой составляющей в реализацию проекта (например, при страховании части рисков поставщики оборудования будут требовать большей стоимости за свое оборудование), вышеуказанные цели могут противоречить друг другу. Мерилом, в данном случае, должен служить критерий чистой приведенной стоимости проекта, иными словами, инициатор проекта должен ориентироваться на максимизацию величины NPV проекта при принятии решений о страховании рисков проекта.

При расчете критерия NPV проекта классическими методами (метод дисконтирования денежных потоков), у аналитика возникают сложности, так как данный метод предполагает анализ «усредненного» варианта развития событий, тогда как в данном случае мы сталкиваемся с вероятностями.

Поэтому, автором предлагается концепция сценарного подхода к оценке проекта с учетом вероятности банкротства. В упрощенном виде ценность проекта можно представить следующей формулой:

$$NPV = \frac{(1-p)PV_p + pPV_n}{(1+r)} \qquad (2)$$

где

p – вероятность банкротства,

PV_p – стоимость проекта при положительном развитии событий,

PV_n – стоимость проекта при отрицательном развитии событий (продаже проекта по ликвидационной стоимости).

Здесь следует отметить несколько важных моментов:
- В случае реализации пессимистического варианта работают механизмы страхования, что говорит о рисках получения ликвидационной стоимости на уровне безрисковой ставки, следовательно данные потоки необходимо дисконтировать по соответствующей ставке. Для случаев, когда вероятность получения заданной ликвидационной стоимости будет сомнительная, рекомендуется применять повышенную ставку дисконтирования [2, 231].
- В реальности, денежные потоки от проекта редко ограничиваются одним периодом. В свою очередь, для будущих периодов характерны другие величины ликвидационной стоимости. Кроме этого, стандартный аппарат дисконтирования денежных потоков, в данном случае неприменим, так как мы имеет дело со сценарным подходом.

Нетрудно показать [3, 195], что, с учетом вышесказанного, для критерия NPV приведенная стоимость негативного сценария, связанного с продажей проекта по ликвидационной стоимости (L) может быть записана в следующем виде:

$$L = \sum_{t=1}^{n} \frac{L_t pt}{(1+rf)^t} \prod_{p=0}^{t-1}(1-pt) \qquad (3)$$

где

L_t – ликвидационная стоимость в период t,
pt – вероятность банкротства в период t,
rf – ставка отражающая риск получения ликвидационной стоимости в период t.

Приведенная стоимость проекта при реализации позитивного сценария (С) может быть записана в следующем виде

$$C = \sum_{t=0}^{n} \frac{CF_t}{(1+r)^t} \prod_{p=0}^{t}(1-pt) \qquad (4)$$

где

CF_t – денежный поток в период t,
r – ставка дисконтирования.

Соответственно, итоговая чистая приведенная стоимость проекта определяется по формуле:

$$NPV = L + C \qquad (5)$$

Таким образом, аналитик должен придерживаться таких решений при планировании инвестиционного проекта которые максимизируют критерий NPV, рассчитанный по данному подходу.

До сих пор мы не делали никаких комментариев относительно вероятности банкротства – p. Исходя из экономического смысла вышеуказанной величины можно заключить, что она зависит от эффективности операционной деятельности проекта (рентабельности и других факторов), а также зависит от ряда других факторов (геополитики и т.д.). Для определения вероятности прерывания проекта в связи с первой группой факторов, по мнению автора, целесообразно выполнить анализ эффективности проекта методом Монте-Карло. Не будем останавливаться на описании данного метода, отметим лишь, что на основе репрезентативных входных данных путем итерационных вычислений проводится множество «испытаний» (более 5 000) и перед исследователем складывается исчерпывающая картина возможных вариантов развития событий и их «частоты» (вероятности), что позволяет определить вероятность результатов, при которых инициаторы будут вынуждены «сворачивать» проект. Подобные вычисления можно сделать для каждого прогнозного периода, внося определенные корректировки (если в первом году операционной деятельности проекта цены на продукцию были выше барьерного уровня и предприятие продолжает функционировать, вероятность того, что цены опустятся до «барьерного уровня» в следующем периоде достаточно мала).

По поводу второй группы факторов, их величина, как правило, достаточно мала и может задаваться аналитиком экспертно или на основании анализа ретроспективных сопоставимых проектов которые были отменены или закрыты из-за политических и других факторов.

Вышеуказанная статья представляет собой лишь некоторые практические соображения. Сейчас можно констатировать, что специалистам занятым в области планирования и обоснования инвестиционных проектов необходимо четко представлять количественную оценку вероятности прекращения (банкротства) проекта и понимать от чего она зависит в конкретном инвестиционном проекте. Понимание вышеуказанных детерминант позволит менеджменту проекта иметь более полную информацию относительно планируемого инвестиционного проекта и принимать оптимальные инвестиционные решения, что в конечном итоге приведет к росту национальной экономики.

Список литературы

1. Мельников Е.Н. Критический анализ моделей управления денежными потоками. Журнал Аудит и финансовый анализ.- 4, 2011.
2. Валдайцев С.В. Оценка бизнеса: учеб. – 3-е изд., перераб. и доп., - М. : ТК Велби, Изд Проспект, 2008. - 576 с.
3. Лимитовский М.А. Инвестиционные проекты и реальные опционы на развивающихся рынках: учеб. – практич. пособие. – 5-е изд., перераб. и доп. – М.: Издательство Юрайт, 2011. – 486 с.

Bagdasaryan K.A.
lecturer, Chair of Innivatics, marketing and advertising, Federal State Budgetary Educational Establishment of Higher Professional Education "Pyatigorsk State Linguistic University"

REGION'S INVESTMENT ATTRACTIVENESS AS A RESULT OF SECTOR'S COMPETITIVENESS

This article is devoted to the investment attractiveness of the region as a result of the sector's competitiveness. The text addresses the problem of investment and it inflows to the regions, and also the problem of image formation of the investment-attractive region. Keywords: "Investments, region, transaction expenses, region's image."

The federal structure of the state requires the development of country at the expense of its own territorial entities (regions). The development of modern Russia only through internal resources does not provide the required dynamics and foredooms regions to evolutionary operation. Their increasing role in the economic and administrative reforms of the country has predetermined the top-priority attraction to the management, accumulation and effective use of investment resources.

At the present stage, the development of the regions of the Russian Federation usually involves some serious problems in the field of investment. Efficiency of investment policy in the country largely depends on how regional aspects are taken into account, coordinated and strategically oriented to the achievement of the general economic results, the interests of the center and the regions are consulted. Solution to these problems lies precisely at the level of the Federation's entities, and the reason for this is the knowledge and understanding of key aspects of the implementation of the investment policy in the region.

The current state of the country, the formation of Russian statehood, the development of all spheres of the society, the creation of vertical and raising influence of the authority leads to the changes in the existing institutions, the creation of new ones and decline of the old ones. These institutional changes are both objective and subjective. Authorities, including regional, have to focus on institutions and to "keep pace" with their changes. In this context, decision makers, need base (defined theoretical platform) to support and evaluate the quality of their actions. The source of this knowledge can become a base for solution of the arising institutional problems in all policies, including the development of the investment policy in the region.

One of the high-priority problems of the regional authorities is the creation of institutional environment that provides not only high-quality operation of the regional system, but also determines the development of institutions included in it, and as a result more effective management of the process of investment in the economy of the region.

Based on given above theoretical analysis of the main elements of the regional system, as well as factors associated with their operation and development, we can make the following conclusions:
- region is a set of institutions;
- • institutions within the region interact both with each other and with the "third party" institutions (national importance and / or institutions of other regions);
- the development of regional institutions is based on three basic elements (location, lifetime, the level of development of institutional rules).

The investment policy of the regions is affected by many factors, and institutional factors are usually taken into account only indirectly. Institutional transformation of regional investment policy requires a detailed understanding for reasons related to the quality of the functioning of institutions that define the policy. This is due to the fact that region's level of development is determined on the basis of formal and informal elements which form regional strategy and afterwards create tendencies of further development.

The investment process of the regional economy requires not only the attention of the authorities to the timeliness of its implementation, but also the improvement of the performance through a set of institutions that underlie the investment policy.

Institutional frameworks define the rules for investment, they are factors that influence the formation and implementation of the investment policy. Initially, it can be assumed that there are expenses in the valuation of the investment process, the expenses associated with registration of the investment decisions and the management of the investment process as a whole, which reduce the efficiency of the process the investment control in the economy of the region.

Regional level implementation of the investment policy, in its turn has certain features associated with the formal implementation of the process, the degree of impact on the opportunistic behavior of business objects, etc.

Analysis of the transaction costs' parameters in the formation of the investment policy of the region allows to determine the most important areas of this process, which is crucial in the strategic development.

The investment process of the regional economy requires not only the attention of the authorities to the timeliness of its implementation, but also the improvement of the performance through a set of institutions that underlie the investment policy.

In such a manner, the important scientific problem connected with the development of the methodology of the region's economy investing management improvement became urgent. Based on the stated above, we can conclude that the development and implementation of established points, aimed at the creation of the framework for the assessment of transaction costs, will solve the problem of regional institutions' efficiency increasing and socio-economic development of the region.

Structural-functional model of the investment management in the region's economy on the basis of reducing transaction costs was formed. This model consists of the following procedures: firstly, the determination of the blocks' interaction, i.e. the creation of uniform principles of communication "region - investor", the formation of the investment attractive image of the region, the creation of a common information base, the forecasting and monitoring of changes in the legislation, reduction of the bureaucracy's level, the creation of the unified system of expert assessments. Secondly, it is necessary to evaluate the effects of ambient environment on the system. Thirdly, it is necessary to control the implementation process of every system's unit. Fourth, to conduct the organization and monitoring of each of the blocks, as well as the entire system.

As it was stated earlier, the investment process, which accompany the development strategy of the region is based on various kinds of institutions that determine the existence and prospects of the territory. Despite of the fact that each institution is a separate system, nevertheless it is an open system, which needs expenses on the formation, operation and further development.

Creating an external information independently, the region has the ability to regulate individual relations, both formal and partially informal rules, in such a manner, creating favorable conditions for the reduction of transaction costs within the regional institutions, including some regional policies (including investment). In this regard, the first level of tasks is the identification of areas which form (create, generate) the transaction costs of the region's investment policy, as well as the development of a unified methodology of their reduction.

The investment process of the region's economy should not only consider the potential impact on the level of transaction costs, but also be initially based on the fundamental characteristics of the original accounting areas where costs are generated. This must be done in order to determine and assess the prospects for the development of various institutions that affect the process of investment in the region's economy.

The conceptual foundation of reducing transaction costs that accompany the process of investment in the region's economy is based on the system of introduction and existence of institutions on the basis of the time factor of their development. In this regard, it must be remembered that the existence of any institution is impossible without the transaction costs. Their number and size (volume) is the main cause of instability in the hierarchy of institutions that affect the process of investment in the economy of the region.

For efficient investment in the economy of the region not only organized management systems of the existing institutions are needed, but also newly created ones, as well as identified in the monitoring process. Just then the development of the methodology for determining, identifying and reducing transaction costs in this process, certainly, will lead to good governance, the improvement of the decisions' quality made in the sphere of the implementation of the investment process in the region's economy.

Based on the analysis we propose to divide the institutions, which belong to the process of investment in the economy of the region.

There are three spheres:
- production sphere;
- service sector;
- social sphere (in terms of consumption).

This type of classification can more fully reflect the aggregate trends which take place in the process of investment in the region's economy.

In our opinion it is necessary to develop an algorithm for the process of the investment's management in the economy of the region based on the reduction of transaction costs, which is a sequence of a number of procedures.

Firstly, it is necessary to group the regional institutions involved in the investment process. There will be the following groups of institutions: existing, emerging and institutions, the need for which was found during the monitoring process.

Secondly, it is possible to group the transaction costs in the following way : the costs of rationing, transaction and management, with further definition of their group membership institutions.

Thirdly, it is possible to develop a matrix of solutions of the investment's process management in the economy of the region on the basis of reducing transaction costs for all groups of institutions.

Fourthly, it is necessary to create a diagrams of the investment's process management in the economy of the region on the basis of reducing transaction costs for existing and emerging institutions, as well as institutions, the need for which was revealed during the monitoring of the production sphere, service sector and social sphere (in terms of consumption).

Fifthly, it is necessary to develop mechanisms for managing the investment process of the regional economy based on reducing transaction costs for existing institutions, emerging ones and institutions, the need for which was revealed in the course of monitoring the production sphere, the service sector and social sphere (in terms of consumption).

Sixthly, the implementation of large and small cycles of monitoring process of the investment's process management in the economy of the region on the basis of transaction costs' cutting.

Also, I would like to draw attention to the rooting in the contemporary regional issues of such thing as "the image of the region." The need of forming their own image of each region and the strengthening of Russian regions' recognition is obvious. Because, eventually it helps to attract attention to the region, makes it possible to lobby its interests more effectively, to improve the investment climate, to obtain additional resources for the development of the regional economy, to become candidate pool of federal elites. Moreover, the promotion of the regions' image is a promising way to overcome the difficulties in the formation of Russian image as a whole.

Мешков А.А.
профессор, доктор экономических наук, Российский экономический университет им. Г.В. Плеханова

КОНЦЕПЦИИ ОЦЕНКИ МАРКЕТИНГОВЫХ АКТИВОВ

Глобализация, появление новых конкурентов, повышение ожиданий покупателей, и воздействие информационных технологий – наиболее значимые тренды изменения внешней среды бизнеса. Одной из проблем современного бизнеса является определение направлений развития быстро изменяющихся рынков и адаптация к ним. Известный теоретик менеджмента Питер Друкер [1, 41], обобщая опыт консалтинговой деятельности, пришел к выводу, что «предприятие бизнеса имеет две основные функции, маркетинг и инновации». Маркетинг и инновации обеспечивают результаты бизнеса, все остальное - это расходы.

Многие компании с известными марочными продуктами хорошо усвоили эту мысль и встают на путь передачи функций непосредственного производства внешним поставщикам, нередко базирующимся в развивающихся странах, оставляя себе разработку новых продуктов и маркетинг. Другие, такие как GE и IBM, видят будущее не в продаже продуктов, а в предоставлении услуг — решений, адаптированных к потребностям конкретных покупателей.

Несмотря на его важность, маркетинг остается одним из наименее измеримых с финансовой точки зрения видов деятельности во многих компаниях. Маркетологам бывает трудно внятно объяснить своим генеральным директорам, какие выгоды могут принести те или иные маркетинговые решения, требующие вложений. Язык маркетологов буквально наводнен десятками терминов и измерений, характеризующих маркетинговую деятельность компании. Оставаясь внутренним профессиональным языком, он неоднозначно воспринимается другими специалистами компании. Используемые показатели чаще всего отражают результаты воздействия инструментов маркетинга на потребителей, конкурентов, каналы распределения. Исследования [2,31], проведенные среди менеджеров высшего звена, выявили, что из маркетинговой терминологии наиболее часто ими используются — объем продаж, доля рынка, лояльность, имидж компании. Не удивительно, что в кризисные периоды маркетинг из разряда результативных функций попадает в затратные и рассматривается как источник сокращения издержек компании.

Показатели результативности маркетинговой деятельности, к сожалению, носят обособленный характер и непосредственно не связаны с целевыми финансовыми показатели компании. Поэтому руководством компаний вполне законно ставится вопрос о трансляции маркетинговых критериев качества работы в финансовые последствия. Такое жесткое давление на маркетинг оказывается с целью измерения его результативности путем перевода специфического языка маркетинговых измерений на обычный язык целевых показателей организации.

Однако для непосредственного преобразования маркетинговых показателей в финансовые результаты имеются и трудности методического характера. Они состоят, прежде всего, в том, что большинство показателей маркетинговой деятельности основано на поведенческих, социально-психологических характеристиках покупателей, а финансовые результаты требуют проведения монетарных вычислений.

В научной литературе предпринимаются попытки измерить рентабельность маркетинговых действий путем сопоставления роста продаж и затрат на маркетинг[3,79]. Важность такого подхода несомненная, но он имеет целью выяснить краткосрочный эффект маркетинга. Каковы будут стратегические последствия предпринятых маркетинговых действий, сохранится ли в будущем достигнутая рентабельность, – эти вопросы остаются открытыми. При разработке стратегических планов менеджеры по маркетингу вряд ли могут полагаться на предположение о том, что рост удовлетворенности покупателей и рыночной доли в прошлом приведет к росту финансовых показателей в будущем.

В [4,16] была предложена инновационная идея - перенести фокус внимания с инструментария маркетинга на результаты их воздействия, а именно на формирование и управление нематериальными активами. Ключом к созданию конкурентных преимуществ в современном мире все более становятся маркетинговые, а не производственные навыки и компетенции. В экономике XXI века нематериальные активы становятся все более значимым потенциалом развития и роста рыночной стоимости компании. Так для большинства компаний из рейтинга Fortune 500, коэффициент Тобина - отношение рыночной стоимости компании, акции которой котируются на фондовой бирже, к балансовой стоимости ее активов - значительно превышает 1,0.

Возможности компании по генерированию денежных потоков определяются ее способностями к созданию конкурентных преимуществ. Пожалуй, главной концепцией маркетинга для достижения этих целей на потребительском рынке стала концепция брендинга, породившая понятие ценности марки и создания *марочного капитала*, как нематериального актива компании. Марочный капитал рассматривается как субъективная потребительская оценка, не зависящая от ее объективно воспринимаемой ценности. С практической точки зрения марочный капитал составляет основу маркетинговых активов. Такой подход играет ключевую роль в традиционном маркетинге, а динамика стоимости ведущих брендов стала показателем успешности работы компании.

В более широкой концепции маркетинга - маркетинге отношений, в качестве цели определяется построение долгосрочных взаимовыгодных отношений с ключевыми рыночными партнерами компании (потребителями, поставщиками, дистрибьюторами) для формирования их долгосрочных предпочтений. В отличие от марочного капитала возникает понятие *капитала партнерских отношений*, тесно связанного со склонностью клиентов быть лояльными компании или торговой марке. Исследования и практика последних лет показывает, что стратегии, ориентированные на установление отношений с покупателями, должны учитывать как ценность, которую компания предоставляет покупателю так и ценность покупателя для самой компании. Эти идеи нашли свое отражение в концепции ценности потребителей (клиентов) для компании [5,24] как методологии оценки маркетингового актива.

Обе концепции имеют долгосрочный, стратегический характер, измеряют маркетинговые активы и опираются на лояльность, установившихся отношений с потребителями как фундаментальную конструкцию. Однако между этими двумя концепциями оценки маркетинговых активов имеются и существенные различия:

• измерение ценности марки обычно базируется на результатах маркетинговых исследований отношения покупателей (знание, оценка, намерение), а измерение ценности покупателей (клиентов) основывается на их наблюдаемом, реальном поведении;

• управление ценностью марки и ценностью покупателя отличаются способами маркетинговых воздействий. В первом случае управление фокусируется на построении сильного бренда, а во втором – на привлечении и удержании достаточно прибыльных покупателей (клиентов);

• характеристики, определяющие ценность покупателей, легко определимы и наблюдаемы, тогда как характеристики ценности марки определить более сложно, так как они основаны на психологии поведения покупателей.

Литература

1. Свейм Р. Стратегии управления бизнесом Питера Друкера / Пер. с англ. под ред. А.Н. Цветкова. – СПб.: Питер, 2011.

2. Амблер Т. Практический маркетинг /Пер. с англ. под общей ред. Ю. Н. Каптуревского. – СПб: Питер, 1999

3. Бест Р. Маркетинг от потребителя – М.: Манн, Иванов, Фербер, 2011

4. Дойль П., Маркетинг, ориентированный на стоимость,- СПб.: Питер, 2001

5. Гупта С., Леманн Д. «Золотые» покупатели. Стоят ли клиенты тех денег, что вы на них тратите? - СПб.: Питер, 2006.

Чувахина Л.Г.
доцент, к.э.н., Финансовый университет при Правительстве РФ
l-econom@mail.ru

ПРОТИВОРЕЧИВОСТЬ КОНЦЕПТУАЛЬНЫХ ПОДХОДОВ К ТРАНСФОРМАЦИИ МИРОВОЙ ВАЛЮТНОЙ СИСТЕМЫ

Современная валютная система представляет собой сложную систему, состоящую из элементов и подсистем, находящихся в определенной внутренней взаимосвязи.

Будучи составной частью мировой экономической системы, валютная система призвана подчиняться законам ее развития, следовать логике ее поступательного движения. В то же время как относительно самостоятельная подсистема валютная система имеет собственные внутренние закономерности развития.

В своем развитии валютная система проходит последовательные ступени становления, изменения и трансформации. При смене ее форм главным становится, во-первых, определение условий, при которых система сохраняет устойчивость; во-вторых, выявление закономерностей и содержания перехода от одной формы к другой; в-третьих, определение конкретных противоречий, обусловливающих ее развитие.

Состояние, при котором валютная система утрачивает устойчивость, квалифицируется как кризисное и требует поиска конкретных путей дальнейшего развития международных валютных отношений.

Первое десятилетие 21 века ознаменовалось целым рядом процессов и явлений в мировом хозяйстве. Изменилось соотношение сил в геополитическом пространстве, продолжают развиваться интеграционные процессы, разразился глубочайший со времен Великой депрессии кризис. На фоне кризиса и его последствий все более отчетливо прослеживаются условия, в которых происходит, хотя и достаточно медленно, во многом в завуалированной форме реформирование основ современной мировой валютной системы. К числу этих условий следует отнести: все более отчетливо проявляющуюся ориентацию стран на национальные приоритеты; нарастание долгового кризиса; снижение темпов роста «догоняющих» экономик; низкая результативность валютного регионализма; валютный полицентризм, ведущий к усилению валютной конкуренции.

В этой связи все чаще высказывается мнение о необходимости выработки научно обоснованного глобального подхода к трансформации мировой валютной системы. При этом вряд ли возможно не отметить нарастание противоречивости в концептуальных подходах к проблеме реформирования валютной системы и, прежде всего, выбора ее системообразующего элемента, способного выполнять функции мировых денег.

Сегодня ясно, что реформирование мировой валютной системы лишь вопрос времени. Важно другое – каким путем пойдет процесс трансформации и какой концептуальный подход будет преобладать?

Среди разнообразных подходов можно выделить следующие:
- поддержание моновалютной системы господства американского доллара, сохранение его в качестве основной резервной валюты;
- переход к поливалютной системе при одновременном усилении валютного регионализма;
- создание новой глобальной наднациональной валюты;
- возвращение к золотому стандарту.

Вряд ли кто-либо осмелится отрицать тот факт, что наиболее востребованной валютой как в международных расчетах, так и в международных резервах является доллар США. Доминирование американского доллара в роли ключевой валюты, безусловно. Его доля в расчетах на мировом валютном рынке составляет 85%[1,29]. Показатель международных валютных накоплений в долларах США составляет порядка 62%, тогда как в евро -25%, в английских фунтах стерлингов -4%, в японской йене – 3,8%[2,52]. Доллар является основной валютой для установления цен как экспортных (до 95%), так и импортных (до 85%) контрактов. За американские доллары продаются энергоносители, металлы, продовольствие, все виды вооружений[1,30]. Распространение доллара по всему миру, широкое использование его во внутренних денежных системах государств способствует сохранению за США ведущих позиций в мировой валютной системе.

Между тем, сложившаяся мировая валютная система, во многом основанная на долларе США, требует реформирования с учетом складывающихся геополитических реалий. Предлагается более активно переходить к системе валютного полицентризма.

В последние годы произошло существенное изменение конфигурации системы мировых валют. Сложилась система взаимодействия доллара и евро вместе с которыми роль мировых валют, хотя и в меньшей степени, выполняют японская йена, английский фунт стерлингов, а с третьего квартала 2013г. канадский и австралийский доллары. Однако, по мнению американского экономиста Н.Рубини, ни одна из этих валют не сможет заменить американский доллар, по крайней мере, в течение ближайших 20 лет[3].

Позиции евро вызывают опасения. В условиях все более отчетливого проявления усиления политики фрагментации в Европе, можно с определенной долей уверенности говорить о возможном разделении зоны евро на Север и Юг и даже, более того, о существующей реальности прекращения функционирования евро в качестве региональной валюты, что ставит под сомнение саму идею существования валютного регионализма как фактора и условия стабильного развития мировой валютной системы, что на практике подтверждается не приводящими к искомому результату попытками создания валютных союзов в Азии, в Латинской Америке по типу Евросоюза. Учитывая нестабильную ситуацию в мире вряд ли можно рассчитывать на резкое повышение статуса английского фунта стерлингов или австралийского доллара, понимая, что экономики Великобритании и Австралии не настолько развиты как в США. Канадский доллар также вряд ли сможет показать положительную динамику на фоне падения спроса на природные ресурсы со стороны ведущих мировых держав.

Сохраняется популярность идеи создания наднациональной валюты, принадлежавшей английскому экономисту Д. Кейнсу, который еще на конференции в Бреттон-Вудсе в 1944г. призывал к введению новой «управляемой» наднациональной валюты – «банкор», не привязанной к какой-либо национальной резервной валюте[4,24]. Однако Д. Кейнсу не удалось «протолкнуть» «банкоровский» проект из-за возражений со стороны американской делегации, поскольку предлагаемый проект противоречил стратегии США, ориентированной на господство доллара в мире. В условиях кризиса Бреттон-Вудской валютной системы в конце 1960-х – начале 1970-х годов экономисты Р. Триффин, У.Мартин, А.Дей, Ф. Перру, Ж. Денизе возродили идею выпуска интернациональной валюты. Активным сторонником создания наднациональной валюты является канадский экономист, создавший теорию оптимальной валютной зоны, Р. Манделл. С точки зрения Р. Манделлы, новая глобальная валюта должна принадлежать всему миру, а не какой-то отдельной стране, как в случае с долларом[5].

В период кризиса в качестве единой мировой валюты все чаще предлагалось использовать SDR. В 2011 году глава Народного банка Китая Чжоу Сяочуань заявил, что для обеспечения финансовой стабильности в мире следует рассмотреть в качестве возможной наднациональной резервной валюты SDR. По его мнению, следует создать единую систему взаиморасчетов, начать использовать SDR при международных расчетах и при установлении цен на сырьевые активы. В пользу превращения SDR в мировую резервную валюту неоднократно выступал Дж.Стиглиц, который считает, что Международный валютный фонд (МВФ) должен ежегодно увеличивать объемы выпуска SDR, а центральные банки стран должны обменивать большую часть долларов США, евро и других валют, находящихся в их резервах, на SDR[1,36]. Для повышения эффективности новой валюты Дж.Стиглиц предлагает МВФ начать выдачу кредитов в SDR. Между тем, идея использования SDR в качестве единой мировой валюты представляется маловероятной, учитывая, что SDR не является платежным средством в международных экономических сделках, имея ограниченную сферу применения. Масштабное применение SDR не позволит странам получить достаточные объемы ликвидности для реализации антикризисных программ. SDR обладают лишь одним качеством реальной валюты, являясь расчетной единицей между МВФ и его членами. В целом же SDR - искусственная «валюта», эмитируемая МВФ. SDR существуют только в безналичном обращении в виде записей на специальных счетах. Государства могут аккумулировать SDR как свою резервную иностранную валюту, однако использовать их в качестве таковой на деле они не могут. Для получения реальной валюты страны должны обменять свои запасы SDR на реально обращающиеся свободно используемые валюты.

Что касается возвращения к золотому стандарту, то идея выглядит утопической. Имеющееся в наличии золото не способно физически покрыть монетарные потребности в нем.

Перейти к новой валюте в современных условиях не готова, прежде всего, мировая экономика, поскольку попытки убыстрить процесс «ухода» от доллара неизбежно вызовут масштабные потрясения в глобальных финансах.

Список литературы

1) Чувахина Л.Г. Перспективы доллара США как мировой резервной валюты//Государственный университет Минфина России. Финансовый журнал. 2012. № 3.

2) Чувахина Л.Г. Перспективы доллара США как мировой валюты XXI века // Вестник Российского торгово-экономического университета. – 2014. - № 1 (81).

3) Каковы перспективы американского доллара как мировой резервной валюты? [Электронный ресурс] /Биржевой лидер. – Режим доступа: http://www.profi-forex.org/news/entry10008073011.html

4) Meltzer A.H. Keynes s Monetary Theory: A Different Interpretation. – Cambridge: Cambridge University Press, 1988

5) Сычев В. Единый мировой резерв/ Сетевой дайджест LADNO.ru http://www.ladno.ru/zabugrom/11399.html

Фадейчева Г.В.

доцент, к.э.н., профессор АНО ВПО "Владимирский институт бизнеса
fadeycheva@mail.ru

ИНСТИТУЦИОНАЛЬНЫЕ АСПЕКТЫ ИССЛЕДОВАНИЯ КАТЕГОРИИ "ОБЩЕСТВЕННЫЕ ПОТРЕБНОСТИ"

Категория "потребности" достаточно хорошо изучена в современной экономической литературе, Обычно при обращении к проблематике потребностей прежде всего ссылаются на тезис о безграничности человеческих потребностей и на общеизвестную пирамиду А. Маслоу. Исследование потребностей при таких подходах идет в основном по линии изучения потребительского поведения, с позиции проблемы индивидуального воспроизводства индивида. Взгляд со стороны процесса общественного воспроизводства высвечивает другой аспект проблематики потребностей - категорию "общественные потребности".

Безусловно, результаты анализа предпочтений и потребительского поведения отдельного индивида необходимо учитывать при исследовании системы общественных потребностей и механизма и ее формирования, но, с точки зрения процесса общественного воспроизводства, ведущая роль отводится именно общественным потребностям и институтам их формирования.

Отметим, что любая хозяйственная система имеет своим исходным пунктом определенную систему общественных потребностей, формирование которой носит объективный и исторический характер. Сами же хозяйственные системы, а в более масштабном плане – цивилизации, отличаются друг от друга способами и степенью удовлетворения общественных потребностей. Общественные потребности формируют функциональное хозяйственное пространство, они тесно взаимосвязаны с процессом воспроизводства и являются его результатом. Категорию "общественные потребности" можно, на наш взгляд, трактовать как информационные макрохозяйственные связи, соответствующие воспроизводственному процессу социо - хозяйственной системы и имеющие целью установление равновесного состояния данной системы.

Нам представляется, что исторически появление общественных потребностей связано с зарождением процесса труда, именно с возникновением потребности в труде начинается становление и развитие системы человеческих потребностей. При этом потребности жизнеобеспечения человека приобретают общественный характер, связываются с жизнеобеспечением социума.

В широком смысле слова общественные потребности можно определить как информацию [1, 4] об условиях саморегуляции и саморазвития различных цивилизаций. В таком понимании система общественных потребностей включает как потребности собственно хозяйства (потребности, связанные с организацией деятельности хозяйствующих субъектов, и потребности самих хозяйствующих субъектов), так и социально-культурные потребности. Соответственно, анализ системы общественных потребностей может вестись под разными углами зрения, а сами они являются объектом исследования в самых различных отраслях знания.

Еще раз подчеркнем, что общественные потребности выполняют особую роль в социо- хозяйственной жизни, они связаны с реализацией процесса общественного воспроизводства, понимаемого в широком смысле слова. Другими словами, они связаны с воспроизводством всей социально-экономической системы и включают потребности в безопасности, в обороне, в культуре, потребности общественного производства, в том числе – в воспроизводстве совокупной рабочей силы. В современном мире данный список пополняется потребностями в техническом прогрессе, в развитии науки, образования, в инновациях.

Система общественных потребностей - сложный и многоуровневый социо - хозяйственный феномен. Система общественных потребностей в масштабах функционального хозяйственного пространства включает:
- потребности хозяйственной эволюции (они связаны с возникновением новых производственных отношений и соответствующих им законов); важнейшей потребностью данной группы является общественная потребность развития;
- структурообразующие потребности (в технико-экономических, организационно - экономических и собственно производственных отношениях), особое место в данной группе можно отвести общественной потребности в институтах;
- потребности в результатах процесса общественного воспроизводства;
- потребность социо- хозяйственной системы в труде и потребность к труду со стороны самого носителя рабочей силы и отдельных профессиональных сообществ;
- потребности индивида как личности, а не только носителя рабочей силы.

С точки зрения общенационального развития, в эволюционной плоскости, общественные потребности можно трактовать как:
- потребности в определении цели развития (потребности в реализации внутренней цели развития), вектора социо-хозяйственного движения;
- потребности в определении средств достижения цели (механизм реализации);

потребности в результатах реализации цели общественного развития (как выход на достижение цели).

В политэкономическом смысле общественными следует признать те потребности социума, которые могут быть удовлетворены в процессе общественного воспроизводства и являются результатом этого процесса. Процесс общественного воспроизводства в данном контексте понимается расширительно, его результатом выступает и сам человек. Общественные потребности можно рассматривать в разных плоскостях: с точки зрения формы их реализации, с точки зрения различных хозяйствующих субъектов, с позиции построения иерархии ценностей и т.д. Каждая из данных плоскостей не существует изолированно друг от друга, они все вместе формируют функциональное хозяйственное пространство. Таким образом, общественные потребности — многомерное социально-экономическое явление, формирующее функциональное хозяйственное пространство.

Вышеизложенное позволяет считать общественные потребности одной из центральных категорий теории хозяйства. Их особое значение определяется тем, что общественные потребности
- есть исходный пункт любого хозяйства;
- есть результат хозяйственной системы;
- основа формирования ценностных ориентиров социума;
- основа формирования личности в социуме;
- связаны с проблемой поиска смысла хозяйствования.

Специфика общественных потребностей по отношению заключается в их порождении процессом производства и в их тесной взаимосвязи с процессом общественного воспроизводства. Вне процесса общественного воспроизводства нет, и не может быть никаких общественных потребностей, как и самого существования социума.

Таким образом, общественные потребности можно трактовать как сложное многоуровневое социо - хозяйственное явление.

Таблица 1.
Формы проявления и реализации общественных потребностей

подсистемы общественных потребностей	форма проявления	форма реализации
потребности общественного развития	через противоречия хозяйственной системы	через действия экономических законов, через смену системы производственных отношений

структурообразующие потребности	через отношения людей по поводу производства, распределения, обмена и потребления продукта хозяйства	через воспроизводство системы производственных отношений, через смену системы производственных отношений
потребности в результатах процесса общественного воспроизводства	потребности в средствах производства; потребности в предметах потребления; потребности в рабочей силе	через пропорции общественного воспроизводства; через механизм включения работника в процесс производства; через связь производства и потребления
потребности индивида вне сферы профессиональной деятельности	через использование свободного времени	в различных видах творческой деятельности; самообразовании и т.д., а также в проведении досуга и отдыха

Все группы общественных потребностей и вся система общественных потребностей в процессе формирования и реализации проходят несколько последовательных этапов, образующих своеобразный жизненный цикл потребностей. Эти этапы, на наш взгляд, включают:
- информационный (потребность предстает перед субъектом в идеальной форме, идет формирование образа и механизма удовлетворения потребности под воздействием различный внутренних и внешних факторов, сама потребность есть информация, мотивирующая субъекта к ее реализации);
- трансмиссионный (идет формирование механизмов и способов удовлетворения потребностей, идеальный образ, информация побуждают субъект к действиям);
- результативный, этап реализации потребности (достижение результата);
- воспроизводственный (этап воспроизведения ранее удовлетворенной потребности или создания новых форм и способов удовлетворения насыщенных ранее потребностей).

Подчеркнем, что с точки зрения традиционного подхода к пониманию потребностей результативный этап может сводиться к процессу потребления (личного - коллективного, производительного – непроизводительного, разумного - неразумного). С точки зрения системы общественных потребностей достижение результата (реализация той или иной общественной потребности) далеко не всегда сводится к процессу потребления. Например, реализация потребности в экономическом росте закрепляет достижение определенных результатов процесса общественного воспроизводства. Реализация общественной потребности развития означает достижение определенной, заранее спрограммированной модели социо- хозяйственного развития и выход на постановку новых целей и задач, касающихся эволюции данной системы.

Отметим важную, на наш взгляд, особенность современного "жизненного цикла потребностей" вообще, и общественных потребностей в том числе – заданность параметров, механизмов, форм и направлений формирования. В современных условиях происходит повсеместный отход от стихийности в формировании всех разновидностей потребностей в социо- хозяйственной системе в сторону их заданности. Идет создание потребностей, поэтому все вышеперечисленные этапы жизненного цикла потребностей можно переименовать, добавив приставку "креативно": креативно- информационный этап, креативно- трансмиссионный этап; креативно – результативный этап; креативно- воспроизводственный этап. На наш взгляд, использование данного англоязычного термина вполне уместно, ибо такие термины, как планирование и прогнозирование потребностей должным образом не отражают специфику современного момента. Для него характерно повсеместное, на разных уровнях, в том числе - на глобальном, искусственное выращивание и создание различного рода потребностей и искусственного мира. Т.е. креативизация потребностей – это характерная черта современной эпохи экономического Постмодерна.

Если исходить из тезиса о всеобщей креативизации общественных потребностей, то закономерно возникают вопросы, в чем она проявляется, какие институты оказывают решающее воздействие на данный процесс и при каких условиях достижимы задачи перехода нашей страны к опережающего развитию.

Для ответа на данные вопросы кратко остановимся на сравнительной характеристике институтов формирования системы общественных потребностей в различные периоды новейшей российской истории. Особо заметим, что в рамках отказа от плановой системы формирования общественных потребностей произошло изменение самих институтов и механизмов данного процесса, появились новые формы и институты, например, новый, отличный от прежнего, институт госзаказа и его формы, в том числе электронные торги.

Таблица 2.

Сравнительный анализ институтов формирования системы общественных потребностей в различные периоды новейшей российской истории

период характеристика	плановая экономика	переходная экономика	современная российская экономика
главная черта механизма формирования системы общественных потребностей	планомерность	стихийность и неопределенность	Постмодер-низация (от термина «Постмо-дерн», а не от термина «модерниза-ция»)
основной механизм формирования системы общественных потребностей	директивное планирование	отсутствие действенных механизмов в условиях системных институциональных изменений	институцио-нализация данного механизма в начальной стадии
основной институт формирования системы общественных потребностей	Госплан	отсутствует	отсутствует
наличие неформальных институтов формирования системы общественных потребностей	выражено слабо (в т.ч. теневой сектор)	становится одним из механизмов приватизационного процесса	развито сильно
выявление и оценка общественной потребности развития	посредством анализа и изучения общих и специфических экономических законов	в процессе противоборства различных политических сил	национальные проекты, концепция модернизации российской экономики, концепция

			инновацион-ного развития
размещение производительных сил и оценка потребностей в ресурсах	использование методов научного прогнозирования	фактический отказ от долгосрочного прогнозирования, стихийность	частичный возврат к среднесрочному прогнозированию, составление региональных и общенациональных проектов
механизм формирования потребности в труде	планомерный	стихийный	частично прогнозируемый

Креативизация современной системы общественных потребностей и процесса их формирования проявляется, на наш взгляд, в следующем:
- происходит превращение самого социо- хозяйственного развития из вектора жизнеобеспечения социума (подверженного различного рода бифуркациям) в проект, т.е. само будущее социума становится проектом;
- активное внедрение различных форсайт –технологий;
- создание искусственной среды обитания человека (технологии экономического Постмодерна), переход к техномиру и подчинение процесса общественного воспроизводства обслуживанию данных изменений;
- внедрение новых форм общественных отношений, заимствованных в глобальном пространстве (например, активное применение глобальных технологии менеджмента, лояльность к демократии по-американски, реформа российского образовательного пространства по западным образцам и т.п.)
- зомбирование потребителей, выстраивание модели потребительского поведения, в том числе с применением рекламных методов, основанных на нейро- лингвистическом программировании;
- искусственное ограничение срока жизни отдельных товаров с целью их быстрейшей замены новыми модификациями;

- институционализация процесса формирования общественных потребностей по глобальным образцам.

На процесс формирования системы общественных потребностей в настоящее время существенное воздействие оказывают следующие институты:

- институты глобального уровня – ТНК, ВТО, «G-20» и т.п., различные глобальные финансовые институты (особенно актуально в свете недавнего мирового финансового кризиса);
- институты регионального уровня глобальной экономики (например, организации ШОС, СНГ);
- государство как особый институт управления и социо-хозяйственной системы, важней функцией которого является определение вектора движения и модели развития;

Особое значение в современных условиях приобретает исследование проблематики общественных потребностей в институциональном аспекте, при этом возникают вопросы, требующие специального рассмотрения:

- классификация институтов глобального и национального уровня, влияющих на процесс формирования системы общественных потребностей;
- "выращивание" институтов, воздействующих на процесс формирования системы общественных потребностей;
- влияние стандартизации образа жизни и правил экономического поведения в глобальной экономике на процессы формирования системы общественных потребностей на уровне отдельной национальной экономики;
- исследование механизма влияния на вектор общественного развития и на формирование общественной потребности развития соотношения не только экономических, но политических сил в глобальной экономике.

Литература:

1. Фадейчева Г.В. Общественные потребности как система// Вестник МГУ, серия экономика, 2000.- №2. - С. 3-16.
2. Фадейчева Г.В. Поиск российской экономической доктрины как отражение общественной потребности развития на современном этапе.- В сб.: проблемы модернизации экономики и экономической политики России. Экономическая доктрина Российской Федерации/ Материалы Российского научного экономического собрания (Москва, 19-20 октября 2007 г.)- М.: Научный эксперт, 2008.- С. 1656 -1668.

3. Фадейчева Г.В. Процесс формирования общественных потребностей и его институты/ В колл. монографии: Экономическая теория в XXI веке – 4 (11): Институты экономики/ под ред. Ю.М.Осипова, В.С. Сизова, Е.С. Зотовой.- М.: Экономистъ, 2006.- С. 125- 128.
4. Фадейчева Г.В. Самоутверждение России в контексте общественной потребности развития/Экономическая теория в XXI веке-8 (15): экономика модернизации: монография/ Под ред. Ю.М.Осипова, А.Ю.Архипова, Е.С. Зотовой.- М.; Ростов н/Д: Вузовкая книга, 2011.- С. 316 - 321.
5. Фадейчева Г.В. Система общественных потребностей и ее макрорегулирование в условиях глобализации.- М.: экономический факультет МГУ, ТЕИС, 2004.
6. Фадейчева Г.В. Хозяйствование и процесс формирования общественных потребностей в контексте философии хозяйства //Экономика образования.- 2009.- № 4,- С. 72-79.

Куличкина И.И., Петрова Н.И.
Северо-Восточный Федеральный университет,
Финансово-экономический институт
irina.kulichkina.95@mail.ru

ЭЛЕМЕНТЫ ИНДИКАТИВНОГО ПЛАНИРОВАНИЯ В РЕСПУБЛИКЕ САХА (ЯКУТИЯ)

Функционирование современной рыночной экономики невозможно без участия государства. Угрозой устойчивому развитию социально-экономической системы является содержательное противоречие интересов бизнеса и общества. Главная роль регулирования экономики и экономических отношений с целью сглаживания негативных последствий от действия чистого рыночного механизма должна принадлежать государству. Таким образом, государство является центральным экономическим агентом и субъектом управления.

Одной из важнейших функций государства является планирование. В данном случае планирование рассматривается не как альтернатива рынку, а как некоторое дополнение к рыночному механизму, как средство совершенствования его функционирования. Опыт последних десятилетий свидетельствует о том, что наиболее эффективной формой государственного воздействия на экономику является индикативное планирование.

Рассмотрим использование индикативного планирования на примере Республики Саха (Якутия)

В статье Пидоймо Л.П. – доктора экономических наук профессора Воронежского гос.университета «Индикативное планирование в России: этапы развития направления совершенствования» упомянут опыт планирования в Республике Саха (Якутия) именно как индикативного планирования. В статье указано, что с 2001 года разрабатываются и утверждаются перечень индикаторов развития, в том числе улусов и городов Республики, а также предприятий. «В перечень индикаторов включены такие показатели макроэкономического программирования, как:

- валовой региональный продукт на душу населения и его темпы роста;
- доля инвестиций в основной капитал;
- индикаторы управления государственными финансами, промышленностью, топливно – энергетическим комплексом, сельским хозяйством, земельными отношениями и прочим, вплоть до показателей управления целевой и антимонопольной политикой.

Система индикативного планирования реализуется в ежегодно принимаемых планах-заданиях по производству важнейших видов товаров, работ и услуг. Ежегодно утверждаются постановлением правительством РС (Я): объем добычи в топливно-энергетическом комплексе, горнодобывающей промышленности, объемов производства перерабатывающей промышленности, сельского хозяйства, объема платных услуг населению».[1, 6-7]

В Республике Саха (Якутия) система индикативного планирования не предусматривается отдельным нормативно-правовым актом. Но, вместе с тем существует ряд документов о системе планирования. Рассмотрим некоторые нормативно-правовые акты затрагивающие вопросы о системе планирования. Основным из них следует считать Указ президента РС (Я) от 08.05.11. № 635 «О системе планирования социально-экономического развития в РС (Я)».

Данным Указом утверждено Положение о системе планирования социально-экономического развития РС (Я). В котором написано, что система планирования социально-экономического развития в Республике Саха (Якутия) – это совокупность взаимодействующих (взаимосвязанных) принципов и мер, направленных на повышение эффективности государственного управления социально-экономического развития Республики Саха (Якутия) в долгосрочные, среднесрочные и краткосрочные периоды в целях обеспечения устойчивого повышения благосостояния населения, динамичного развития экономики. Система планирования охватывает деятельность органов государственной власти, органов местного самоуправления Республики Саха (Якутия) и иных участников. В данном положении описаны принципы планирования. Среди которых следует отметить следующие принципы характерные для индикативного планирования: координация - согласованность со стратегическими и программными документами Российской Федерации; самостоятельность выбора путей решения задач – самостоятельность участников процесса планирования в выборе путей и методов достижения целей и решения задач развития республики в пределах своей компетенции; ресурсная обеспеченность – обоснованное наличие источников и объемов финансирования, людских, материальных и нематериальных ресурсов по направлениям социально-экономического развития Республики Саха (Якутия) для достижения поставленных целей и задач. А вот принцип, каскадирование - ступенчатый характер системы планирования, при котором цели, задачи, показатели результатов верхних уровней иерархии системы планирования переходят в соответствующие цели, задачи, показатели результатов нижних уровней, на первый взгляд противоречит сущности индикативного планирования. Скорее всего, похож на директивное планирование, но здесь нет характерное директивному планированию адресного характера и на уровне муниципальных образований и поселений конкретные показатели не доводятся. Они разрабатываются самостоятельно в основном на основе фактических данных с использованием индексов цен и методических рекомендаций.

В данном Положении описываются также этапы процесса планирования социально-экономического развития и даются характеристика каждого вида планирования.

Так, процесс планирования социально-экономического развития Саха (Якутия) включает следующие этапы:

1. Определение долгосрочных целей социально-экономического развития: долгосрочная программа социально-экономического развития Республики Саха (Якутия) на двадцать лет на основании Схемы комплексного развития производительных сил, транспорта и энергетики Республики Саха (Якутия) до 2020 года; долгосрочная бюджетная стратегия на двадцать лет; концепция развития отраслей социальной сферы, промышленного производства и инфраструктуры.

2. Формирование среднесрочных прогнозов: основные направления развития Республики Саха (Якутия) на 5 лет; государственные программы Республики Саха (Якутия) на пятилетний период; основные параметры прогноза социально-экономического развития Республики Саха (Якутия); стратегический план органа государственной власти на пятилетний период; программы социально-экономического развития муниципальных образований на пятилетний период; программы социально-экономического развития муниципальных образования на уровне поселений на пятилетний период; проектные программы.

3. Формирование краткосрочных планов: государственный бюджет Республики Саха (Якутия) на три года; государственные задания на оказание государственных услуг и выполнение работ на один год.

Следующими нормативно правовыми актами в области планирования в Республике являются:

- Распоряжение Правительства РС (Я) от 24.12.11. № 1394-р «О методических рекомендациях по разработке программ социально-экономического развития муниципальных районов и городских округов РС (Я)» ;
- Указ президента РС (Я) от 08.05.11. №636 «О порядке разработки и реализации государственных программ РС (Я)»;
- Указ президента РС (Я) от 10.07.11. №808 «Об утверждении перечня государственных программ РС (Я) на 2012-2016г.»

Программы социально-экономического развития муниципальных районов и городских округов разрабатываются на пять лет, исходя из основных направлений социально-экономического развития Республики Саха (Якутия), комплексного развития территорий и с учетом необходимости достижения целевых показателей социально-экономического развития, определенных в долгосрочной программе социально-экономического развития Республики Саха (Якутия) во взаимосвязи с государственными программами Республики Саха (Якутия). И методические рекомендации по разработке программ социально-экономического развития муниципальных районов и городских округов Республики Саха (Якутия) определяют требования к разработке проектов программ социально-экономического развития муниципальных районов и городских округов и подготовке отчетов о ходе реализации программ социально-экономического развития муниципальных районов и городских округов, а также порядок проведения мониторинга реализации программ социально-экономического развития муниципальных районов и городских округов.

Указом президента РС (Я) от 08.05.11. №636 «О порядке разработки и реализации государственных программ РС (Я)» определен процесс разработки и реализации государственных программ Республики Саха (Якутия), а также контроль над ходом их реализации. А Указом президента РС (Я) от 10.07.11. №808 «Об утверждении перечня государственных программ РС (Я) на 2012-2016г.» утвержден список государственных программ и подпрограмм, их исполнителей, соисполнителей и стратегических направлений подпрограмм. Данным Указом утверждены 37 программ, исполнителями которых являются соответствующие органы исполнительной власти. Если рассмотреть структуру этих планов, они идентичны. Анализ текущего состояния, сама программа с паспортом программы, где указываются и индикаторы программы, причем индикаторы на уровне программы в основном как увеличение доли, а в подпрограммах более конкретные физические показатели, цели и задачи и ресурсное обеспечение по подпрограммам.

На примере государственной целевой программы "Развитие сельского хозяйства и регулирование рынков сельскохозяйственной продукции, сырья и продовольствия на 2012-2016 годы" и

Муниципальной целевой программы «Развитие сельского хозяйства Намского улуса на 2012-2016 годы» рассмотрим индикаторы программ. Так как именно эти показатели характеризуют желаемое состояние данной отрасли на конкретный период времени.

Сопоставим показатели этих двух программ в таблице 1. Из таблицы видно, что прослеживается идентичность показателей на уровне республики и муниципального образования. Кроме расчетных показателей в обеих программах имеются и физические показатели по подпрограммам такие как поголовье крупного рогатого скота, лошадей, площадь по видам культур.

Таблица 1

Сравнительная таблица индикаторов целевых программ сельскохозяйственного развития

Наименование показателей	Муниципальная целевая программа «Развитие с/х Намского улуса на 2012-2016 годы»	Государственная программа РС(Я) «Развитие с/х и регулирования рынков с/х-й продукции, сырья и продовольствия на 2012 - 2016 годы»
Индекс производства продукции сельского хозяйства в хозяйствах всех категорий (в сопоставимых ценах)	104,3	100,8
Индекс производства продукции растениеводства (в сопоставимых ценах)	101,6	100,6
Индекс производства продукции животноводства (в сопоставимых ценах)	105,9	100,9
Индекс производства пищевых продуктов, включая напитки (в сопоставимых ценах) в ценах 2010 г.	106,5	102,0
Ввод в сельскохозяйственный оборот неиспользуемой пашни	100	3100
Соотношение уровня заработной платы в сельском хозяйстве и в среднем по экономике Республики Саха (Якутия)		38,7
Индекс физического объема инвестиций в основной капитал сельского		102,5

| хозяйства | | |

По показателям и ресурсному обеспечению Программы района идет согласование с Министерством сельского хозяйства.

На уровне поселений также формируются Программы социально экономического развития поселений. Причем никаких контрольных цифр не доводится. Составляется на основании фактических достижений (данные сверяются с территориальным органом госстатистики) с применением индекса цен. Данная программа согласуется на муниципальном уровне улуса, при необходимости корректируется и утверждается депутатами поселения.

Следовательно, из анализа рассмотренных нормативно правовых актов и целевых программ использование индикативного планирования в республике видно из:

1. Принципов планирования;
2. По наличии во всех программах индикаторов;
3. Идентичности показателей индикаторов по уровням;
4. Из наличия механизмов регулирования и их ресурсного обеспечения, под которые в бюджете предусматриваются средства;
5. Наличия согласования на всех уровнях власти;
6. Информирование о ходе реализации Программы социально экономического развития республики в средствах массовой информации.

Таким образом, несмотря на отсутствие упоминания о индикативном планировании в нормативно правовых актах республики, можно утвердить, что в республике используется все элементы индикативного планирования, и она используется не как отдельный вид планирования , а именно как метод государственного регулирования пронизывая всю систему планирования республики и их реализации .

Список использованной литературы:

1. Пидоймо Л.М. Индикативное планирование в России: этапы развития, направления совершенствования [Электронный ресурс]/ Л.М.Пидоймо. Режим доступа: http://econ.vsu.ru/?page_id=1200
2. Распоряжение Правительства РС (Я) от 24.12.11. № 1394-р «О методических рекомендациях по разработке программ социально-экономического развития муниципальных районов и городских округов РС (Я)»// Законодательство [Электронный ресурс]/ Режим доступа: http://sakha.gov.ru
3. Указ президента РС (Я) от 08.05.11. № 635 «О системе планирования социально-экономического развития в РС (Я)»//

Законодательство [Электронный ресурс]/ Режим доступа: http://sakha.gov.ru

4. Указ президента РС (Я) от 08.05.11. №636 «О порядке разработки и реализации государственных программ РС (Я)»// Законодательство [Электронный ресурс]/ Режим доступа: http://sakha.gov.ru

5. Указ президента РС (Я) от 10.07.11. №808 «Об утверждении перечня государственных программ РС (Я) на 2012-2016г.»// Законодательство [Электронный ресурс]/ Режим доступа: http://sakha.gov.ru

6. Федеральный закон «О государственном прогнозировании и программах социально-экономического развития Российской Федерации»// Законодательство [Электронный ресурс]/ Режим доступа: http://base.garant.ru/1518908/

Коростиева Н.Г.
заместитель директора Ростовского регионального филиала
Открытого акционерного общества «Российский сельскохозяйственный банк», соискатель ФГОУ ВПО «АЧГАА»
e-mail: nata_korostieva6@mail.ru

ПОКАЗАТЕЛИ УСТОЙЧИВОСТИ ПРЕДПРИЯТИЯ КАК ИСТОЧНИК ИНФОРМАЦИИ ВЕРОЯТНОСТИ КРЕДИТНОГО РИСКА

Рассматривая проблему обеспечения кредитными ресурсами субъектов малого и среднего предпринимательства, необходимо отметить наличие у них специфических черт, усложняющих кредитование со стороны коммерческих банков, в том числе за счет проблем, связанных с управлением кредитным риском. Основное противоречие заключается в невысоких суммах запрашиваемых субъектами малого и среднего предпринимательства кредитов, означающих прямые ограничения банковских доходов, и относительно высоких затрат на выдачу кредита, в том числе за счет необходимости улучшения систем анализа кредитоспособности указанных заемщиков и других процедур управления кредитным риском.

Анализируя рыночные данные об объемах ссудного портфеля различных хозяйствующих субъектов можно увидеть, что кредитование субъектов предпринимательства достаточно сильно отстало от результатов других сегментов - крупного бизнеса и розничного направления. Так, по результатам 2013 года розничный портфель ссуд вырос на 36%, корпоративный портфель на 28%, портфель субъектов предпринимательства на 19%. По мнению исследователей, банки не готовы работать с сегментом малого и среднего предпринимательства в полном масштабе [8]. Банковская статистика показывает, что они предпочитают кредитование физических лиц, в силу ряда причин: непрозрачность деятельности субъектов предпринимательства и отсутствие должного обеспечения.

Отметим, что объемы выданных кредитов субъектам малого и среднего предпринимательства растут более значительными темпами, чем объемы кредитных портфелей по малому и среднему бизнесу. Такая тенденция объясняется тем, что большинство выдаваемых банками кредитов для субъектов предпринимательства оформляются на относительно короткие сроки.

Но такие параметры продукта как сроки кредитования, лимиты на одного заемщика, обеспечение, сроки рассмотрения заявки на получение ссуды во многом зависят от ресурсной базы банка, от общей склонности к риску, а также предложениями конкурентов. Причем следует иметь в виду, что нижняя граница процентных ставок конкурентов может означать недооценивание ими всей полноты принимаемых рисков. Однако для клиента, желающего получить кредит, такой просчет выгоден, и он может не обратится в банк, где риски оценены адекватно, но в связи с этим ставка за кредит оказывается выше.

Таким образом, повышение эффективности управления потенциальным кредитным риском кредитного продукта возможно посредством реализации в нем известных экономических и логических законов [1,37], когда приходится оперировать не точными измерениями, а лишь операциями сравнениями, когда в результате абстрагирования можно выявить закономерности, проявляющиеся при прочих равных условиях.

В данном случае речь идет о проблеме асимметричности информации при управлении потенциальным кредитным риском кредитных продуктов, разрабатываемых банками для субъектов предпринимательства. В различных источниках асимметричность информации определяется как возникающая в процессе заключения договоров, сделок ситуация, в которой отдельные участники обладают важной, имеющей непосредственное отношение к предмету договора, сделки информацией, которой не обладают другие участники [3,18-21].

Поскольку информация распространена среди субъектов неравномерно, то одни фирмы, обладая большей информацией, получают преимущества перед другими, в том числе весьма ощутимые конкурентные преимущества на рынке [4, 46,47].

В связи с быстрым распространением явления асимметричности информации на современных рынках, связанным с ростом многообразия необходимой информации в условиях глобализации, асимметрия стала рассматриваться не как случайность, а как имманентное свойство современного рынка [5,94].

Эффекты асимметричности информации делятся на два класса [6,257-259]:

- неблагоприятный отбор, так называемый «ненаблюдаемые характеристики» - *adverse selection*;

- «ненаблюдаемые действия» - *moral hazard*, или моральный риск.

Основными критериями оценки потенциального заемщика служат:
- кредитная история;
- готовность предоставить залог и сумма залога;
- поток доходов;
- репутация в глазах деловых партнеров;
- резервные активы и собственность, которые могут быть реализованы с целью получения средств для возврата кредита,
- финансовая отчетность (баланс и счет прибылей и убытков);
- список кредиторов, партнеров и клиентов.

Отметим, что все эти критерии оценки не сообщают непосредственно информации о кредитном риске, а служат косвенными сигналами о «качестве» потенциального заемщика.

Важным направлением анализа проблем асимметричной информации служит теория сигналов. Первыми работами, сформировавшими традиции исследования в этой области, стали статьи Нельсона, расширенные и дополненные, впоследствии Килстремом и Риорданом [7,224-239], использовавших динамическую оценку комплекса косвенных показателей при оценке риска.

Мы считаем целесообразным учитывать фактор, имеющий многочисленные следствия, который связан с резким увеличением разнообразия выпускаемой продукции и ростом родственных, но разнотипных издержек, обеспечивающих деятельность экономических систем. Такое разнообразие приводит к увеличению кумулятивной суммы расходов, что в условиях ограниченности финансовых и других ресурсов также косвенно свидетельствует о рисках, связанных с кредитоспособностью предприятия.

Целевой установкой при этом является обеспечение устойчивости предприятия. Мы исходим из того, что экономическая устойчивость определяется как комплексная характеристика субъекта хозяйствования за определённый период времени, отражающая способность поддерживать ключевые финансовые, маркетинговые, производственные и кадровые показатели на уровне, описываемом ценологическим равновесием, под воздействием возмущений внешней и внутренней среды [2,127-131].

Экономическую устойчивость предприятия целесообразно оценивать количественно, т.к. это позволит управлять ее уровнем. Оптимальное распределение средств между стратегическими единицами бизнеса, на наш взгляд, необходимо рассматривать как процесс управляемый в границах ценологических ограничений. Такой подход имеет высокую аналитическую и прогнозную перспективы для исследования крупных (по числу элементов) стохастических систем.

Литература (источники)

1. Брюс Д. Хсндерсон. Рассмотрение кривой опыта: почему это работает? 1974 // К. Штерн, Дж. Сток-мл. Стратегии, которые работают. Подход BCG. Издательство: Манн, Иванов и Фсрбср. 2007 г. -496 стр. ISBN 978-5-902862-29-1. С. 37.

2. Кузьминов А.Н. Концептуальная модель ценологического управления в социально-экономических системах /Экономический вестник РГЭУ (РИНХ), № 4, 2009. с. 127-131

3. Лутохина Э.А. Проблема информационной состоятельности современной банковской системы в условиях асимметрии информации // Роль

финансово-кредитной системы в реализации приоритетных задач развития экономики. Материалы 4(15)-Й международной научной конференции. 17-18 февраля 2011 года : сборник докладов. Т. II / под ред. д-ра экон. наук, проф. В.Е. Леонтьева, д-ра экон. наук, проф. Н.П. Радковской. - СПб.: Изд-во СПбГУЭФ, 2011. - 335 с. ISBN 978-5-7310-2631 -4 с. 18-21.

4.Мишкин, Фредерик С. Экономическая теория денег, банковского дела и финансовых рынков, 7-е издание. Часть 1: Пер. с англ.,2006. - 880 с: ил. - Парал. тит. англ., 2006. С. 46-47.

5.Полищук Л.И. Микроэкономическая теория: проблемы асимметричной информации и общественных благ. Препринт KL/2003/009- М.: Российская экономическая школа, 2003. -94 стр. (Рус.) .

6.Dembc A.E., Boden, L.I. «Moral Hazard: A Question of Morality?» //NcwSolutions. 2000. Jfc 10(3).pp.257-279.

7.Nelson P. Information and Consumer Behaviour // Journal of Political Economy. 1970, vol.78, pp. 311-329; Nelson P. Advertising and Information //Journal of Political Economy. 1974, vol.84, pp. 427-450. 18. Phlips L. The Economics of Imperfect Information. Cambridge, Cambridge Univ.Press, 1988. Kihlstrom R.E. and M.H.Riordan. Advertising as a Signal //Journal of Political Economy. 1984, vol.92, pp. 427-450. Bagwell K. and M.H.Riordan. High and Declining Prices Signal Product Quality // American Economic Review. 1991, vol. 81, pp. 224-239.

8.Материалы IX научно-практической конференции «Банки. Процессы. Стандарты. Качество» Москва, 21-22 марта, 2013

Перепёлкина В.А.

кандидат философских наук, доцент, Институт культуры и искусств
480621@bk.ru

РЫНОК ТРУДА РОССИИ: ОСОБЕННОСТИ СОВРЕМЕННОГО РАЗВИТИЯ

Современный этап развития экономики России связан с новым взглядом на рабочую силу как на один из ключевых ресурсов экономики, когда наблюдается прямая зависимость результатов производства от качества, мотивации и характера использования рабочей силы в целом и отдельного работника в частности. Специфика современного этапа развития отношений в сфере труда и занятости в Российской Федерации не могут рассматриваться как развитые отношения, так как отчасти формируются на старом экономическом базисе и складываются между людьми, чья психология, взгляды и система ценностей закладывались другим общественным строем.

В новых, более эффективных организационных условиях происходит соединение рабочей силы и рабочих мест, включение в инновационно-производственный процесс творческого потенциала работников, подготовка и переподготовка кадров, решение проблем социальной защиты работников и т.п.

Интенсивная экономика, живущая в режиме периодического технологического и организационного обновления, постепенно превращается в экономику непрерывного развития, для которой характерно практически постоянное совершенствование методов производства, принципов управления, эксплуатационных характеристик товаров и форм обслуживания населения. Вложения средств в человеческие ресурсы и кадровую работу становятся долгосрочным фактором конкурентоспособности и выживания организаций в условиях рыночной экономики.

В этих условиях производительные силы выходят на такой уровень развития, при котором их эволюция возможна лишь в условиях творческой активности работников, характерной для значительной части профессий, широкого использования в сфере общественного труда новейших технических средств и сопутствующих им знаний. К рабочей силе предъявляются совершенно новые, по сравнению с прошлым, требования: участие в развитии производства практически на каждом рабочем месте; обеспечение высокого качества быстро меняющейся по своим характеристикам более сложной продукции; удержание низкой себестоимости изделий путем постоянного совершенствования методов.

Рынок труда становится важнейшим звеном национальной и мировой рыночной цивилизации, он формирует трудовые ресурсы творческого типа, осуществляющие повседневную эволюцию общества.

В эпоху глобального экономического кризиса, вопросы регулирования рынка труда, а, соответственно, проведение адекватной политики занятости населения являются первоочередной задачей, решаемой государственной службой занятости. Отсюда вытекает крайняя актуальность исследования круга проблем, связанных с формированием и развитием рынка труда, занятости и безработицы в условиях выхода экономики из кризиса. Именно таким аспектом в период социально-экономической трансформации общества выступает миграция населения как важнейший сегмент рынка труда.

Активно происходящий во всем мире процесс интернационализации производства сопровождается интернационализацией рабочей силы. Трудовая миграция становится частью международных экономических отношений. Порождая определенные проблемы, трудовая миграция обеспечивает несомненные преимущества странам, принимающим рабочую силу и поставляющим ее. По оценкам специалистов, миграционная ситуация сегодня явно находится в состоянии системного кризиса. Приток мигрантов в последние годы стал едва ли не главным фактором внутриполитической напряженности, которая имеет явную тенденцию к ухудшению [1,14].

Выступая на Сочинском экономическом форуме 27.09.2013г. Председатель Правительства России Д.А. Медведев определил вектор миграционной политики страны: «Россия должна отказаться от политики сохранения занятости любой ценой. Должны быть сокращены неэффективные рабочие места. Необходимо дать людям возможность для повышения квалификации, освоения новых специальностей» [2].

В России характер и интенсивность миграционной подвижности населения определяются местом поселений в территориальном разделении труда и их функциями в системе расселения. До недавнего времени, например, в городских кластерах недостаток в рабочей силе испытывали отрасли, выполняющие градообразующие функции (например, сфера промышленного производства). На современном этапе дефицит рабочей силы характерен для градообслуживающих отраслей (сфера торговли, жилищно-коммунальное хозяйство, транспорт, связь). Эти же отрасли являются и основными потребителями труда иммигрантов.

Несовершенство действующей в России системы управления миграционными процессами, послужило основанием для разработки Концепции государственной миграционной политики Российской Федерации на период до 2025 года [3].

Наблюдающаяся в последние десятилетия интенсификация процессов миграции выражается как в количественных, так и в качественных показателях: изменяются формы и направления передвижения трудовых потоков.

Мировой опыт свидетельствует, что трудовая миграция обеспечивает несомненные преимущества как принимающим рабочую силу странам, так и поставляющим ее. Но она способна породить и острые социально-экономические проблемы. Сегодня признаются и используются положительные последствия трудовой миграции. Прежде всего, учитывается, что процессы трудовой миграции способствуют смягчению условий безработицы, появлению для страны-экспортера рабочей силы дополнительного источника валютного дохода в форме поступлений от эмигрантов, а также приобретению ими знаний и опыта. По возвращении домой они, как правило, пополняют ряды среднего класса, вкладывая заработанные средства в собственное дело, создавая дополнительные рабочие места.

К отрицательным последствиям трудовой миграции следует отнести тенденции роста потребления заработанных за границей средств, желание скрыть получаемые доходы, «утечку умов», иногда и понижение квалификации работающих мигрантов и т.п.

Для нейтрализации отрицательных последствий и усиления положительного эффекта, получаемого страной в результате трудовой миграции, используют средства государственной политики. Просчеты в выборе ориентиров миграционной политики вызывают нежелательную реакцию в виде роста нелегальной миграции и последующей социальной активности возвращающихся мигрантов. В этой области особенно очевидны неэффективность жестких, директивных мер и необходимость косвенных, координирующих воздействий со стороны государств и правительств.

Мировое сообщество, еще недавно не ощущавшее непосредственно размеры, особенности и последствия миграционных процессов на международном уровне, столкнулось с необходимостью координации усилий многих стран по разрешению острых ситуаций и коллективному регулированию миграционных потоков. Общественные перемены последних десятилетий кардинально изменили политическую и социальную ситуацию на постсоветском пространстве, и миллионы людей стали вынужденными мигрантами. В отличие от развитых стран, переживших миграционный бум и не связанных с постоянной иммиграцией, Россия столкнулась с интенсивными миграционными потоками в условиях, когда ее экономическая база оказалась в кризисном состоянии. Приобретая в последние годы ярко выраженный этносоциальный и этнополитический характер, миграция вносит коррективы в жизнь местных социумов, влияет на проводимую суверенными государствами политику, а главное - изменяет личностные характеристики тех, кто вынужден перемещаться на другие территории в поисках достойного заработка, спокойной жизни и лучшего будущего.

В начале XXI века наблюдается интенсивное расширение миграционных потоков, феномен миграции становится составляющим фактором всех глобальных проблем. И это потребует новых подходов к миграционной политике в Российской Федерации, способствующей поддержанию баланса интересов международных факторов, участвующих в регулировании миграционных процессов.

Литература:

1. Иванова Л.В., Заверткина Е.В. Актуальные проблемы миграции в России: Аналитический обзор. - Домодедово: ВИПК МВД России, 2006.
2. Выступление Председателя Правительства России Д.А. Медведева на Сочинском экономическом форуме 27.09.2013г. - http//1prime.ru. Интернет-газета от 27.09.2013г
3. Концепция государственной миграционной политики Российской Федерации на период до 2025 года (утверждена Указом Президента России 18.07.2012г.)- электронная версия: http//kremlin.ru/acts/15635

Сетракова Е.В.
аспирант ФБГОУ ВПО «Ростовский государственный экономический университет (РИНХ)/ преподаватель ГБОУ СПО РО «Ростовский-на-Дону автодорожный колледж»

БИЗНЕС И ОБРАЗОВАНИЕ – ВЗАИМОДЕЙСТВИЕ ЧЕРЕЗ СОЦИАЛЬНОЕ ПАРТНЁРСТВО

Целью развития механизма социального партнёрства в образовании являются: обеспечение развивающегося отечественного бизнеса квалифицированными кадрами на основе формализации образования; социальная защита обучающихся и молодых специалистов через предоставление им возможности получить профессию, востребованную на рынке труда; предоставление обучающимся и выпускникам материальной и юридической поддержки путем представления их интересов перед работодателями, помощь в реализации их права на получение образовательного кредита, трудоустройство, постоянное повышение квалификации; предотвращение с помощью вышеперечисленных рычагов возможного социального взрыва в молодежной среде.[1]

Необходимо подчеркнуть, что заинтересованность всех участников системы социального партнерства в скорейшем ее становлении будет реализована, если:

1. Будет выработана на уровне региональных властей законодательная база, способствующая формированию такого партнерства.

2. Будет принят пакет нормативно-правовых документов о налоговых льготах и стимулах предприятиям, обеспечивающим не только производственную практику для студентов, но и на основе договорных отношений участвующих в заказе необходимых им специалистов за счет финансовых перечислений.

В рамках реализации 1 –го пункта в Ростовской области принят закон № 290 ЗС «О взаимодействии областных государственных образовательных учреждений начального профессионального и среднего профессионального образования и работодателей в сфере подготовки и трудоустройства рабочих кадров и специалистов».

Закон принят с целью организации в Ростовской области системы взаимодействия областных государственных образовательных учреждений начального профессионального и среднего профессионального образования и работодателей. Целью взаимодействия является улучшение результатов деятельности среднего и начального профессионального образования с учетом потребностей работодателей и отраслей экономики. Кроме того немаловажной задачей стоящей перед областными государственными образовательными учреждениями начального профессионального и среднего профессионального образования является привлечение дополнительных материальных и финансовых источников для обновления и развития материально-технической базы.

Мониторинг реализации вышеназванного закона Министерством общего и среднего образования показал, что эффективность его действия во многом зависит от совместной планомерной работы образовательных учреждений и предприятий – работодателей. Анализ материалов, представленных образовательными учреждениями в Министерство общего и профессионального образования Ростовской области, по состоянию на 01.04.2013г., свидетельствует об углублении процессов взаимодействия учебных заведений и работодателей.[2]

В государственных образовательных учреждений начального профессионального образования (ГОУ НПО) и государственных образовательных учреждений среднего профессионального образования (ГОУ СПО) областного подчинения разработаны и согласованы с предприятиями долгосрочные Планы мероприятий по реализации Закона. Планы мероприятий являются базой для совместной целенаправленной работы по совершенствованию подготовки рабочих и специалистов, а так же их трудоустройству.[2]

Анализ деятельности ГОУ НПО и ГОУ СПО по реализации Областного закона №290-ЗС от 29.09.2009г.

Показатели	НПО	СПО
Созданы банки данных о предприятиях – социальных партнёрах (%)	89,7	87,5
Привлечение работодателей к разработке учебно-программной документации на основе нового поколения ФГОС(%)	84	82
Участие в деятельности профессиональных ассоциаций, объединений(%)	41,2	66,7
организация совместно с предприятиями учебно-производственной и предпринимательской деятельности(%)	38,2	33,3
привлекают средства работодателей на развитие учебно-материальной базы, приобретение расходных материалов и т.д. (%)	25	10

Вопросы развития социального партнёрства в сфере профессионального образования должны стоять в центре внимания не только самих образовательных учреждений, но и правительства, а также профсоюзных организаций и Попечительских советов самих образовательных учреждений.

Формы работы образовательных учреждений с социальными партнерами можно разделить на договорные и организационные. Договорные формы включают в себя все виды взаимодействия на основе двухсторонних и многосторонних договоров. Организационные, помимо наличия договоров, предполагают создание совместных органов по координации социального партнерства.

Так ГБОУ СПО РО «Ростовский –на-Дону автодорожный колледж» и компания ООО «РОСГОССТРАХ» заключили договор о сотрудничестве, координации усилий и возможностей в развитии научных и образовательных проектов. В рамках это проекта будут рассмотрены следующие вопросы:

1. Согласование Основной профессиональной образовательной программы по специальности Страховое дело (по отраслям).
2. Согласование фондов оценочных средств для промежуточной аттестации.
3. Согласование рабочих программ практики (учебной и производственной) в части содержания и планируемых результатов практики, определения процедур оценки общих и профессиональных компетенций обучающихся.
4. Заключение договора о прохождении учебной практики в рамках Профессионального модуля ПМ 06. Выполнение работ по одной ли нескольким профессиям рабочих, должностям служащих (20034 Агент страховой).
5. Обеспечение обучающихся дополнительной стипендией за счёт средств РОСГОССТРАХА, на условиях, предусмотренных РОСГОССТРАХОМ.
6. Включение представителей РОСГОССТРАХА в Попечительский совет колледжа.
7. Краткосрочная подготовка (повышение квалификации преподавателей спец.дисциплин с выдачей подтверждающего документа (удостоверения)).
8. Стажировка педработников с выдачей удостоверения.
9. Приглашение работников РОСГОССТРАХА к педагогической деятельности на условиях внешнего совместительства.
10. Привлечение высококвалифицированных специалистов РОСГОССТРАХА к участию в приёме квалификационных экзаменов.

11. Оказание помощи в наборе обучающихся по специальности Страховое дело (по отраслям).

Литература

1. Зыков Н.В. Социальное партнёрство в системе среднего профессионального образования как
фактор повышения качества образования zabgc@megalink.ru
2. www.rostobr.ru

3. www.rg.ru/2014/05/21/rostov-zakon156-reg-dok.html

4. www.donland.ru/default.aspx?pageid=89461

Макина С.А.
к.э.н.,профессор кафедры « Бухгалтерский учет в коммерческих организациях»,Финансовый университет при Правительстве РФ,г. Москва,
lana-mak@yandex.ru

ЗНАЧЕНИЕ УЧЕТНОЙ ИНФОРМАЦИИ ДЛЯ РЕАЛИЗАЦИИ ПРИНЦИПА СПРАВЕДЛИВОСТИ НАЛОГООБЛОЖЕНИЯ

Федеральный закон «Об информации, информационных технологиях и защите информации» определяет понятие «документированной информации как зафиксированной на материальном носителе путем документирования информации с реквизитами, позволяющими определить такую информацию...»[1,1]. Учетная информации, исходя из принципа документирования, оформляется именно в различных формах бухгалтерских документов. Принятие в 2011г. нового закона о бухгалтерском учете расширило самостоятельность предприятий в отношении формирования документации. Однако, эти изменения коснулись прежде всего форм первичного документирования. Не следует думать, что предприятия срочно начнут менять привычные для них формы первичных документов, представленные ранее в Альбомах унифицированных форм первичной учетной документации.
Думается, что как раз именно эти формы и будут применяться еще в течение длительного периода времени.

Вместе с тем, любой бухгалтерский документ- это прежде всего носитель учетной информации и для него важнейшей характеристикой является качество информации для конкретных пользователей. Оформление и хранение документации является очень трудоемким и затратным во многих отношениях процессом. Однако, как показывает практика, эти затраты очень часто не являются оправданными. Но, что является самым острым вопросом, это как потребителями используется эта информации, на сколько она необходима им, как она ими обрабатывается и т.д. То есть оправданны ли те затраты, которые организации несет по созданию и оформлению своей учетной информации? Ведь не секрет, что как только организация осознает ненужность какого то документирования, она позволяет осуществлять эти действия условно, как говорят «для галочки». Так, на наш взгляд, таким условным документом для многих организаций давно стала учетная политика организации. Ее переписывают из года в год, методы, применяемые в учете, не анализируются и не меняются. В отношении взаимодействия бухгалтерского и налогового учета в учетной политике отражаются способы, которые избавляют бухгалтерию прежде всего от двойных расчетом, но не являются оптимальными в самом учете.

Значение учетной информации для формирования налоговой базы трудно переоценить. Для расчета любого налога мы используем информацию, формируемую в учетных регистрах и отчетности предприятия. И здесь вопрос о достоверности и качестве информации становиться уже вопросом правильности исчисления налогов и полноты их поступления в бюджет государства. Вместе с тем очевидно, что существующие сегодня различия в бухгалтерском и налоговом учете, несмотря на принятое ПБУ18/02, усложняют существующий учет и не устраняют имеющихся здесь противоречий. В целом сам расчет налога на прибыль не вызывает каких либо сложностей, однако регистрация и учет информации по постоянным и временным разницам является особым направлением учета. Разница между бухгалтерской прибылью (убытком) и налогооблагаемой прибылью (убытком) отчетного периода возникает в следствии применения различных правил учета доходов и расходов согласно бухгалтерским и налоговым нормативным документам. Именно учетная информация о доходах и расходах организации становиться основанием споров между организациями и налоговыми органами. И именно эта информация определяет с точки зрения как организации, так и налоговых органов возможность реализации принципа справедливости налогообложения или как утверждает ст.3 Налогового Кодекса РФ принципов равенства и всеобщности налогообложения. Решают, возникающие противоречия, данные субъекты, как правило, обращаясь в Арбитражные суды. Почему же именно суд должен принять решение по возникающим противоречиям? Почему именно он должен признать трактовку той или иной стороны соответствующей российскому законодательству? Во сколько нам обходится так называемое уточнение позиций сторон?

Нам представляется, что ответы на эти вопросы лежат прежде всего в плоскости законодательства о бухгалтерском и налоговом учете. Два важнейших документа Налоговый кодекс и ФЗ «О бухгалтерском учете» не совмещены по ряду важнейших позиций и прежде всего по показателям доходы и расходы. Благодаря этому мы имеем разную классификацию доходов и расходов в бухгалтерском и налоговом учете, списки из 23 составляющих внереализационных доходов, 27 составляющих внереализационных расходов и приравненных к этой группе убытков в налоговом законодательстве. А теперь зададим себе вопрос: «Кто должен нести на себе эту возросшую нагрузку на учет всей этой не совмещенной информации и кто несет на себе ответственность за предоставление этой информации качественно и достоверно?» Да! Это наш неизменный бухгалтер. И, как мы видим, помимо выполнения этих возросших функций он еще должен отстаивать уточнения своих позиций в суде.

В современном экономическом сообществе установилась реалия противоречия позиций бухгалтера и налоговика. А так как налоговики представляют позицию государства, то на их стороне находятся всевозможные меры давления на бухгалтера. Бухгалтер же со всех сторон ограничен законодательством, нормами и нормативами, указаниями и т.д.

И если мы говорим о бухгалтерии как форме счетоводства, то бухгалтер-это как раз тот работник, который привык работать в системе, ему удобно работать в хорошо отлаженной системе, наделенной правилами и нормами. Но если эти правила постоянно меняются, если они не совмещаются с другими нормативными актами, то в этой ситуации мы не можем обеспечить со стороны бухгалтера качество информации и ее достоверность. А это уже может стать основанием нарушения принципов налогообложения.

Хотелось бы в связи с вышеизложенным еще обратить внимание на искусственно введенное понятие налогового учета. Так как без учетной информации его практически нет. Налоговый учет состоит только из этапа обобщения информации. Сбор и регистрация информации путем ее документирования осуществляется в системе бухгалтерского учета. Таким образом, в основе бухгалтерского учета лежат первичные документы, включая бухгалтерские справки. На основе первичных документов производится обобщение информации. Именно на этом этапе проявляются различия в системах бухгалтерского и налогового учета, поскольку принципы обобщения информации в них не совпадают.

Налоговый учет означает еще и определенную группировку учетной информации, все налоговые расчеты всегда осуществлялись на базе данных бухгалтерского учета. О необходимости внесения очередных изменений налоговое ведомство начало говорить еще в середине 2004 г. Причем данные коррективы должны были пойти по пути приближения налогового учета к бухгалтерскому. Сегодня уже не подлежит сомнению утверждение что бухгалтерский учет, основанный на принципе двойной записи, изначально содержит более совершенную систему контроля, чем налоговый учет.

Таким образом, следует признать первичность и единственность бухгалтерской информации для целей бухгалтерского учета и ведения всех налоговых расчетов, а, следовательно, определить место бухгалтера не в вертикальной структуре «налоговик - бухгалтер», а в горизонтальной «бухгалтер - налоговик». Совершенствование бухгалтерского и налогового законодательства должно происходить одновременно и именно здесь должно быть закреплено единство целей его исполнителей, то есть бухгалтера и налоговика. Задача бухгалтерского учета – это предоставление достоверной информации ее пользователям, в том числе, как управленческим структурам самой организации, так и налоговым органам. Задача налоговых органов – обеспечить поступление налогов, согласно этой информации, в бюджет государства. Здесь не может быть и не должно быть антагонизмов и противоречий.

Упрощение системы учета это не только облегчение труда работников бухгалтерии, снижение затрат на ведение учета и хранение информации. Самое главное это реальная возможность формирования и использования аналитических функций бухгалтерской службы для управления бизнесом.

Современный бизнес проявляет все большую заинтересованность в создании учетных систем, объединяющих на базе современных информационных технологий различные виды учета. Тенденция организации на предприятиях подобных многоцелевых учетных систем (далее – учетная система) обусловлена необходимостью исключит дублеж информации, обеспечить соответствующее качество информации и экономичность учетных процессов.

Учетная система имеет сложную многокомпонентную структуру, к основным элементам которой следует отнести: основные и вспомогательные учетные процессы, нормативно-правовое обеспечение, организационное обеспечение, входящую и результирующую учетную информацию, персонал, информационную систему и необходимую инфраструктуру. Следует подчеркнуть то, что в силу информационной природы учета все учетные процессы, равно как и иные системные элементы, должны быть гармонично интегрированы в корпоративное информационное пространство предприятия, которое является для учета системой более высокого уровня. Учетная система является на порядок более сложным образованием, нежели например привычная система бухгалтерского учета. Данное обстоятельство требует переосмысления подходов к организации и обеспечению функционирования системы учета, расширения арсенала применяемых для этого методов и инструментов. В частности, крайне важно акцентировать внимание на вопросах обеспечения качества учета, проецируя данную категорию как на результирующую учетную информацию, так и на все ее структурные элементы.[2,71]

Таким образом, на наш взгляд сегодня в целях обеспечения системности бухгалтерского и налогового учета, следует, во-первых, законодательно определить место бухгалтерского учета в современной учетной системе, как источника информации для налоговых расчетов; во-вторых, необходимо последовательно вести работу над единообразием экономических трактовок основополагающих понятий, используемых законодательством. Начать эту работу можно с приведения к одному знаменателю понятий доходов и расходов организации в бухгалтерском и налоговом учете, это должно касаться и классификационных групп; в-третьих, бухгалтерский учет должен в полной мере получить развитие не только как система счетоводства, а прежде всего как основа формирования комплексной учетной системы современного предприятия, следует развивать и укреплять аналитическую составляющую учета.

И последнее, исходя из основополагающей информационной функции самого бухгалтерского учета необходимо уточнение понятия качества учетной информации .

Литература

1. Федеральный закон «Об информации, информационных технологиях и защите информации»
2. Шор, И. М.,Малявко, А.Б. Аспекты качества в многоцелевых учетных системах / И.М.Шор, А.М. Малявко//Вестник Волгоградского государственного университета.Серия 3: Экономика. Экология-2005.- № 9.-С.71-79
3. Соколова, Е.С. Методология оценки качества учетной информации: автореф. дис… д.э.н: 08.00.12/Соколова Елизавета Сергеевна.- М.,2011.- 53с.
4. http://www.consultant.ru / СПС Консультант Плюс

Аннотация
В настоящей статье рассматриваются вопросы качества бухгалтерской информации для управления бизнесом и правильности исчисления налогов.

Ключевые слова: бухгалтерская информация, бухгалтерский и налоговый учет, учетная система

Биба В.В.
кандидат технических наук, доцент, Полтавский национальный технический университет им. Ю. Кондратюка
Миняйленко И.В.
ст. преподаватель, Полтавский национальный технический университет имени Юрия Кондратюка

ОЦЕНКА СИЛЬНЫХ И СЛАБЫХ СТОРОН ДЛЯ ФОРМИРОВАНИЯ ПРОСТРАНСТВЕННОГО РАЗВИТИЯ ПОЛТАВСКОГО РЕГИОНА

Полтавская область – административно-территориальная единица Украины, образована 22 сентября 1937 года.

Топливно-энергетический комплекс Полтавской области играет важную роль в развитии и функционировании ее народного хозяйства. Производство продукции комплекса составляет 56% общего объема промышленной продукции области. В области действует 37 нефтяных месторождений, еще 26 разведываются. Это примерно 21% всех месторождений Украины [1, 2, 3].

Пространственное развитие Полтавского региона предполагает определение сильных и слабых сторон, которые должны быть учтены при формировании основных стратегий.

Таблица 1 – Определение сильных и слабых сторон Полтавского региона

Факторы	Сильные стороны (преимущества)	Слабые стороны (недостатки)
Географическое положение	1. Удобное географическое положение в центре Украины 2. Привлекательная окружающая среда 3. Коммуникационная доступность	1. Отдаленность от международных путей сообщения 2. Отсутствие международного аэропорту
Население, рынок труда	1. Излишек трудовых ресурсов 2. Наличие квалифицированных кадров в традиционных отраслях промышленности и сельском хозяйстве 3. Относительно низкая заработная плата в базовых секторах экономики в сравнении с общеукраинскими показателями 4. Наличие устойчивой системы подготовки и переподготовки кадров	1. Сложная демографическая ситуация (отрицательный прирост, малая рождаемость, состояние здоровья) 3. Низкий уровень заработной платы 4. Существующее несоответствие профессионального уровня трудовых ресурсов потребностям

Природные ресурсы	1. Значительная часть черноземов почвах региона 2. Запасы нефти, газа, железной руды, торфа 3. Наличие сырьевой базы стройиндустрии (граниты) 4. Большие запасы водных ресурсов 5. Высокий рекреационный потенциал 6. Наличие заповедных территорий	1. Истощение основных месторождений нефти и газа 2. Недостаточные капиталовложения в разведку полезных ископаемых 3. Недостаточное использование рекреационного потенциала 4. Эрозия почв 5. Экологические проблемы относительно обеспечения питьевой водой Кременчуга и Кременчугского района области
Промышленность, строительство	1. Наличие мощных промышленных предприятий способных производить конкурентоспособную продукцию 2. Технологический опыт выпуска продукции 3. Наличие значительной части експортоориентированых предприятий 4. Развитый строительный комплекс	1. Изношенность основных фондов 2. Недостаточность оборотных средств 3. Высокая материально- и энергоемкость продукции 4. Низкая инновационность предприятий 5. Недостаточное количество предприятий сертифицирована по международным стандартам 6. Низкий уровень корпоративной культуры управления
Сельское хозяйство и переработка сельхозпродукции	1. Значительные площади плодородных почв 2. Многопрофильный сельскохозяйственный комплекс 3. Активность фермерских хозяйств 4. Работа по концепции экологического земледелия и выпуску экологически-чистых продуктов питания	1. Низкая эффективность сельского хозяйства 2. Дефицит оборотных средств 3. Недостаточное внедрение интенсивных и биотехнологий 4. Высокая степень зависимости молокоперерабатывающих и мясоперерабатывающих предприятий от конъюнктуры рынков СНГ 5. Отсутствие современных предприятий по выпуску комбикормов и крупнотоварных предприятий по выпуску мяса
Туризм, культурно-исторический, рекреационный потенциал	1. Высокие рекреационные возможности 2. Уникальные достопримечательности природы, историко-культурные достопримечательности 3. Активизация «зеленого туризма»	1. Недостаточное использование рекреационных ресурсов 2. Недостаточно развита современная инфраструктура туризма

Транспорт, инженерная инфраструктура, науково-технический потенциал	1. Развитая сеть путей сообщения
2. Разветвленная сеть газопроводов
3. Достаточное обеспечение городского населения коммунальными услугами
4. Наличие аэропорта
5. Значительное покрытие территории мобильной связью разных операторов
6. Сильный научный потенциал области	1. Недостаточный информационный сервис
2. Неэффективный и проблемный жилищно-коммунальный сектор из высокой степенью энергопотребления
3. Неразвитая коммунальная сфера в сельской местности
4. Малые инвестиции в науку
5. Неэффективное использование научного потенциала в экономике
6. Малое количество инновационных структур
7. Отсутствует региональная программа инновационного развития
8. Отсутствующая инфраструктура трансфера

Подытоживая выше приведенный структурный анализ области, можно выделить следующие наиболее важные ее конкурентные преимущества:

- Полтавщина занимает выгодное географическое положение, что является благоприятной предпосылкой для развития производства, предоставления транспортных и логистических услуг;

- стратегическое значение для регионов имеют месторождения и запасы углеводородов и железной руды;

- с учетом имеющихся ресурсов в области потенциал развития имеют следующие отрасли материального производства: сельское хозяйство; пищевая и перерабатывающая промышленность; добыча и переработка углеводородов; добыча и обогащение железной руды;

- область имеет значительный машиностроительный потенциал, поэтому развитие должны получить отдельные отрасли производства с учетом спроса и стратегического их значения.

Проведенный анализ позволяет определить приоритетные направления привлечения инвестиций, реализация которых должна обеспечить устойчивое пространственное развитие экономики Полтавщины.

Литература

1. Обласна Програма економічних реформ на 2010 – 2014 роки «Успішна Полтавщина – заможна територіальна громада. Будуємо разом»

2. Обласна програма розвитку туризму і курортів на 2011 – 2015 роки

3. Програма соціального розвитку сільських поселень Полтавської області в 2011р.

Завгородний А.А.
аспирант кафедры международных экономических отношений
Харьковского национального университета имени В.Н. Каразина
anzavzav@mail.ru

ВЛИЯНИЕ ИЗМЕНЕНИЯ СТРУКТУРЫ МИРОВЫХ ВАЛЮТНЫХ РЕЗЕРВОВ НА РЕФОРМИРОВАНИЯ МИРОВОЙ ФИНАНСОВОЙ СИСТЕМЫ

Целью данной работы является выделение основных направлений перестроения мировой финансовой системы под влиянием изменения структуры мировых резервов.

Объектом исследования является мировая финансовая система.

Предмет исследования – валютные резервы.

Ключевые слова: валютные блоки, эффективная валюта.

Проблематикой функционирования мирового финансового рынка занимались такие экономисты, как М.В. Ершов, Е.А. Звонова, Э.Г. Кочетов, Л.Н. Красавина, Я.М. Миркин, Б.Б. Рубцов, А.А. Суэтин, Б.А. Хейфец, И.З. Ярыгина. Мировой финансовый рынок широко исследован в зарубежной экономической литературе Б. Дж. Айхенгрином, М. Кастельсом, Ф.С. Мишкиным, Й. Шумпетером.

Значимый вклад в изучение проблем функционирования мирового финансового рынка в условиях глобальной экономики внесли А.Гринспен, П. Кругман, Н. Рубини, Г. Дж. Шинази и другие. Различные аспекты регулирования финансовых рынков освящены в трудах таких ученых, как М. Фридман, Р. Буайе. Вопросы экономической интеграции исследовались такими украинскими учеными, как Сидоров В.И., Резников В.В., Беренда С.В. География мирового хозяйства широко освящается в трудах Казаковой Н.А., Филипенко А.С., на макроэкономическом уровне в работах Довгаль Е.А. и Голикова А.П. Влияние кризисных потрясений на финансовую устойчивость стран мира исследуются Якубовским С.А. Исследования тенденции посткризисного перестроения валютных резервов в работах Малаховой Т.С.

Учитывая характер динамики основных макроэкономических показателей можно прийти к заключению, что данный этап развития мировой финансовой системы является не только посткризисным, но и межкризисным. Большие объемы реэкспорта капитала, а также регулярные социальные потрясения на фоне устойчивой инфляции в рамках Европейского союза (далее ЕС) и Евразийского экономического сообщества (далее ЕврАзЭс) усложняют возможность четкого прогнозирования дальнейшего перестроения мировой финансовой системы.

Наблюдается серьезное нарушение принципов развития мирового хозяйства. Как пишет проф. Голиков в своей работе «География мирового хозяйства», самыми главными из них являются принцип экономии общественно-полезных затрат а также рациональное использование потенциала страны, выраженного в ресурсах[1, стр.14]. Во многих странах, обладающих энергоресурсами, происходит широкое освоение месторождений сланцевого газа. Данные тенденции вызваны в большей степени необходимостью диверсифицирования поступления энергоносителей в странах мира, а в меньшей необходимостью наращивания экономического потенциала. Параллельно наблюдаются снижение цен на нефть на мировом рынке и постоянный рост движения капитала. Финансовый рынок демонстрирует отдаление от реального сектора производства, и продолжает укреплять отдельную институциональную структуру. Современные «спекулятивные» деньги, постепенно утрачивают необходимость полного обеспечения. Примером данного утверждения может послужить Аргентина, в которой 10 лет осуществлялась политика "валютного комитета"[2, стр. 8]. В этой стране вся денежная база была обеспечена золотом и Центральный банк эмитировал валюту только путем предшествующей закупки иностранной валюты или же золота. Эта политика обеспечила стабилизацию инфляционной ситуации, но затем начали нарастать противоречия, которые привели к дефолту 2002 г., резкому росту инфляции, невозможности обслуживать внешний долг государства и банковской системы. Используя такие же методы, пытается уравновесить свою национальную валюту и Индия. Страна наращивает свои золото - валютные резервы последние 20 лет. Состоянием на 2010 год они составили почти 300 млрд. долларов США[3, стр. 3].

Однако и это не может быть гарантией того, что из- за разности в притоке денег в страну и потребностью внутреннего рынка в валюте не поднимется инфляция. Можно сделать вывод, что резервная валюта имеет исключительно частичное покрытие внутри государства, т.к. остальная часть покрывается за счет продукта, по которому осуществляются операции в этой валюте. Такое положение национальной валюты выгодно для экономики, и руководство стран мира всячески пытается добиться положения государства - донора мировой резервной валюты. Чем больше зависимость других экономик от вашей национальной валюты, тем меньше вероятность высоких темпов инфляции, а также широкий диапазон для создания «финансовых колоний».

Каждая страна направлена на обеспечение себе позиций в первой группе. На данный момент доллар США является основной резервной валютой стран мира. В условиях глобальных экономических объединений и наднациональных формаций переориентирование на другую валюту будет проходить десятки лет. За это время система будет иметь абсолютно другую архитектуру.

В связи с неопределенностью развития мировой валютной системы в глобальном масштабе, а также в условиях регионализации мировой экономики, многие страны планируют обособленное региональное развитие их международных валютных систем. В глобализирующейся мировой экономике формируются условия для интернационализации использования региональных и национальных валют.

В настоящее время в торгово-экономическом объединении (США – Канада – Мексика) планируется заменить североамериканскую валютную единицу амеро – «универсальным долларом суверенных государств», рассчитанным на его использование и странами неамериканского континента. Этот проект направлен на укрепление международных позиций доллара. Арабский валютный фонд стремится использовать арабский динар в качестве коллективной региональной валюты арабских государств. Однако незначительная внутрирегиональная торговля этих стран по сравнению с зоной евро затрудняет формирование их валютного союза. Разрабатывается проект формирования Восточно-африканской Федерации и их региональной валюты[4, стр. 297-320].

Намечено к 2034 г. реализовать договор 1994г. о создании Африканского экономического сообщества с единой региональной валютой. Китай, в свою очередь, предлагает свое видение решения мировых валютных проблем, где в качестве резервной валюты выступает китайский юань[5, стр.457-460]. Монополярность резервных валют остается в прошлом этапе развития мировой финансовой системы и постепенно вытесняется биполярностью. Регионализация валют как процесс формирует новую среду функционирования государств мира в качестве макро хозяйствующих субъектов и требует инновационных подходов в изучении данной проблемы и дальнейшего исследования.

Список литературы:

1) География мирового хозяйства [Текст] : учеб. пособие для студ. вузов / А. П. Голиков, Ю. П. Грицак, Н. А. Казакова, В. И. Сидоров; Ред. А. П. Голиков ; Харьк. нац. ун-т им. В. Н. Каразина. - К. : Центр учебной литературы, 2008. - 192 с.

2) Берг Э. Полная долларизация: преимущества и недостатки/Э.Берг, Э.Боренштейн//Вопросы экономики//МВФ.- 2000 - №24

3) Малахова Т.С. Анализ и динамика золотовалютных (международных) резервов ведущих стран мира // Политематический электронный научный журнал КубГАУ. Краснодар. 2012. №03

4) Костюнина Г.М. Интеграция в Африке / Г.М. Костюнина // Международная
экономическая интеграция: учебное пособие / Под ред. Н.Н.Ливенцева.- М.: Экономистъ, 2006.

5) Journal of Chinese Economic and Business Studies Volume 7 Issue 4 Songa W./Wei Songa, Weiyue Wang //Asian currency union? An investigation into China's membership with other Asian countries 2009.

Васютина А.В.
аспирант РАНХиГС

ПРАВОВЫЕ ПРОБЛЕМЫ ОСНОВАНИЙ И УСЛОВИЙ ВОЗМЕЩЕНИЯ УБЫТКОВ

Возмещение убытков - интересное многогранное явление. В нем сочетается и способ защиты гражданских прав, предусмотренный ст. 12 ГК РФ, и мера защиты нарушенного субъективного права кредитора, и одновременно универсальная форма гражданско-правовой ответственности в сфере имущественных отношений [1,48].

Анализируя перечень способов защиты субъективных гражданских прав, изложенных в ст. 12 ГК РФ, необходимо выделить следующее: в перечне способов защиты гражданских прав имеются и конкретные меры ответственности: а) возмещение убытков; б) взыскание неустойки; в) компенсация морального вреда; г) исполнение обязанности в натуре. В ст. 12 ГК перечислены способы, которые включает в себя несколько мер принуждения. Например, восстановление положения, существовавшего до нарушения, и пресечение действий, нарушающих право или создающих угрозу его нарушения, может быть в виде реституции, виндикации, кондикции (меры принуждения) [2,13]. Однако в статье содержатся способы защиты, которые являются мерой принуждения (взыскание неустойки, возмещение убытков). То есть под одним термином (способ защиты) в статью включены разные по объему понятия (совокупность мер принуждения и мера принуждения), что делает позицию законодателя непонятной. Но по содержанию и основанию применения, способ защиты и мера принуждения - понятия совпадающие. Возмещение убытков - это и способ защиты (ст. 12 ГК РФ), и мера принуждения (ст. 393 ГК РФ).

Разница в том, что способы защиты применяются без участия нарушителя договора, а реальное осуществление мер ответственности зависит и от действий нарушителя, то есть его участия. Необходимо различить возмещение убытков как способ защиты и возмещение убытков как меру ответственности. Право требовать возмещения убытков является способом защиты договорных обязательств. Возмещение убытков как материально-правовая процедура не относится к способам защиты, это, скорее всего, мера ответственности [3,163].

Гражданско-правовая ответственность представляет собой один из видов юридической ответственности, которому свойственны все признаки последней. Для юридической ответственности характерны следующие черты: а) это одна из форм государственного принуждения; б) применяется только к лицам, допустившим правонарушения; в) может применяться только уполномоченными государственными или иными органами; г) ответственность правонарушителя заключается в применении к нему предусмотренных законом мер.

Нарушение стороной договора своей обязанности порождает возникновение новых правоотношений, содержание которых состоит в появлении у неисправной стороны новой обязанности: претерпеть меры ответственности за нарушение обязательства, а у управомоченной стороны - кредитора - нового права: использовать любые законные способы зашиты нарушенного права, в том числе требовать применения в отношении должника мер гражданско-правовой ответственности, предусмотренных ст. 393 ГК РФ. Основанием возникновения таких правоотношений является противоправный юридический факт - нарушение обязательства [4,55].

Гражданско-правовая ответственность состоит, в частности, в применении к правонарушителю мер имущественного характера, что выражается в возложении на правонарушителя неблагоприятных имущественных последствий за его действия. Даже в тех случаях, когда допущенное правонарушение затрагивает личные неимущественные права или причиняет потерпевшему лицу - субъекту нарушенного гражданского права физические или нравственные страдания (моральный вред), применение гражданско-правовой ответственности будет означать присуждение потерпевшему лицу соответствующей денежной компенсации в форме возмещения убытков, морального вреда или взыскании причиненного ущерба.

Одна из основных особенностей гражданско-правовой ответственности состоит в соответствии размера ответственности размеру причиненного вреда или убытков [3,164]. В известной мере можно говорить о пределах гражданско-правовой ответственности, которые предопределяются ее компенсационным характером и вследствие этого необходимостью эквивалентного возмещения потерпевшему причиненного ему вреда или убытков, ведь конечная цель применения гражданско-правовой ответственности состоит в восстановлении имущественной сферы потерпевшей стороны, таким образом в возмещении убытков как одной из форм имущественной ответственности выражается ее восстановительная функция. Однако, что в законодательстве имеются отдельные положения, свидетельствующие о заведомо неэквивалентном по отношению к убыткам, причиненных в результате правонарушения, характере применяемых мер имущественной ответственности.

От основания гражданско-правовой ответственности отличают условия применения. Привлечение к гражданско-правовой ответственности в виде возмещения убытков возможно при наличии совокупности условий, которые образуют состав гражданского правонарушения [5,31]. Его элементами традиционно считаются: а) противоправное действие (бездействие) лица; б) наличие вреда или убытков; в) причинная связь между противоправным поведением правонарушителя и наступившими последствиями; г) вина правонарушителя.

Необходимым условием гражданско-правовой ответственности также признается наличие негативных последствий в имущественной сфере лица, чьи права нарушены. Если речь идет о применении такой формы ответственности, как возмещение убытков, указанное условие носит обязательный характер, поскольку сам факт причинения убытков подлежит доказыванию лицом, чьи субъективные права нарушены. Непредставление доказательств, подтверждающих наличие убытков (ущерба), вызванных нарушением субъективного гражданского права, является безусловным основанием к отказу в удовлетворении требования о возмещении убытков.

Следует отметить, что в ГК РФ норма о понятии, составе и содержании убытков включена в раздел «Возникновение гражданских прав и обязанностей, осуществление и защита гражданских прав» [6,51]. Ст. 12 ГК РФ указывает, что возмещение убытков является способом защиты гражданских прав. Тем самым указанной норме придается характер универсальности, возможности ее применения при любом нарушении права, а не только в обязательственных правоотношениях, что соответствует природе убытков и тенденции к генерализации возмещения убытков в гражданском праве. Под способами возмещения вреда, причиненного преступлениями, понимается денежное и натуральное выражение возмещения вреда. Согласно ст. 1081 ГК РФ имеется два способа возмещения вреда: натуральное, т.е. предоставление вещи того же рода и качества, исправление поврежденной вещи и т.п.; денежное возмещение причиненных убытков на основании п.2 ст. 15 ГК РФ, а также компенсация морального вреда, которая предполагает денежное выражение [2,14].

Таким образом, можно сделать общий вывод, что для возложения на должника гражданско-правовой ответственности в форме возмещения убытков требуется наличие самих убытков, противоправного поведения, вины причинителя ущерба, а также причинной связи между его деянием и наступившим результатом.

Литература:

1. Либанова С.Э. Возмещение убытков: новый взгляд // Цивилист. Научно-практический журнал. 2009. № 1. С. 48-50.
2. Блинкова Е.В., Козацкая В.Э. Общая характеристика гражданско-правовой ответственности за вред, причиненный преступлением // Российская юстиция. 2011. №4. С. 13-14.
3. Глухова И.С. Проблема возмещения убытков как мера гражданско-правовой ответственности // Юридическая ответственность:

теория и практика: сборник материалов российской научно-практической конференции (19 ноября 2010 г.). Уфа: Восточная экон.-юрид. гум. акад. (Акад. ВЭГУ), 2011. С. 163-167

4. Богдан В.В. Реализация гражданско-правовых способов защиты прав потребителей в судебном порядке: актуальные проблемы правоприменительной практики: Монография. Курск, 2012.116с.

5. Евтеев В.С. Соотношение возмещения убытков с другими мерами ответственности // Законодательство. 2004. № 10. С. 29-36.

6. Шпачева Т.В. Выбор способа защиты права в арбитражном суде. Возмещение убытков // Арбитражные споры. 2006. № 3. С. 47-62

Кучугурный Д.А.
соискатель кафедры международного права факультета международных отношений Белорусского государственного университета

К ВОПРОСУ О КЛАССИФИКАЦИИ МЕЖДУНАРОДНОГО ТЕРРОРИЗМА

В современной научной литературе отсутствует единый подход к проблеме классификации видов терроризма, что, по мнению Ю.С.Горбунова, «в значительной мере затрудняет познание данной области преступной деятельности, а тем самым – и противодействие ей. Решение этой проблемы способствовало бы более успешной разработке эффективных способов борьбы с данным явлением» [1, 52].

В трудах большинства исследователей террористическая деятельность анализируется в разных срезах: политическом, экономическом, юридическом, социальном, идеологическом и иных. Однако единых оснований для классификации терроризма не существует, и даже при совпадающем основании различные авторы выделяют различные виды терроризма.

Так, на основании **субъекта** немецкие исследователи И.Фетчер, Х.Мюмклер и Х.Людвиг выделяют следующие три типа терроризма:
1. терроризм угнетённых этнических меньшинств (баски, корсиканцы, северные ирландцы, палестинцы и т.д.), стремящихся к культурной и политической автономии, так называемый «ирредентизм»;
2. терроризм освободительных движений в странах «третьего мира». В качестве примера может служить герилья;
3. терроризм индивидов и групп, исходящих из политических мотивов и стремящихся изменить политический и социальный порядок в развитых капиталистических странах [2, 65-66].

Придерживаясь этого же основания, Н.В.Жданов предлагает разделить террористические акты на террористические акты, совершённые лицами, состоящими на государственной службе и специально подготовленными для этой цели (государственный терроризм) и террористические акты, совершённые отдельными индивидами или организациями лиц [3, 10-11].

Исходя из сложности и противоречивости явления терроризма, Ю.С.Горбунов отмечает что, «для того, чтобы попытаться систематизировать многообразие существующих видов террористической деятельности и предложить свою типологию, представляется целесообразным, опираясь на положения и принципы теории систем, провести структурно-функциональный анализ террористической деятельности, в основе которого лежит принцип изучения объекта «по единицам», на которые та или иная реальность может быть разложена. При таком подходе важно добиться, чтобы «единицы» содержали в себе основные свойства, присущие этой реальности как целому, а в совокупности своей они обеспечивали бы целесообразное существование системы, которое было задано изначально. Обычно предметы и явления действительности и террористическая деятельность, рассматриваемые, в частности, как системы, могут обладать не одной, а несколькими структурами, что вытекает из природы целостных свойств как представление о внутренней и внешней структуре объекта» [1, 56-57].

В своей монографии В.И. Свекла приводит классификацию видов терроризма, встречающихся на страницах работ таких авторов как В.Витюк, С.Эфиров, Н.Литвинов, Г.Морозов, Т.Орешкина, В.Грехнёв, Л.Прейсман, А.Литвин и другие, а также перечисляет их в алфавитном порядке: аграрный, анархистский, безадресный, безмотивный, белый, буржуазный, внутренний, внутригосударственный, воздушный, военный, военно-политический, военно-полицейский, городской, государственный, государственно-политический, гражданский, групповой, диффузный, духовный, духовно-психологический, заводской, заговорщический, идеологический, избирательный, индивидуальный, информационный, исламский, коммунистический, компьютерный, контрреволюционный, красный, криминальный, коричневый, латиноамериканский, левый, массовидный, массовый, межгосударственный, международный, межэтнический, местный, моральный, морально-психологический, морской, мусульманский, наземный, народовольческий, наркотический, националистический, негосударственный, неизбирательный, оппозиционный, оппозиционно-политический, опричный, патологический, пищевой, подпольный, полицейско-правовой, политический, полпотовский, правовой, правый, провокационный, прогрессивный, прокоммунистический, промышленный, псевдостихийный, психологический, рабочий, реакционный, революционный, режимный, религиозный, репрессивный, селективный, семейный, сельский, сепаратистский, сионистский, слепой, социальный, сталинский, стихийный, субверсивный, субреволюционный, телевизионный, телефонный, террор толпы, технологический, точечный, транснациональный, транспортный, уголовный, ультралевый, ультраправый, фабричный, фармацевтический, фашистский, физический, функциональный, химический, центральный, черносотенный, экологический, экономический, элитарный, эсеровский, этнический, эпифеноменальный, ядерный [4, 6-7].

Как видно из вышеприведённого, у каждого исследователя терроризма существуют свои основания и своя классификация. Поэтому встаёт принципиальный вопрос о нецелесообразности классификации терроризма. На наш взгляд, понятия «терроризм» и «террористический акт» могут быть представлены как понятия «преступность» и «преступление». Каждый конкретный террористический акт является точечным выражением терроризма как явления.

Схожего мнения придерживается и А.Н.Казаков, утверждая что, понятие «терроризм» выступает как родовое по отношению к конкретным актам террора. Терроризм и террористический акт – явления разного уровня, и их отождествление недопустимо. Они различны прежде всего по природе детерминации. Как преступность не сводится к совокупности отдельных преступлений, так и терроризм – не совокупность отдельных террористических актов [5, 52].

Таким образом, говоря о классификации терроризма, речь идёт о проявлениях терроризма как явления, т.е. о способах, целях, субъектах и объектах совершённых террористических актах и об их обосновании. А если учесть, что с развитием человеческой цивилизации усложняется многообразие террористической деятельности, то заниматься классификацией терроризма бесперспективно. Важнее сосредоточить все усилия на разработке универсального определения понятия «международный терроризм».

Список использованной литературы

1. Горбунов Ю.С. К вопросу о классификации терроризма // Московский журнал международного права М., 1993. - № 1. С.52
2. Терроризм в современном капиталистическом обществе. – Вып. 3. – М.- 1983. - С.65 – 66
3. Жданов Н.В. Правовые аспекты борьбы с террористическими актами международного характера / Автореф. дисс. на соискание учёной степени канд. юрид. наук. – М. - 1975. - С.10 – 11.
4. Свекла В.И. Типология терроризма, анализ его субъектов и объектов. Мн. - 2000. - С.6 – 7
5. Казаков А.Н. Социальная природа и особенности терроризма в России // Вестник юридического института МВД России. М. - 1998. - №2. - С.52

Чувахин П.И.
ассистент РЭУ им. Г.В. Плеханова, аспирант кафедры международного права ВАВТ при Министерстве экономического развития Российской Федерации

ПРАВОВЫЕ ОСОБЕННОСТИ СОЗДАНИЯ И ФУНКЦИОНИРОВАНИЯ АЗИАТСКОГО БАНКА РАЗВИТИЯ

Азиатский банк развития (АБР) является межгосударственной региональной финансовой организацией, занимающейся вопросами долгосрочного кредитования проектов развития в странах Азиатско-Тихоокеанского региона (АТР). Официальными целями АБР являются содействие экономическому развитию азиатских развивающихся стран, оказание им финансовой, технической и экономической помощи [1].

Решение о создании АБР было принято в 1963 г. на XXI сессии Экономической и социальной комиссии ООН для стран Азии и Тихого океана (ЭСКАТО, до 1974 г. – ЭКАДВ) и вступило в силу 22 августа 1966г. В настоящее время членами АБР являются 67 стран, из них 48 - региональных и 19 – нерегиональных членов. Среди государств постсоветского пространства членами АБР являются: Азербайджан, Армения, Грузия, Казахстан, Кыргызстан, Таджикистан, Туркменистан, Узбекистан. Штаб-квартира банка находится в Маниле (Филиппины). АБР имеет региональные представительства, в том числе в Германии (Франкфурт) – по Европе, США (Вашингтон) – по Северной Америке. Президентом АБР традиционно является гражданин Японии (в настоящее время Такехико Накао), что неслучайно, поскольку именно Япония в 1962 г. выступила с инициативой создания Банка развития в регионе. К 1963 г. Японией был подготовлен проект Хартии Банка, в которой определены основные функции АБР [2]. Согласно Хартии, Банк призван, прежде всего, способствовать росту частных и государственных инвестиций, направленных на цели развития региона; финансировать приоритетные региональные, субрегиональные и национальные проекты; предоставлять техническую поддержку в процессе реализации программ развития; развивать сотрудничество с международными организациями, частными и государственными институтами развития, заинтересованными в инвестировании средств в развитие региона.

Высшим органом АБР является Совет управляющих, куда входят по одному представителю от стран-членов Банка. Заседание Совета управляющих проводится раз в год. Совет управляющих обладает правом принятия в Банк новых членов и исключения членов из его состава. Голосование в Совете управляющих проводится по следующему принципу: 20% общего числа голосов распределяется поровну между всеми странами-участницами, остальные 80% - пропорционально доле участия каждой страны в уставном капитале.

Советом управляющих избираются члены Совета директоров, из них восемь членов представляют региональные страны, четыре – нерегиональные. Совет директоров осуществляет текущую деятельность по управлению банком, утверждению его бюджета, принятию решений по внешним заимствованиям, предоставлению технического содействия. В 2013 г. Совет директоров провел 48 официальных и 28 неофициальных встреч, круглых столов, семинаров, брифингов [2]. Совет директоров возглавляет Президент Банка, избираемый на пятилетний срок. Президент также руководит Командой топ-менеджеров, состоящей из пяти вице-президентов и одного Главного управляющего директора.

Свои функции Совет директоров реализует в сотрудничестве с шестью комитетами: комитетом по аудиту; комитетом внутреннего контроля; бюджетным комитетом; комитетом эффективного развития; комитетом по этике; комитетом по кадрам [2].

АБР организован в форме акционерного общества. Финансовые ресурсы банка складываются из уставного капитала и займов. Уставный капитал АБР по состоянию на 31.12.2013 составлял 163,8 млрд долл. США [3,7]. Крупнейшими акционерами АБР являются Япония и США. Голоса в АБР распределяются пропорционально взносам в акционерный капитал. Отсюда – развитым в экономическом отношении странам принадлежит 65% всех голосов. На долю Японии приходится 15,65% в уставном капитале банка. Такая же доля принадлежит США. Поскольку Японии и США принадлежит значительная часть капитала Банка, то любое решение АБР может быть блокировано этими двумя странами, обладающими вместе практически одной третью голосующих акций. Участие США в АБР в большей степени объясняется американскими политическими, нежели экономическими интересами, стремлением усилить геополитические позиции страны в регионе [4, 14]. В последние годы постоянно растет доля Китая в акционерном капитале АБР, составляя в настоящее время 6,5%. В целом на региональные страны-члены АБР приходится 64,6% (в 2010 г. 71,4%) в уставном капитале, а на нерегиональные – 35,39% (28,6%). Крупнейшими региональными акционерами АБР, наряду с Японией и Китаем, являются Индия (6,35%), Австралия (5,8%) и Индонезия (5,17%). Основными нерегиональными акционерами являются, наряду с США, Канада (5,25%) и Германия (4,34%) [5].

Кредитную и инвестиционную деятельность АБР начал в феврале 1968г. Согласно Уставу, банк инвестирует средства только в развивающиеся страны региона. При предоставлении кредитов учитывается уровень платежеспособности стран, исходя из состояния экономического развития. Значительная часть кредитов АБР предоставил Индонезии, Республике Корея, Филиппинам, Пакистану и Таиланду.

Страны-члены АБР имеют возможность получать финансирование из ряда специальных фондов, средства которых образовываются за счет взносов стран-доноров. Основными фондами являются Азиатский фонд развития и Фонд технической поддержки. АФР является главным институтом по мобилизации ресурсов стран-доноров для борьбы с бедностью в наименее развитых странах региона. В 2012 г. средства АФР достигли 12 млрд. долл. [6,26]. Доступ к ресурсам Фонда имеют 28 стран, из них 17 получают помощь исключительно из АФР. Основными странами – получателями кредитов из АФР в 2012 г. являлись Бангладеш, Вьетнам, Пакистан, Шри-Ланка, Непал [6,50; 6,110]. При этом Непал относится по классификации развивающихся стран - членов АБР к группе стран, обладающих правом заимствования средств только из АФР.

Специальный фонд технической поддержки финансирует около половины всех программ АБР в сфере технического содействия. Размер средств Фонда составляет 1,9 млрд долл. США [6,30].

Капитал Азиатского банка развития пополняется за счет нераспределенной прибыли и поступлений от заимствований АБР на мировом и региональных рынках ссудного капитала. При этом Банк стремится привлекать финансовые ресурсы, отличающиеся надежностью и низкой стоимостью. Основные заимствования АБР осуществляет в долларах США и японской йене, хотя в последние годы перечень валют, в которых осуществляются заимствования расширяется. АБР все чаще осуществляет займы в валютах стран АТР, в частности в австралийском и новозеландском долларах, юани ренминби.

Одним из направлений политики АБР является создание новой валютной единицы для стран АТР. В марте 2006 г. Азиатский банк развития принял решение о введении новой валютной единицы ACU (Asian currency unit), которая призвана представлять собой «корзину» валют стран АСЕАН, Японии, Китая и Республики Корея. Планировалось на базе ACU создать полноценную региональную валюту – азио, по принципу евро. Создание азиатского «евро» может положить начало формирования третьего, после американского и европейского, финансового центра мира, объединяющего экономики стран АТР.

Список использованной литературы

1) ADB Charter: Agreement Establishing the Asian Development Bank. [Электронный ресурс]. Режим доступа: http://www.adb.org/documents/agreement-establishing-asian-development-bank-adb-charter

2) ADB Annual Report 2013. [Электронный ресурс]. Режим доступа: http://www.adb.org/documents/adb-annual-report-2013

3) ADB Financial Report 2013. [Электронный ресурс]. Режим доступа: http://www.adb.org/documents/adb-annual-report-2013

4) Kappagoda N. Vol. 2 The Asian Development Bank. The Multilateral Development Banks. The North-South Institute. Lynne Rienner Publishers, Inc, 1995.

5) The ADB Financial Profile 2014 [Электронный ресурс]. Режим доступа: http://www.adb.org/documents/adb-financial-profile-2014

6) The ADB 2012 Financial Report. [Электронный ресурс]. The Asian Development Bank [сайт]. Режим доступа: http://www.adb.org/sites/default/files/adb-financial-report-2012.pdf

Stukalova D.D.
Senior Lecturer
Interregional Institute of Economics and Law at the EurAsEC
Interparliamentary Assembly, St.Petersburg
Herzen State Pedagogical University of Russia, St.Petersburg

AUTONOMY AND INDEPENDENCE JUDISIAL POWER AS A GUARANTOR OF A FAIR AND OBJECTIVE CONSIDERATION OF CRIMINAL CASES

Human and civil rights are the inherent properties of human capabilities that determine the extent of his freedom and are fixed in the principle of law. The legal status of a person is a set of rights and freedoms, duties and responsibilities of the individual that establishes his legal position in the society [1]. Guarantees of human and civil rights are the conditions and means providing the opportunity to enjoy the rights prescribed by the Constitution and other laws[2]. In other words, guarantees are measures that ensure the possibility of the person to have and use his rights and freedoms. Guarantees may be political, economic, social and juridical. In this case, we are more interested in the legal guarantees that are fixed in regulatory legal acts mainly in the Constitution of Russia.

Even in the Soviet law the main conception defined that legal guarantees operate effectively only if they are based and operate on the principle of "warranty of guarantees"[3], which generally speaking has always been an unattainable ideal for many generations. Mutual support and consistency of certain special forms and structures of legal guarantees of rights and freedoms allow them to actually realize defensive role. It turns out that the legal guarantees themselves need legal safeguards provided by jural state and legal laws[4].

Among all the constitutional guarantees for the purposes of this article we are interested in safeguarding public and judicial protection of rights and freedoms. The main function of the judiciary is justice, protection of constitutional rights and freedoms of man and citizen. "The constitutional principle of the rule of law, which imposes a duty on the Russian Federation to recognize, respect and protect the rights and freedoms of man and citizen as the supreme value, involves the establishment of the rule of law, which should guarantee to everybody state protection of his rights and freedoms." [5]. Obviously, the right may be exercised only if it corresponds to the duty of the State or any other person (body) to provide it, i.e. to create such favorable conditions, when provisions concerning the legal status of the individual, his rights and freedoms fixed in the Constitution and other laws really work.

Article 46 of Russian Constitution of 1993 [6] guarantees the right of every person for legal remedy as the only and most effective means of restoration of violated rights. Administration of justice is entrusted to the judicial branch which is separate and independent in its activities from legislative and executive power. Indeed only separate and independent judicial power exercised by means of constitutional, civil, administrative and criminal proceedings is able to provide fair and objective legal investigation of criminal, civil and other cases, the protection of the law from any violation, regardless of its subject. According to V.V. Ershov, "the real goal achievement of constitutional state of real protection of the rights and interests of citizens is only possible in the case of theoretical understanding, legislative recognition and practical interaction of independent, "equilibrium", complementary legislative, executive and judicial bodies of state power." [7].

According to Art. 1 of the Federal Constitutional Law "On the Judicial System of Russian Federation", the judicial power in Russia should be exercised only by the courts on behalf of judges and involved in the procedure established by law to administer justice jury and lay judges[8]. No other bodies and individuals can be entitled to assume administration of justice.

The court is a public authority, which occupies a special position in the state mechanism, independent from other state authorities.

One of the most urgent issues affecting the independence of the judiciary in criminal proceedings today in Russia is the problem of the influence of Office of Public Prosecutor (the prosecution) and the position of the superior courts, which limit the possibilities of district court judges to acquittal and violate the principle of equality of the parties in the lawsuit.

Equality of arms is one of the key requirements for the purity of the judicial process. In Russian courts the prosecution has a privileged position for a number of reasons. As a result there is not only a significant accusatorial bias in Russian justice, but also the poor quality of the investigation, formal prosecutorial supervision over the legality of the investigative actions and during the investigation, a large number of suspended sentences for heavy articles[9].

In addition, there are situations when the investigation and the court consistently have a significant pressure on the defendants in order to force them to deal with the investigation and, consequently, with the court. More than half of criminal cases are being considered in a special order, and statistics shows that for a guilty plea and cooperation with the prosecution the accused do not receive more lenient terms - they are simply pushed for a deal to facilitate the work of the investigator, prosecutor and judge[10]. The author considers it appropriate to limit the ability of the prosecution (Office of Public Prosecutor) to put pressure on judges, in particular:

> 1. To prohibit employees of power structures (including prosecutors and investigative authorities) to take any part in the appointment of judges (to enter the collegiate bodies, to participate in the inspections, etc.);

2. To leave legislatively the right to appeal against acquittals only to affected party;

3. To enter a category of cancelling decisions of the lower courts in the Court of Appeal for reasons defiling the judge. Cancellation of the decision should not be considered a mistake of judge and lead to disciplinary actions, except of the case with evidence of bad faith (poor workmanship, blunder) of judges.

REFERENCES:

1. Electronic Encyclopedia of a lawyer // http://dic.academic.ru/
2. Great Soviet Encyclopedia. In 30 t. T. 2 - M .: Sov. encyclopedia, 1970.
3. Петров В.В. Экологический кодекс России // Вестник. МГУ (Сер. 11. Право). - 1993. - № 3.
4. Социалистическое правовое государство: концепция и пути реализации. — М., 1990.
5. Determination of the Constitutional Court of Russia of 05.06.2014 N 1309- "On refuse to accept complaints from citizen Maiorova Svetlana about violation of her constitutional rights, paragraph 3 of Section 24 and part of the fourth paragraph of Article 148 of the Criminal Procedure Code of Russia" // Reference legal system Consultant
6. "The Constitution of Russian Federation" (adopted by popular vote 12/12/1993) (taking into account the amendments to the Law on Amendments to the Constitution of Russian Federation of 30.12.2008 N 6-FCL, from 30.12.2008 N 7-FCL, from 05.02.2014 N 2 –FCL from 21.07.2014 N 11-FCL).
7. Ершов В.В. Судебное правоприменение. Теоретические и практические проблемы., М., 1991.
8. Federal Constitutional Law of 31.12.1996 N-FCL 1 (eds. From 05.02.2014) "On the Judicial System of the Russian Federation."
9. Панеях Э. Практическая логика принятия судебных решений: дискреция под давлением и компромиссы за счет подсудимого // Как судьи принимают решения. Материалы международной конференции. Под ред. В. Волкова. М.: Статут, 2012.
10. Титаев К.Д., Поздняков М.Л. Порядок особый — приговор обычный: практика применения особого порядка судебного азбирательства (гл. 40 УПК РФ) в российских судах (Серия Аналитические записки по проблемам правоприменения». СПб Март 2012 : ИПП ЕУ СПб, 2012

www.ingramcontent.com/pod-product-compliance
Lightning Source LLC
Chambersburg PA
CBHW051759170526
45167CB00005B/1811